贾天明　著

中华书局

图书在版编目(CIP)数据

中国香学/贾天明著. —修订版. —北京:中华书局,2023.11
ISBN 978-7-101-16354-4

Ⅰ.中… Ⅱ.贾… Ⅲ.香料-文化-中国 Ⅳ.TQ65

中国国家版本馆 CIP 数据核字(2023)第 178622 号

书　　名　中国香学(修订版)
著　　者　贾天明
责任编辑　傅　可
责任印制　陈丽娜
封面设计　韩　诺
出版发行　中华书局
(北京市丰台区太平桥西里 38 号　100073)
http://www.zhbc.com.cn
E-mail:zhbc@zhbc.com.cn
印　　刷　天津图文方嘉印刷有限公司
版　　次　2023 年 11 月第 1 版
2023 年 11 月第 1 次印刷
规　　格　开本/787×1092 毫米　1/16
印张 32¾　插页 2　字数 150 千字
印　　数　1-5000 册
国际书号　ISBN 978-7-101-16354-4
定　　价　158.00 元

目录

绪论

香，展示传统文化的载体之一，寄托心灵的圣物，象征高尚的德行，带您体悟无常的人生。香以载道。

银叶荧荧宿火明，碧烟不动水沉清。
纸屏竹榻澄怀地，细雨轻寒燕寝情。
妙境可能先鼻观，俗缘都尽洗心兵。
日长自展南华读，转觉逍遥道味生。

明·文徵明《焚香》

一、中国香学文化概念

香，是一个含义广泛的概念。它有着丰富的内涵和指向，包括了香材、香料、用香、品香、香事活动、香文化等内容。在中国传统文化的审美体系中，香，拥有美好事物、高尚道德、诗意境界的意蕴，承载了华夏民族心性修养、美学素养、宗教信仰的多重寄托。

香的历史，伴随着人类文明的历史。香最早诞生于祭祀，作为宗教和其他祭祀仪式的重要组成部分，在东西方文明的不同背景下使用。从宗教和其他祭祀仪式中分离出来后，香成为贵族阶层的专享奢侈品，为之提供了高端优雅的物质和文化因素，弥漫的沉檀龙麝芳香，氤氲了朝堂礼仪和社会上层生活空间。随着时代发展，香渐次进入社会各阶层，成为大众生活的常用之物。

本书主要是中国香学文化的研究与阐述。香学，简言之就是香文化。即用“香”作为媒介和载体来进行的文化活动，包括香材、香品的鉴别制作，用香的方法，香的历史，香的食用药用，香料的种植、加工等与香相关的物质和精神层面的内容。中国香学文化是中华民族在悠久的历史发展进程中，围绕礼乐制度用香、文人士大夫修身养性香事活动、大众生活日常用香，逐渐形成的能够表现中华民族精神追求、文化传统、审美判断、价值观念和思维模式的一脉优雅文化。

清·竹雕人物香筒

明·铜戟耳炉

人们对香材美好气味的感知和感悟，其实，就是以此为切入点，同大自然交流和对话，进而延伸出对大自然和宇宙时空的感悟，对自身内心世界不断深入探索的觉悟。香学文化作为中国传统文化的重要组成部分，体现了中华民族优雅从容的生活态度和自我愉悦心灵的智慧。

经济发展、科技创新、信息化时代的到来，为我们提供了丰富的物质享受和社会生活便利，但同时社会生活节奏也不断加快。我们面对的是一个全面快速的世界，每个人都会感觉到生活压力的沉重，都要承受铺天盖地的信息冲击，焦虑不安、烦躁疲惫几乎存在于每个人的生命空间。研究中国香学文化，参与香事活动，包括品闻一炉沉檀，都会使你放慢脚步，暂时远离喧嚣的尘世，舒缓疲惫的心灵，让美妙的香气抚慰你苦涩的精神世界，在忙碌和无趣中感受几分人生的诗意。

“香”的美好气味可以改善人的心情，使人安宁和愉悦。美好的香事活动，能使参与者在弥漫的芳香中，感受大自然神奇的美妙，升华人生品位，领悟生命价值。

二、中国香学文化与传统文化

拨开几千年烟雾弥漫的中国历史，香学文化纷繁众多的线索，足以牵动整个传统文化。迷人的馨香，美好的气息，渗透了中华民族传统文化的方方面面。中国香学文化历史，如秋夜碧空，群星璀璨；似春日原野，繁花似锦。众多的香学大师，彪炳史册的香学著作，铸就了中国香学文化曾经的辉煌。历代帝王将相、文人墨客、高僧大德无不用香、爱香、惜香，中国的上层社会两千多年来也始终与香为伴，对香推崇有加。

中国香学文化既是传统文化的一个重要分支，同时也晕染和影响了传统文化的方方面面以。广泛的受众群体，众多的使用场景，使她涉及几乎所有的社会成员，承载着丰厚的文化内涵。皇室贵族文化、文人士大夫文化、平民百姓的世俗文化中，都有她曼妙的身影萦绕飘逸。无处不在的香烟馨韵，既给皇室贵族的礼制和日常增添了高端的味觉加持，也给文人士大夫的风雅和修身赋予了灵韵逸气，更是给平民百姓的起居卫生、礼佛祭祀提供了一份心灵寄托。她既有着本土儒道文化的坚实基础，也汲取了佛家文化的觉悟意蕴，规矩礼制与哲思灵动并存。

淡淡的馨烟不绝如缕，延续着中华文化的优秀传统；美妙的气息润物无声，滋养着无数英贤的性灵真心；神奇的韵致通灵悟道，连接着天与人、人与大自然。香学文化是绽放在中国传统文化这棵参天大树上的美丽花朵，她顽强而神秘，时隐时现，她精灵般的身影下总是聚集着华夏儿女的精英。她或许无关乎历史发展的紧要，但总会在岁月长河中掀起浪花，折射出闪光的人文片段。缥缈、执着、灵动的香韵在神州大地飘逸、弥漫，在每一个中国人的血脉中凝聚沉淀。近代以来一段时间的缺失，只不过是形式和物质层面的暂时缺失，香的精神内涵和文化意蕴一直在华夏儿女的精神深处珍藏和隐伏。

南宋赵希鹄（1170—1242）在《洞天清录·原序》中描绘了一个理想化的书房：“明窗净几，罗列布置，篆香居中。佳客玉立相映，时取古人妙迹，以观鸟篆蜗书、奇峰远水，摩挲钟鼎，亲见商周，端砚涌岩泉，焦桐鸣玉佩，不知身居人世。所谓受用清福，孰有逾此者乎？是境也，阆苑瑶池，未必是过。”一炉篆香居中，可见香在古代文人心中的分量。香，寄托了文人冰清玉洁的高雅追求；香，消减了文人修身齐家却难以治国平天下的郁闷；香，给他们孤寂的生活平添无限雅趣；香，使他们内心深处的精神家园不再遥远；香，助益他们在“澄怀虑性”后，进入更广阔、更深邃的内心世界。

今天，香，依然会给中华民族以身心滋养，依然会随着传统文化的回归，不断铸造辉煌。

三、中国香学文化的四次变革

中国香学文化满载了中华民族对美好事物和高尚精神

境界的追求，在漫长的历史进程中，从粗放到精致，不断进步提高，深刻影响了民族精神的形成。

春秋战国时期，中国香学文化开始起步。历史悠久、意蕴深邃的传统文化给了她以直接的浸润，外来的熏香文化给她注入了丰富的营养。香料的逐渐丰富、香具的不断精致实用、朝代鼎革的政治经济因素、时代风尚、生活方式的变动和精神需求的转变，都在不断影响推动香学文化的发展和变革。两千多年的时间里，中国香学文化经历了四次大的变革，以及多次的局部和细节完善，逐渐形成一脉独立完整、丰满高端的优秀文化。

明·佚名 《十八学士图》（局部）

（一）汉代变革，步入正轨

随着汉朝版图的扩大，丝绸之路贸易的开拓与兴起，边陲和西域地区的香料以及印度、中东地区的用香方法，开始进入中土。先秦时代以焚烧香草香料为主的熏香方法，自西汉中期开始转变。以沉香、檀香、安息香、乳香、没药、龙脑等为代表的树脂类香料大量进入中土内地。这些香料发香持久，但不能直接焚烧，需要用炭火加温熏闻。于是，用香方法、香料以及熏香炉具都开始发生变化。香料由草本类向木质树脂类转变，用香方法由直接焚烧向炭火熏烧转变，由博山炉为主向小型炉具转变。

（二）唐朝变革，隔火熏香

从汉代起，经历了近千年的用香实践，到隋唐时，中国香学文化整体向精细化、系统化发展。唐代中晚期，高端的用香方式——隔火熏香开始出现，这对中国香学文化的发展有划时代的意义。从春秋战国时代开始的那种虽香气馥郁，但烟火燥气伴随的用香方法，渐次退出高端的香事活动。优雅舒缓、洁净细腻的香气追求，开始成为中国香学文化用香的最高标准。同时，高坐具和垂足而坐的起居方式流行，也给较长时间的香事活动带来便利，使得香席活动成为文人士大夫的雅集常事。

（三）宋代变革，单品沉香

宋代之前，中国香学文化的主流用香为合香。北宋中晚期，单品沉香的用香方式逐渐成为主流。以丁谓、范成大为代表的一批用香高手极尽体验、倡导之能事。宋人讲究雅致生活，日常起居须臾不离沉烟，记载和描述单品沉香的随笔小品及著作日渐增多。沉香开始成为最主要的香料，名列众香之首。用隔火熏香的出香方式单品沉香，能够深度体验沉香美妙多变、复合灵动、清洁高雅的香气，从而为人们深刻认识沉香提供了可能和途径。至迟在南宋

汉·中山靖王墓出土错金博山炉

中期，奇楠香开始单列，并成为最高级别的香材。

（四）元朝变革，线香流行

元代出现线香，这是一种相对平民化、快餐式的用香方式。简洁方便的线香熏闻，扩大了香学文化的受众群体和人数。从一个大的范围来看，平民百姓包括一大部分达官贵人的寻常用香均以线香为多，大众化的佛事活动和其他祭祀更是如此。但沉、檀、龙、麝等上品香料依然是贵胄人家用香之常。

任何文化的传承和发展，都需要与时俱进，不断适应时代的需求。直到今天，中国香文化依然在不断改进和提高，持续地融入时代因素，吸收人文进步和科技创新成果。香学文化必将更好地适应当下社会人们的物质和精神需求，重新走进大众生活。

四、中国香学文化的本质特征

中国自古就是一个“香”的国度，悠久的香学文化伴随着中华民族走过几千年的兴衰历程。喜爱馨香、崇尚道德是中华民族的不朽追求。中国香学文化以及中国人用香，从来都不是对某种香料的简单追求，也不是对某种表现形式和细节的极致美化，而是把“香”作为媒介和载体，追求更多的文化意境。所有的用香仪轨，爇香方法、品香体验和感悟，无不指向“道”的层面。“香以载道”是中国香学文化的本质特征。它包括知识探求、道德提升、心灵完美、智慧圆融。作为中国传统文化的一个重要组成部分，中国香学文化充分体现了中华民族在启智开悟、论道修心、精神价值、美学理想、思维模式上的独特神韵。

（一）本土文化的根基

中国香学文化的萌芽和起源，与其他民族的香文化并无太大差异，皆为祭祀与生活用香。它发展初期，即受到中国传统文化的深刻影响，被打上显著的中华文明烙印，明显区别于其他香学文化。

先秦时代，中国香学文化受到道家思想以及儒家思想的影响和熏陶，在两种思想的交替影响下起步。早期的宫廷用香中“以香养生”的理论是受了道家《黄帝内经》的影响，而在朝堂礼仪中用香体现的则是儒家“礼仪与尊卑”。我们从秦汉时期典型的香具博山炉造型，便可一窥端倪：博山炉由上下两个部分组成，上部为盖，高而尖，镂空呈山形，峰峦叠嶂。其间有神仙人物、飞禽走兽，每当炉内燃香时，炉外群山便烟雾缭绕，云蒸霞蔚，神仙人物隐约其中，使人如临仙境，美妙异常。整个博山炉的造型和意境，象征传说中的海上仙山——博山（秦汉时期盛传海上有蓬莱、博山、瀛洲三座仙山），博山炉因此得名。它凸显出当时人们对海外仙山、得道成仙、长生不老的向往，这正是道家思想及当时黄老学说的追求。再看博山炉下部，下部的炉是从三代的礼器“豆”演变而来的，其实从简单或实用的角度考虑，完全可以用一个圆柱体或者坛子去代替。用“豆”的形状不仅仅是追求造型完美，更多地反映了当时礼乐制度和对天、地、君、亲、师的崇拜，这正是儒家所倡导的。一具博山炉，体现了中国香学文化以儒家为基础，追求道家境界的宗旨。也有另一种说法，博山炉材质为金，香料为木，炭为火，下有托盘盛水，上盖山形为土，印证了道家的金、木、水、火、土五行学说，正像梁昭明太子《铜博山香炉赋》中所说“制一器而备众质”。不过此说，稍加揣测，应为后世附加。

汉代以后，佛教思想和佛家文化对中国香学文化产生重大影响。佛教进入中国后，迅速本土化，与儒道思想相互渗透影响，成为中国传统文化的三个主要组成部分之一。佛教与外来的印度文化，为中国的寺庙带来大量的香料，而众多的用香习俗也随之传入，丰富了中国本土的香学文化。在佛教思想和佛家文化全方位的影响下，中国香学文化在香料使用、用香方式、香学理念上都发生了重大改变。西汉中期之前，国人使用的基本上是草本类香料，像沉香、檀香类的木本树脂类香料在中原地区是没有的，用香的方

清·孙温绘《红楼梦》第四回（局部）

法大都为直接焚烧。随着佛教的传入，沉香、檀香等精细香料进入内地。这些香料的香气细腻高扬，洁净多变，发香持久，更适合熏闻，在很大程度上改变了中国人的用香方式，促进了香具向精致小型化发展。沉香从宋代起便成为中国香学文化的核心香料，所有的香学文化活动都围绕以它为主的香料去进行。

佛教思想，尤其是唐代中晚期开始盛行的“禅宗”，北宋时期在士大夫阶层更是成为一种风尚。香，成为他们参禅、问道、坐课的一大助益和必要载体。佛教的境界和修行术语，成为中国香学文化感悟的语境表述和审美判断，像“鼻观”“犹疑似”等佛教用语成为香事活动的境界追求和美学标准。沉香的结香原理与佛教的大劫大难、修成正果的理念正相吻合，从而沉香成为佛教供养与修法的无上之品。香学文化中对香味的有形与无形的理解与佛教“空即是色，色即是空”的理论亦是吻合。

中国香学文化随着中国传统文化的逐渐丰富而成长，并最终发展成为世界香学文化中最具文化深度的一支。它既不是外来文化的本土变异，也不是无所依据而骤然出现的，它深深地植根于中国传统文化，汲取中国传统文化的养分，从而根深叶茂。同时，中国香学文化具备不同于其他香学文化的深刻内涵。表现在用香以及品香的具体细节上就是：不拘泥于细节局部，而注重思想感受传递；不执着于具体香气和味道，而注重于韵味和文化含义；不注重言传身教，而注重意会感悟。这与精细、极致、严谨的日本香道和西方香水文化有着很大的区别。

（二）文人士大夫对于香学文化发展的推动作用

中国的文人士大夫大都爱香惜香，他们从来就是香学文化的参与者和推动者，对中国香学文化的传承和发展起着重要的作用。唐宋时期，文人士大夫的用香是非常普遍的：读书以香为伴，独处以香为友；衣需以香熏，被需以香暖；公堂之上香烟显示庄严肃穆，草堂之间馨韵表达儒雅从容；调弦抚琴沉檀佐素心；品茗论道龙麝添逸韵；书画会友鼎炉助兴情。香是文人生活中不可或缺之物。

在文人士大夫的日常生活中，香更是有许多妙用：书中置香，墨中添香，沉香树皮做纸，龙脑麝香入茶，香料烹调餐饮等等，可以说无香不文人。

中国香学文化在萌芽状态时，文人士大夫就广泛介入并给予多方面的推助。春秋战国时期的典籍中，很多记载都反映了他们对香的推崇。屈原在《离骚》中咏叹："朝饮木兰之坠露兮，夕餐秋菊之落英"，"户服艾以盈要兮，谓幽兰其不可佩"，"何昔日之芳草兮，今直为此萧艾也。"东汉蔡邕（133—192）《琴操》述，孔子从卫国返回鲁国的途中，于幽谷之中见香兰独茂，感慨："兰，当为王者香，

明·佚名　《品香图》（局部）

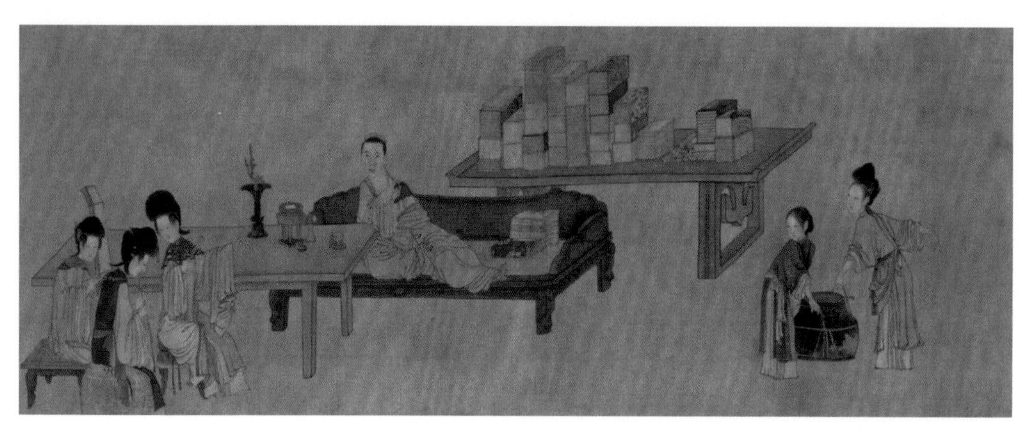

清·禹之鼎《乔元之三好图》

今乃独茂，与众草为伍!”遂停车抚操，成《猗兰》之曲。尽管在春秋战国时期，南方及域外的木本树脂类香料尚未传入中土，所用者皆兰蕙椒桂等香草，但文人士大夫对香的情感态度，已有清晰展示。

其二，在中国文人士大夫的心目中，将焚香视为雅事。宋代的“四般闲事”（闻香、品茗、插花、挂画）实为四般风雅之事，把香列在了第一位，可见香的重要之处。

古代文人对香的这种高度肯定，既确定了香的文化品位，也保证了它作为“雅文化”与“精英文化”的品质。同时，他们也把香引入日常生活，而不使它局限在祭祀、宗教、庙堂之中，这对香学文化的普及与发展至关重要。

其三，文人士大夫广泛参与香品、香具的制作，改善提升用香的方法和境界。文人之间相互赠送香料、香品，既传递了深厚的友谊，也表达了彼此的人生志趣与追求。王维、李商隐、徐铉、苏轼、黄庭坚、陆游等人都曾授人以香和受人之香。苏轼在他弟弟苏辙六十岁生日时赠他沉香山子并作《沉香山子赋》为寿。同时，他们也根据亲身的用香体验撰写了香学著作《香谱》等典籍，为我们今天传承推广中国香学文化奠定了基础。

其四，赋写了大量与香有关的文学作品，讴歌香料和香学艺术。从《诗经》《楚辞》汉乐府诗歌，到唐诗宋词明清小说戏曲，无不馨香弥漫。代表我国古典长篇小说最高艺术水平的《红楼梦》有一百三十多处写到了香。“绿衣捧砚催题卷，红袖添香夜读书”（清代女诗人席佩兰《寿简斋先生》），这是古今很多文人雅士所憧憬的一种读书意境，香已经成为他们读书生涯中的一个组成部分。

唐宋以来的书画作品，多有描绘古人用香情景，更是令人向往。这些文学艺术作品传播广泛，对推动中国香学文化发展起了不可估量的作用。

（三）海纳百川，兼容并蓄

中国香学文化源于儒家和道家思想，但非墨守成规一成不变，恰恰相反，中国香学文化是海纳百川、兼容并蓄的。世界所有的古老文明中，焚香都是祭祀的一个重要环节，人们期望通过高升的香烟，把心中的祈求上达上天神灵。袅袅的香烟从祭坛飘向天际，既代表了人们对神灵的礼赞，也寄托了永恒的憧憬。印度、中东、东南亚，包括西方的香文化，都曾给中国香学文化增添了新鲜的元素。域外香料、用香方式、表达的情趣智慧，都使得中国香学文化更加丰满多元。

从汉代起，陆上丝绸之路和海上丝绸之路的中外贸易中，香料就一直是进口的大宗货物。在进口香料的同时，域外的用香方法也影响了中国香学文化。在古巴比伦、古埃及的祭祀中，乳香的使用量非常大。据记载，古巴比伦神庙一年要使用两吨半的乳香。《圣经》中有一百八十八处提到香料，其中出现最频繁的是乳香和没药。从唐代起，中国就大量进口乳香、没药、安息香、苏合香、龙脑香等香料，宋代达到高峰，仅熙宁十年（1077）广州一地所收乳香就达三十四万余斤。

清·沉香山子

基督教在弥撒、晚祷、赐福、礼拜时都要用香。印度佛教对香也多有涉及，在中国语言里，许多和佛教有关的词汇都带有“香”这个字，诸如香火、香客、香案、香偈、香钱、行香、上香、供香等。伊斯兰教与香关系更是密切，除宗教仪式、家居生活外，唐宋时期许多从事香料贸易的都是伊斯兰人，他们的足迹遍及长安、广州、泉州、宁波等城市。中国第一部域外香药专著《海药本草》，即为伊斯兰人后裔、五代时期的李珣所著。

就当代中国香学文化而言，我们也应该继续学习吸收世界各民族优秀的香学文化，不断丰富提升我们自己香学文化的内涵和高度。比如日本香道精细的技法，恭敬的礼仪，严格的授业传承，西方香水文化的科学精神和人文情怀，都值得我们学习和借鉴。

（四）高处起步，香以载道

中国香学文化像中国传统文化一样，早熟且起点极高。先秦时代，虽然用香惟椒兰桂蕙而已，但理论上已经达到很高层面。“香以载道”是中国香学文化起步阶段的顶层设计。香是高尚德行的象征，香是恭敬天地祖宗的表现，香是美好感情的表达和传递，香是世间万物变幻无常的影像。

中国香学文化从最初就不追求纯粹的感官享受，而是赋予它更高的“道”的追求。《尚书·君陈》:“黍稷非馨，明德惟馨”，德行的馨香最高，非物质的香气可比。“佩服愈盛而明，志向愈修而洁”，屈原《离骚》中佩戴香草鲜花是为了表明自己的志向高洁。古代的先贤大德，热爱香学文化，通过香，修身养性，追求“道”的人生目标。高洁的人格、圆融的智慧、诗意的生活成为中国人用香的终极目标。

几千年的中国文化，注重含蓄意会，追求朦胧灵动之美，而不是像西方文化注重直观性、精确性。香水直接喷洒，芬芳满身，张扬而直观，这是西方香文化的观念。而我们的儒释道三家文化无不言开悟，最高深的思想是“意在言外”，最美好的意境是“言尽而意不穷”。表现在用香上，便是在享受美妙的芬芳之外，更多地感悟人生经验，提升思想境界。

中国香学文化注重从宏观上把握香料、用香方法和品香感受，没有过多关注怎样将香料分得更细致精准、更系统化，不过分研究如何精确调配各种香料，追求更多变化和更极致感受，而是点到为止，将更多的精力放在研究香

南宋·刘松年《秋窗读易图》（局部）

料以及用香方式背后所蕴含的哲学内涵和思想境界上，香以载道。这同日本香道以及以香水为代表的西方香文化、以熏香精油为代表的南亚香文化有很大差异。

五、中国香学文化融汇集合了众多美好

中国香学文化的表现形式为香席雅集和其他类型的香事活动。这些以品香为主要内容的活动，承载融汇了自然美、社会生活美、技术美、艺术美等众多的美好，呈现出

高度的审美追求和美学境界。品闻欣赏香的美好气息，既是生活美学的一个组成部分，也是一个审美过程，它体现了中华民族对诗意栖居生活的向往。

（一）香中的自然之美

香材、香料凝聚了大自然美好的气息，是大自然精粹所在。山川河海英灵，日月星辰能量，风雨雷电滋润，共同造就香的芳香与能量。几千年的用香实践，香的美好意象已经深深植根于中华民族的精神世界，香已经“物化”为美好的指代，在汉语言范畴中，香无一例外地指向了物质与精神层面的各种美好。

一缕馨香升起之时，美好的气味寂然入鼻，给人以愉悦和欢喜，香的自然之美此时变化为意念上的美好，香与人交互浸润氤氲，形成了鼻观嗅觉的万般美好。这个美好的意象世界，正如美学家宗白华先生说的：“是主观的生命情调与客观的自然景象交融互渗，成就一个鸢飞鱼跃，活泼玲珑，渊然而深的灵境”。鼻观的体验使人感悟到人与天地万物一体的境界，享受融入生意盎然，活泼泼大自然的愉悦。

（二）香中的社会生活之美

社会生活是人的“生活世界”的主要领域，是充满了意味和情趣的世界。哪怕是单调、平淡的日常生活，也都包含丰富的历史、文化内涵，如果能以审美的眼光去观照，就会有一个充满情趣的意象世界。燃一支线香，爇一炉沉水，能给日常生活增添许多的美感，芳香美妙的气味摸不着，看不见，但人人都能感受到，而且往往沁人心脾，达到灵魂的最深处。

不同的时代会有不同的审美取向，用香风尚亦是如此，唐人喜欢香艳浓烈，宋人崇尚清微淡远，元朝流行简单粗放，明清附庸风雅而不无做作。几千年的发展，香已经渗透到国人日常起居的方方面面，成为寻常之物，弥漫的芳香能晕染出丰盈的社会生活之美。

同样，不同社会阶层会有不同用香审美取向，富贵者追求沉檀龙麝，平民百姓则用寻常之香。香也会在不同的场景中使用，更会有不同的爇香之法，但渲染形成的肯定是美好的氛围，诗意的意象。

（三）香中的技术之美

每个时代有不同的用香方法，不同香学文化体系也会有不同的用香技术体系。但总体的追求和趋向，却大致相同，即通过圆融舒展，优雅美观，沉静安详的技术手法，使香气的散发逸出从容雅致，无烟火燥气，从而充分地展示香的美好形象。这些技术以优美的动作和形象，展示出诗意的境界，给参加者提供精神层面的享受。为他们的

"鼻观"提供良好的平台，从而"观念""观想""思维"的生发能依托更好的物质基础。

李商隐的"兽焰微红隔云母"和杨万里的"不文不武火力匀，但令有香不见烟"都是用香的技术之美，亦是古人用香方法的高度，至于颜博文的"香不及火，自然舒慢，无烟燥气"则是技术之美的结果呈现。高度的技术之美，既能使香表现出美好的形象，又可以感染带动参加活动者安详沉静，从而更好地体验香的美妙气味。

不同的香学文化体系的用香手法，并无高低之分，都是在用自己的技术体系，诠释香的不同的美好。

（四）香中的艺术之美

即香席或香事活动中融汇外溢的艺术之美。主要表现在三个方面，即融入、内含、外溢。融入是指香席雅集或香事活动中，都会有其他艺术形式，如茶、古琴、插花、书画欣赏、服装等艺术的参与和融入，形成众美齐备、众雅共聚的场景，为香展示美好形象提供良好助益。内含，是指在这些活动中，使用的香具、香品会呈现和携带不同的艺术形式，香艺师或主香人用香手法、礼仪程式都会呈现出一定的艺术表演性质，参与品香或用香者亦会有艺术因素的体现。外溢，是指香的意象或场景，会在书画作品、古琴、茶道、舞蹈、插花、朗诵等其他艺术表演中以不同形式融入和参与，对其他艺术也有着重大促进和提升作用。

几千年的发展历程，中国香学文化融汇集合了众多的美好，不断呈现大美状态，铸就了难以企及的辉煌。这脉优秀的传统文化，赋予了中华民族千年不息的美学追求，影响提升了整个民族的审美境界，伴随着岁月长河，融入芸芸众生的日常生活，一炉沉烟，一缕馨香，成为无数中国人生活美学的一个重要组成部分。

中国香学文化是一个渊源久远而又有广阔发展前景的文化课题。在日益国强民富的当代，她必将焕发出更加绚丽的光彩。挖掘、整理、继承、发扬这一传统文化，有着十分积极的现实意义，将有助于提升和改善整个中华民族的生活品质。我们深信，随着人们物质和文化生活水平的不断提高，中国香学文化这朵传统文化的奇葩，必将再度怒放于中华大地。

香史

五千年的中华文明史，「香」的美妙身影，无处不在。她是散逸在空中的哲学，是嗅觉的艺术，是恬淡从容的人生态度。她深刻影响了中华民族的精神世界……

嘉此正器，崭岩若山。上贯太华，承以铜盘。中有兰麝，朱火青烟。

汉·刘向《熏炉铭》

作为中华文明的一个重要组成部分，中国香学文化起源于殷商以至更遥远的新石器时代晚期，初步成形于两汉，发展于魏晋南北朝、隋唐，高峰于宋代，没落于明清，回归复兴于当代。从早期的祭祀、祛味、沐浴、熏衣、佩戴、辟邪、医疗、饮食等萌芽开始，到唐宋以后文人士大夫的赏香品香。基本上是由气味满足感官所需，进而到气味评定，更进一步延伸至静心澄虑、鼻观养德的精神境界。

中国香学文化基本沿三条线索发展：一是宗教祭祀用香，二是生活用香（包括医疗用香），三是皇室贵族、文人士大夫的赏香品香。三条线索时有交叉并列，体量消减增加，但基本脉络清晰，交汇而又独立成章，共同推动了中国香学文化的发展。

从历史典籍资料来看，中国香学文化经历了由直接焚烧草本香料到熏烧木本树脂香料香品，再到隔火熏香的历史过程。从使用香料的角度来看，先秦的熏香以草本香料为主，到汉代时转为以木本树脂香料为主。宋以前的用香以合香为主，宋朝开始出现单品沉香，至明清时期盛行。从出香的方法来看，先秦时期为直接焚烧香草，汉代用炭火熏烧香料香品，唐中晚期出现隔火熏香而到宋代广泛流行，元朝时线香出现，平民化快餐式的焚香文化流行。总的来说，是先满足了嗅觉和视觉上的快感，然后向心灵的深处去探求，最后升华为一种知识性美感经验的完美过程。

早期的用香更多的是生理（祛除异味等）和心理（敬神祈福、重大礼仪场合以示隆重等）上的需求，中晚唐时期开始逐渐增加更多的文化和精神层面因素。香事活动不再是单纯的品闻香材，而是演变为一种高端的文化活动，成为上层社会达官贵人、文人雅士追求生活品位的“雅事”。

唐以前，焚香是皇室宫廷、达官贵族、寺庙道观等上层社会的享乐消费，宋以后开始进入平民生活，成为大众生活的寻常之事。

第一节　宋代以前的用香

一、香之萌芽——先秦

中国香学文化最早升起的那缕馨香，可以追溯到新石器时代晚期。当时，人们已经用点燃草木熏烧其他祭品的方法祭祀天地鬼神。6000年前，在黄河、辽河、长江流域先后出现了燎祭（通过燔柴升烟的方式告祭天地）。仰韶文化、红山文化、良渚文化、龙山文化、河姆渡文化等遗址中出土的祭坛、燎祭遗存和陶熏炉，均在距今4000—6000多年间，这些都是中国香学文化的渊源。《尚书·尧典》对舜帝登基有一段记载：

正月上日，受终于文祖。在璇玑玉衡，以齐七政。肆类于上帝，禋于六宗，望山川，遍于群神。辑五瑞。既月乃日，觐四岳群牧，班瑞于群后。岁二月，东巡守，至于岱宗，柴，望秩于山川。

正月的这一天，在尧的太庙举行禅位典礼。舜代尧接受了天子的大命。舜继位后，便考察了北斗七星的运行规律。接着举行了祭天大典，把继位之事上告天庭。然后祭祀天地四时、山川、群神。随后精心准备好信圭，择吉日召集四方诸侯君长，举行了隆重的典礼，把信圭颁发给他们。这一年的二月，到东方巡视，到了泰山，焚烧香木，祭祀山川。“柴”“禋”“望”，都是祭祀的名称。

上海青浦出土的良渚文化陶质熏炉

上古时期的祭祀，主要是焚烧柴草、食品和其他祭品的燎祭。升腾的香烟，表达了人们对神灵的敬畏和祈求。安阳殷墟出土的甲骨卜辞多有关于“燎祭”的记载。《诗经·大雅·生民》篇有“载谋载惟，取萧祭脂”，“其香始升，上帝居歆”。萧是一种可以焚烧的香草，脂是动物的脂肪，泛指祭品。焚烧香草祭品，使香气上达天庭，祖先神灵于是安而飨之。除燎祭之外，周人还以香入酒用于祭祀，《诗经·大雅·江汉》篇有“秬鬯一卣”之句，秬即郁金，一种多年生香草。这句诗的意思是郁金香酒再上一壶，告祭文德昭著的先祖。

四五千年前，在黄河流域和长江流域已经出现了作为日常用品的陶熏炉。目前所知最早的熏香器具，为1983年上海青浦福泉山高台墓地出土的良渚文化时期竹节陶质熏炉。宋代叶廷珪（生卒年不详）《南蕃香录》云：“古者无香，燔柴焫萧尚气臭而已。”战国时期熏炉及熏香风气已经在一定范围内流行起来。从士大夫到普通百姓，均有随身佩戴香物之风。香囊常称“容臭”，也称“佩帏”。香草、香囊既有装饰、香体之作用，又可祛秽防病，在湿热、多疫的南方地区，此风尤盛。《礼记·内则》：“男女未冠笄者，鸡初鸣，咸盥漱，栉縰，拂髦，总角，衿缨，皆佩容臭。”少年人拜见长辈时既要衣冠整洁，还需佩戴香囊，以示恭敬。

《离骚》:“扈江离与辟芷兮，纫秋兰以为佩。”佩戴江离和白芷，佩戴秋兰，佩戴香草显示品行高洁。《诗经》中也多次写到了香草。

从目前的考古发掘资料来看，战国时期南方地区的熏香风气已经盛行。仅在长沙地区发掘的25座楚墓中，便出土熏炉26件，有的炉中还有未燃烧完的香料和炭末。在其他地区也出现了制作精良的熏炉、雕饰精细的铜炉和早期的瓷炉。如陕西雍城曾出土凤鸟衔环铜熏炉，高34厘米，工艺精湛，造型优美。江苏淮阴出土了战国鸟擎博山炉。江苏涟水三里墩西汉墓曾出土了“银鹰座带盖玉琮”（玉琮熏炉），研究者认为制造于战国时期。古代常将玉琮改造，加盖、加座、加内胆，制为高档香具。这些熏炉品级甚高，出土地域广泛，可知最迟在战国时，熏香已在上层社会流行开来。整体趋势是由南向北流行，南方地区的用香早于北方。

熏炉是专门的室内熏香器具，使用的是草本类香料，以香茅为主。其实在熏炉没有发明之前，可能人们已经在取暖的铜炉中放置香草，熏烧取味。南方地区潮湿，蚊虫肆虐，焚烧香草既可驱赶蚊虫，亦能祛除污秽之味。

西周·三足圆铜鼎（盖、座后配）

战国·凤鸟衔环铜熏炉

战国中晚期·透雕龙纹熏炉

战国·原始瓷熏炉

先秦时期，边陲地区与海外的香料（沉香、檀香、乳香等）尚未大量传入内地，熏香所使用的香料也以各地所产香草香木为主。但品种还是比较丰富的，如：兰、蕙、艾萧（蒿科植物中有香味的品种）、郁（姜科姜黄属植物）、椒（芸香科花椒属植物）、芷、桂、木兰、辛夷、茅等等。早期的用香是将香草干燥后直接放入豆形熏炉中焚烧，使香气散发弥漫。《左传》僖公四年："一熏一莸，十年尚犹有臭。"香草臭草味道浓郁，影响长久。

惟有麝香一味香料，属本土所产，国人使用时间很早，为传统的出口香料，历朝历代均有输出。

《诗经》《楚辞》《山海经》等都记载了很多芳香植物。如《山海经》郝懿行《笺疏》云："天帝之山，有草焉，其状如葵，臭如蘼芜，名曰杜衡。"又《山海经·西山经》说："（翠山）其阴多旄牛、羚、麝。"

当时人们已经认识到，人对香气的爱好是一种本性，香气与人的身心有着密切的关系，可以养生养性。《尚书·君陈》："至治馨香，感于神明，黍稷非馨，明德惟馨。"意谓德行的馨香最高，非黍稷的香气可比。香气可陶冶性情，修炼意志。屈原的《离骚》即表明："佩服愈盛而明，志向愈修而洁。""纷吾既有此内美兮，又重之以修能。扈江离与辟芷兮，纫秋兰以为佩。"高尚的德行是最好的香气，香不仅仅养鼻养性，而且可以表达高洁的志向，可以修炼智慧。“香”这个媒介和平台，可以完成“道”的人生追求，“香”可以承载“道”的内涵。

“香以载道”的观念提炼出熏香的真正价值，香气不只是“芬芳”“养鼻”，而且具有滋养内心的作用，以香为介，可以载道。“香以载道”的观念对后世香学文化的发展产生了深远的影响，也成为中国香学文化的核心理念与重要特征。

西汉·青釉陶熏炉

二、香之初成——两汉

秦的统一为中国封建社会发展奠定了大一统的坚实基础。进入西汉，国力日渐增长，版图不断扩大，汉王朝已经成为雄踞东方的强大帝国，汉代文化也以其深厚底蕴对中国传统文化产生深远影响。中国香学文化在汉代进入全面发展的崭新阶段。

两汉时期，熏香风气在以王公贵族为代表的上层社会盛行，香被广泛用于宫廷礼仪、室内熏香、熏衣熏被、燕居娱乐、祛秽致洁等许多方面。熏炉、熏笼等香具得到普遍使用，并且出现了以博山炉为代表的高规格香具。皇室及各地王族的用香风气长盛不衰，香具也日趋精美。汉代刘歆（约前50—23）《西京杂记》（卷一）就记载汉成帝时有“五层金博山炉”“九层博山炉”。唐代欧阳询（约557—

641）主编的《艺文类聚·服饰部下》记载，东汉末期汉献帝宫中有“纯金香炉一枚……贵人公主有纯银香炉四枚，皇太子有纯银香炉四枚，西园贵人有铜香炉三十枚”。

汉·陶彩釉博山炉

熏香进入宫廷礼制。汉代应劭（约153—196）《汉官仪》（卷二）记载，尚书郎奏事前，有“女侍执香炉烧熏”，奏事对答要“口含鸡舌香”使口气芬芳。唐代杜佑（735—812）《通典·职官四》载：“尚书郎口含鸡舌香，以其奏事答对，欲使气息芬芳也。”后世，人们常以“含香”代指在朝为官或为人效力。唐诗中多有“含香”一词出现，王维有诗句云：“何幸含香奉至尊，多惭未报主人恩。”（《重酬苑郎中》）晚唐诗人韦庄有题目为《含香》的诗一首，首联为：“含香高步已难陪，鹤到清霄势未回。”

《汉官仪》（卷二）还记载了一件十分有趣的与鸡舌香有关的事：侍中刁存“年老口臭”，桓帝赐他鸡舌香，令他含在口中。刁存没见过这种香，含之觉“辛螫”（鸡舌香使口气芬芳，但口舌有螫感）异常，以为桓帝以毒药赐死，惊慌失措，自以为命不长久，悲泣哀号与家人诀别，朝中大臣“咸嗤笑之，更为吞食，其意遂解”。

除了熏香、香囊、香枕、香口，宫中的香料还有更多用途。汉初即有“椒房”，以花椒和泥涂壁，取温暖多子之义，用于皇后居室，后世常用“椒房”代指皇后或后妃。皇室王族的丧葬也常用香料防腐。

西汉·连盘五凤铜熏炉

香料大量增加。汉武帝雄才大略，击溃匈奴，统一西南、闽越、岭南等地，疆域空前，盛产香料的边陲地区进入了西汉版图。陆上丝绸之路和海上丝绸之路使汉代的交通和贸易四通八达，源源不断地将边陲及域外香料输入中土内地。以沉香、乳香为代表的香料，可能在汉武帝时代就已经进入内地，其记载可见于东汉的典籍史料。

东汉杨孚（生卒年不详）《异物志·草木类》即载有沉香（“木蜜”）：

木蜜香名曰香树，生千岁，根本甚大。先伐僵之，四五岁往看，岁月久，树材恶者腐败，唯中节坚直芬香者独在耳。

《汉乐府·杂曲歌辞》（十七）直接陈述胡商所带商品：

行胡从何方，列国持何来。氍毹毾㲪五木香，迷迭艾纳及都梁。

可见迷迭、艾纳、都梁等香都是由域外传入。另一款名香“苏合香”也已经是西域的重要贡品。

汉代熏香炉中的香料品种不断增加，皇室贵族的熏香文化开始丰富多彩起来。

《西京杂记》（卷一）记载：汉成帝封赵飞燕为皇后于永始元年（前16），同为宠妃的胞妹赵合德有书信记载送赵飞燕三十五种贺礼，即有“青木香”“沉木香”“九真雄

汉·立凤熏炉

麝香”及“五层金博山香炉”。书中另记赵合德喜熏香，“杂熏诸香，一坐此席，余香百日不歇。”

汉代班固（32—92）《与弟超书》记载窦宪以高价从西域购买“苏合香”的事情。

司马迁《史记·货殖列传》载，番禺（今广州）是“果布”的集散之地：“番禺亦其一都会也。珠玑、犀、玳瑁、果布之凑。”“果布”就是龙脑香“果布婆律”（马来语龙脑香的音译）的简称。

熏香材料和方法有重大改变。沉香、乳香、青木香、安息香、苏合香、龙脑、鸡舌香等多种香料在西汉中期大量进入中土，熏香材料由草本香材为主转为木本树脂材料为主。树脂类的香料不能直接焚烧，需要用炭火熏烤，直接焚烧香材的用香方法逐渐被摒弃。印度及阿拉伯半岛盛行的合香制品和炉中置炭、炭上置香的熏香方法，也随着丝绸之路的贸易交流和佛教的传入进入中国。炉具也由战国至西汉初期炉体直径较大、器腹较浅、出烟孔大的豆式炉变为以博山炉为代表的器腹较深的熏香器具。香具的小型精致化，正是适应熏香方法改变的需要。

生活用香是汉代用香的重要组成部分。熏衣熏被、居室熏香、燕居熏香，被视为一种享受生活的方式，或是祛秽、养生的方法。现在出土的香具中有许多是用于熏衣熏被（熏炉、熏笼）的，也有许多熏炉出土时位于墓葬的生活区

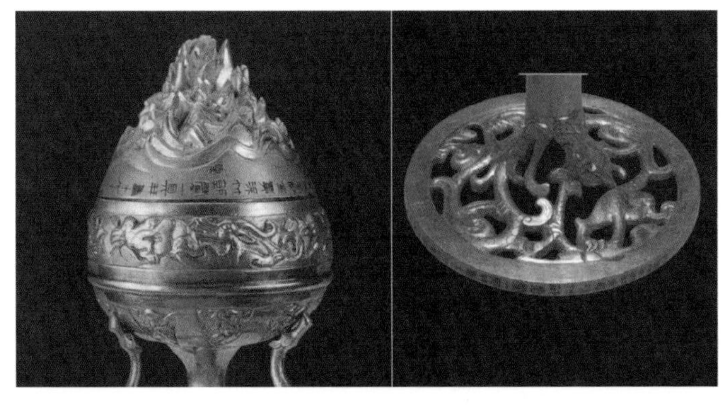

汉·错金银竹节炉（局部）

（包括更衣场所），是作为起居生活用品出现的，有的熏炉还与酒器、乐器放在一处，表明是为燕居熏香所用。博山炉虽构图仙山胜景、云雾缭绕，实则也为日常起居所用。

祛秽为汉代用香的一大功用。北宋李昉（925—996）等人编著的《太平御览》（卷九八一）记载，诗人秦嘉给妻子徐淑寄香饼并附信曰："好香四种各一斤，可以祛秽。"曹操也曾令家人"烧枫胶及熏草"，为居室祛秽。

汉代的香笼也非常盛行。其形状是在熏炉外面再罩上一层竹笼，衣物搭挂在竹笼上，既可为衣物添香，又能除秽、暖衣暖被，营造舒适温馨的气氛，在上层社会颇为流行。

博山炉等香具盛行。宋代吕大临（1042—1090）《考古图》（卷十）云："炉象海中博山，下有盘贮汤，使润气蒸香以象海之回环。"博山炉的记载最早见于《西京杂记》（卷一）："长安巧工丁缓者……作九层博山炉，镂为奇禽怪兽，穷诸灵异，皆自然运动。"战国时期已经出现的博山炉，从西汉到南北朝七百年间广为流行，多为王公贵族所用。包涵天地、山海、仙境等观念，是汉晋时品位最高的熏香器具，也是彼时工艺品的代表之作。西汉刘向有《熏炉铭》："嘉此正器，崭岩若山。上贯太华，承以铜盘。中有兰麝，朱火青烟。"

迄今发掘的多个西汉中期王墓，如广州南越王墓曾出土了多件熏炉、熏笼香具和香料。陕西茂陵陪冢出土的"错金

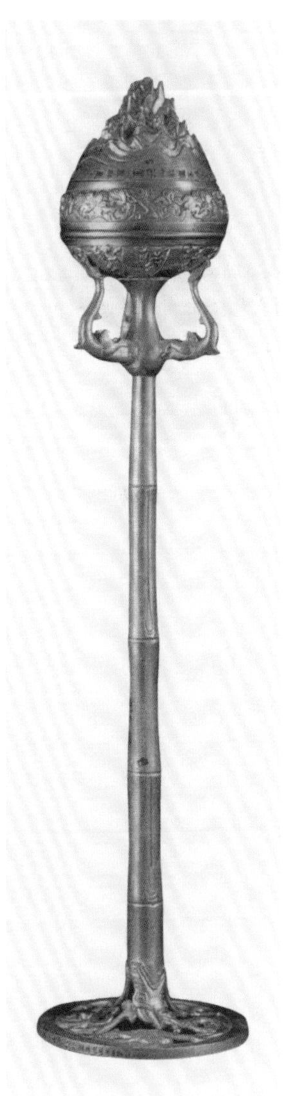

汉·错金银竹节炉

西汉·铜错金博山炉

银竹节炉”（博山炉），底盘透雕两条蟠龙，龙口含竹节形炉柄，柄端三龙盘旋，龙头托顶炉腹，腹壁浮雕四条金龙，一炉九龙盘旋，属典型的皇家器物。此炉先为汉武帝宫中使用，后赏赐给卫青和平阳公主。河北满城出土的驰名中外的“铜错金博山炉”更是雕镂精湛，峰峦叠嶂，华美异常。

汉代熏炉数量多，种类亦是丰富。陶炉、带釉陶炉、铜炉、玉炉已出现，器型有博山炉、鼎式炉、豆式炉等多种样式。这个时代的熏香大多是直接熏烧，既有一种香材单焚，也有几种香材合用。由于要在炉中放入木炭，所以一般炉的腹部较深，多带有炉盖。炉盖、炉壁、炉底开出许多小孔以助燃烧和散发香味。炉盖可以控制燃烧速度，防止火灰溢出。炉下的承盘贮水，既可承灰，亦可增加水汽，使香味润泽宜人。

汉代已有“熏球”出现，《西京杂记》（卷一）载，丁缓曾制出“被中香炉”，其发明者为更早的房风：“长安巧工丁缓者……又为卧褥香炉，一名被中香炉。本出房风，其法后绝，至缓始更为之。为机环转运四周，而炉体常平。可置之被褥。”这是一种以银、铜等金属制成的小钵盂，球体依次有三层小球，每个小球都挂在一个转轴上（转轴与外层小球相连），最内层悬挂焚香。熏球转动时，在重力作用下，钵盂能始终保持平衡，香品不会倾出。熏球在唐代时盛行，一直到明清都有制作和使用。

出现简单的合香。西汉早期已经出现混合熏烧多种香料的方法，以此调和融汇出复合香味。湖南长沙马王堆一号墓就发现了混放高良姜、辛夷、茅香等香料的陶熏炉，这实际上就是合香的雏形。南越王墓中曾出土四穴连体熏炉，由四个互不连通的小方炉合铸而成，可同时焚烧四种香料。焚烧时，香味混合，形成简单的合香气味。但一旦真正意义的合香出现，它就失去存在的意义。故汉以后，多穴香具已不再使用。

广州南越王墓出土铜四连体熏炉

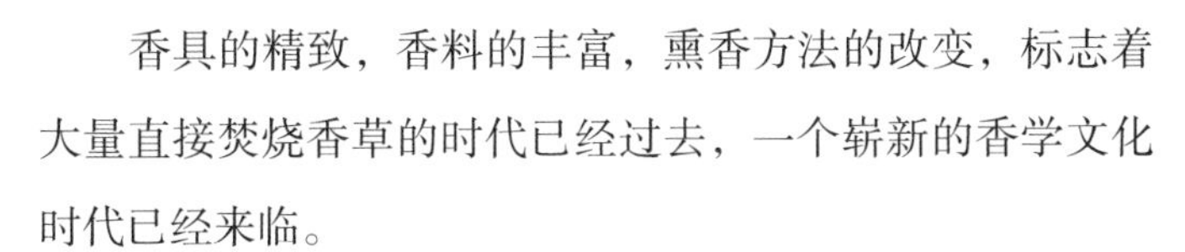

香具的精致，香料的丰富，熏香方法的改变，标志着大量直接焚烧香草的时代已经过去，一个崭新的香学文化时代已经来临。

咏香诗文大量出现。气势壮美的西汉大赋常以香草香木为题材。汉代司马相如（前179—前118）《上林赋》就以华美的辞采描绘出遍地奇芳、令人神往的众香世界。他在《子虚赋》里写云梦泽胜景，其东有种种芳草奇葩：蕙草、杜衡、兰草、白芷、杜若、射干等等；其北有嘉木奇树：楠木、樟木、桂树、花椒、木兰等等。东汉班固《汉书·龚胜传》里有句云："熏以香自烧，膏以明自销。"感叹因有才能招致灾祸。

东汉中后期，文人士大夫开始更多地关注个体生活和人生体验，以《古诗十九首》为代表的一批优秀诗歌和反映文人日常生活情感的散文，将汉代文学推向一个高峰。

汉·铜鎏金博山炉

在这批最早“人文觉醒”的诗歌散文中，出现了多首咏香佳作。如名篇《四坐且莫喧》《艳歌行》《行胡从何方》《孔雀东南飞》《上山采蘼芜》以及《全后汉文》(卷六十六)、(卷九十六)所载秦嘉夫妇往来书信等都涉及熏香内容。《四坐且莫喧》文辞清新，写博山炉苍凉高古，颇具神韵：

四座且莫喧，愿听歌一言。请说铜炉器，崔嵬象南山。上枝似松柏，下根据铜盘。雕文各异类，离娄自相联。谁能为此器，公输与鲁班。朱火然其中，青烟飏其间。从风入君怀，四座莫不欢。香风难久居，空令蕙草残。

《孔雀东南飞》有“红罗复斗帐，四角垂香囊”之句。诗人秦嘉、徐淑伉俪情深，书信往来，感人至深。桓帝时，秦嘉在外为官，徐淑在母亲家里养病。秦嘉寄赠明镜、宝钗、好香、素琴，并在信中言：“间得此镜，既明且好”，“意甚爱之，故以相与。并致宝钗一双，价值千金。龙虎组履一，好香四种各一斤。素琴一张，常所自弹也。明镜可以鉴形，宝钗可以耀首，芳香可以馥身去秽，麝香可以辟恶气，素琴可以娱耳。”思念之情溢于言表。徐淑回信：“素琴之作，当须君归。明镜之鉴，当待君兴。未奉光仪，则宝钗不设也。未侍帷帐，则芳香不发也。”后秦嘉赴京为官，不幸早亡，徐淑千里奔丧，悲郁而逝。南朝齐梁时钟嵘(约468—约518)《诗品》云：“夫妻事既可伤，文亦凄怨。”

非常值得一提的是，对中国文化产生巨大影响的佛教，在西汉晚期时进入中国。佛教在坐禅、诵经、供奉时都要用香。佛教使用的香料和用香方法，对中国香学文化产生了重大推动和提升作用；佛教的修炼境界和情境表述，也对中国香学文化有重大影响。早期的道教也与香有着深厚的渊源，它采用熏香、浴香的方式祭礼。道教《太平经》有："夫精神，其性常居空闲之处，不居污浊之处也；欲思还神，皆当斋戒，悬象香室中，百病消亡。"这些都使中国香学文化不断增添"修身养性"的内涵，承载起更多的精神和文化层面内容，从而促进了这脉优雅文化的全面发展。

东汉・黄褐釉陶熏香

三、香之发展——三国两晋南北朝

三国两晋南北朝用香基本是汉代的延续。这个时期社会动荡，政权更迭频繁，士人生命朝不保夕，但哲学思想与文化艺术领域却异常活跃，"建安风骨"对中国传统文化影响巨大。这是中国历史上士人群体第一次个性解放的时代，一大部分文人士大夫卸下儒家谆谆教诲的家国天下责任，将个人的自由、精神的尊严和文化的风采，看作生命中最重要的东西。焚香既可以增添生活雅趣，又可给惶恐不安的内心一份抚慰，自然成为他们日常起居交游不可或缺之物。这一时期，用香风气兴盛，香料种类和数量大幅度增加，以多种香料调和配制而成的合香得到普遍使用。

三国 东吴·青釉镂空熏炉

青瓷和陶制炉具流行，降低了熏香的门槛，用香面进一步增大，香学文化发展到一个重要阶段。

宫廷和上流社会用香。六朝贵族用香风气不输两汉。唐代房玄龄（579—648）等人合著《晋书·王敦传》载：荆州刺史石崇，富甲天下，他在金谷别墅宴客时，厕所也泼洒沉香水、甲煎粉（香料）以消除异味。厕内“常有十余婢侍列，皆有容色，置甲煎粉、沉香汁，有如厕者，皆易新衣而出。客多羞脱衣”，而王敦却举止从容，“脱故着新，意色无怍”。《艺文类聚·服饰部下·东宫旧事》记载：“太子纳妃，有漆画手巾熏笼二，又大被熏笼三，衣熏笼三。”“皇太子初拜，有铜博山香炉一枚。”晋代的宫廷还把香炉与釜、枕一起定为必有的随葬品。

然亦有高贵者惜香少用。曹操生性节俭，数禁家人熏香佩香：“昔天下初定，吾便禁家内不得熏香。”“令复禁不得烧香，其以香藏衣着身亦不得。”（《太平御览》卷九八一）唐代陆龟蒙有诗记之：“魏武平生不好香，枫胶蕙烛洁宫房。”

曹操为示善意，曾向诸葛亮寄鸡舌香并附信云：“今奉鸡舌香五斤，以表微意。”（《魏武帝集·与诸葛亮书》）看来曹孟德是节俭自身自家，对需要示好之人，并不小气。

交趾太守士燮为讨好孙权，每年都向孙权进贡香料：“燮每遣使诣权，致杂香细葛，辄以千数，明珠、大贝……

南朝·青瓷莲花博山炉

龙眼之属，无岁不至。”（《三国志·吴书》）

曹操家族中，对香最痴迷者，非曹丕莫属。宋初李昉《太平御览》（卷九八一）曾记载：“魏文帝遣使于吴求雀头香。”为求一香而专遣使节，可见爱之深切。他曾将来自大食国的迷迭香种于宫中庭院，并和曹植为其事作赋：“余种迷迭于中庭，嘉其扬条吐香馥，有令芳，乃为之赋。”东晋著名医学家、炼丹家葛洪在《抱朴子·内篇》写道：“人鼻无不乐香，故流黄郁金、芝兰苏合、玄胆素胶、江离揭车、春蕙秋兰，价同琼瑶。”可见其时人们对香料的珍视。

史上最有名的香之故事当为曹操的“分香卖履”。曹操遗嘱丧事从简，不封不树，不葬珍宝，并将自己留下的香料分与妻妾，让她们闲时制鞋而售，以资家用。临终立《遗令》云：

吾婢妾与伎人皆勤苦，使著铜雀台，善待之。于台堂上安六尺床，施穗帐，朝晡上脯糒之属，月旦十五日，自朝至午，辄向帐中作伎乐。汝等时时登铜雀台，望吾西陵墓田。余香可分与诸夫人，不命祭。诸舍中无所为，可学作组履卖也。吾历官所得绶，皆著藏中。吾余衣裘，可别为一藏，不能者，兄弟可共分之。

“分香卖履”的典故令人感慨良多，可知当时名香贵重堪比金玉，而寄托兴情，金玉有所不及。一世枭雄曹操临终对妻妾儿孙之挂念颇为动人，苏轼云：

南朝·博山炉

操以病亡，子孙满前而咿嘤涕泣，留连妾妇，分香卖履，区处衣物，平生奸伪，死见真性。世以成败论人物，故操得在英雄之列。(《孔北海赞并叙》)

南北朝时，国家的重大祭祀活动都要用香。如梁武帝在天监四年（505）的郊祭中用沉香祭天，用“上和香”祭地。

文人士大夫用香讲究。六朝时的上层社会注重仪容和风度，熏衣、佩香、敷粉十分流行。《颜氏家训·勉学》载：“梁朝全盛之时，贵游子弟多无学术，至于谚云：‘上车不落则著作，体中何如则秘书。’无不熏衣剃面，傅粉施朱，驾长檐车，跟高齿屐，坐棋子方褥，凭斑丝隐囊，列器玩于左右，从容出入，望若神仙。”

曹魏时，尚书令荀彧好用浓香熏衣，时人云其坐过之处，香气三日不散，“荀令留香”典出于此。后人常以之形容风流倜傥，白居易有“花妒谢家妓，兰偷荀令香”的诗句，李商隐亦有“桥南荀令过，十里送衣香”的诗句。

《世说新语·容止》载：曹叡怀疑何晏是由于敷了粉才面色白皙，就趁热天让他吃汤饼，何晏吃得大汗淋漓，便用衣襟擦汗，不仅没有擦下脂粉，面色反倒更白了。黄庭坚“露湿何郎试汤饼，日烘荀令炷炉香”，便是写何晏与荀彧的。

韩寿偷香的故事更是有趣。西晋权臣贾充之女贾午，与贾充幕僚、相貌俊美的韩寿有私情，将家中皇帝所赐西

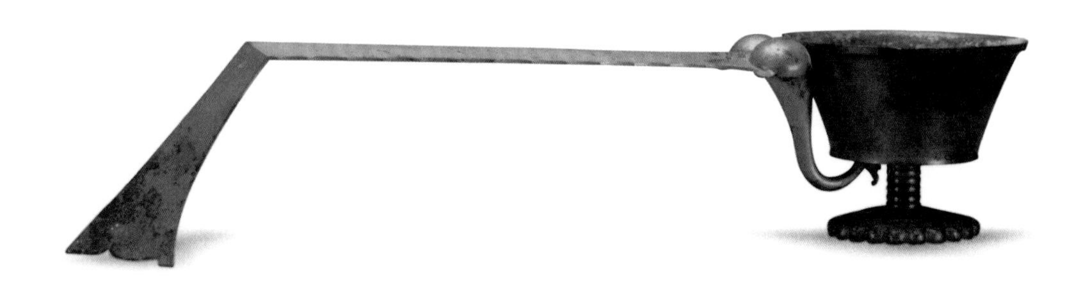

北朝·鹊尾铜柄炉

域奇香偷出私赠予韩寿，此香沾之则香气馥郁、多日不散。韩寿身上的香气让贾充起了疑心，觉察到女儿与韩寿有私情。然木已成舟，女儿以身相许，阻之无效无益，贾充“遂以女妻寿”，韩寿自此平步青云。

东晋名将谢玄小时候喜佩“紫罗香囊”，伯父谢安担心他玩物丧志，又不想直接没收而伤害他，就用游戏打赌之法赢得香囊，然后付之一炬，谢玄也觉知伯父用心，从此不再佩戴香囊。

佛道用香众多。六朝时，佛教兴起推动了香学文化的发展，促进了南亚、中东等地香料的传入。佛教推崇用香，把香作为坐禅修道的助缘。释迦牟尼涅槃之前，多次阐述过香的重要价值，弟子们均以香为供养。自东汉起到南北朝时，佛教发展迅速，出现了一大批对中国佛教传播发展有巨大贡献的高僧，大量佛经刊行流传，佛教在中国已有广泛影响。杜牧“南朝四百八十寺，多少楼台烟雨中”是其形象写照。其实，彼时寺院之多、僧众之巨，远非此数。梁朝都城建康（今南京）就有寺院数百，僧人数万。梁武帝还亲率数万信众发愿皈依佛门。可以想象，仅此一项，用香就不在少数。

道教在南北朝时也发展迅速，涌现出许多卓有建树的高道和《太平经》《参同契》《黄庭经》《抱朴子》等重要典籍，逐渐形成有明确的经典、戒律、组织并为官方认可的

南朝·青瓷三足炉

南朝·青瓷莲瓣纹三足炉

宗教。早期道教重视用香，到汉末时，道教用香已非常普遍。《三国志·吴书·孙策传》裴松之注引《江表传》载：道士于吉“来吴会，立精舍，烧香读道书，制作符水以治病，吴会人多事之”。《黄庭经·内景经》说：“烧香接手玉华前，共入太室璇玑门。”“玄液云行去臭香，治荡发齿炼五方。”炼制“药金”“药银”时需焚香，“常烧五香，香不绝”，可见当时的道教用香之多。

合香已经非常普及，成为当时的主流用香方式。以多种香料配制的香品，在六朝时已广泛使用。选料、配方、炮制都颇具法度，注重香的养生功效，而不只为气味芬芳。合香的种类繁多，有居室熏香、熏衣、熏被、香身香口、养颜美容、祛秽疗疾等品种。就用法而言，有熏烧、佩戴、涂敷、熏蒸、内服等。就香的形态而言，有香丸、饼、炷、粉、膏、汤、露等。

南朝范晔（398—445）《和香方·自序》云：

麝本多忌，过分必害。沉实易和，盈斤无伤。零藿虚燥，詹唐黏湿。甘松、苏合、安息、郁金、㮏多、和罗之属，并被珍于外国，无取于中土。又枣膏昏钝，甲煎浅俗，非唯无助于馨烈，乃当弥增于尤疾也。

言香料特性、使用方法，颇为精到。《和香方》是目前所知最早的合香（香方）专著，但令人遗憾，今已散佚，仅存序文。魏晋南北朝时，还出现了许多合香香方专著，

唐·法门寺出土银炉

如宋明帝《香方》《龙树菩萨和香方》《杂香方》《杂香膏方》等，惜均已散佚。这些都反映了当时合香的制作、使用已经非常普遍，且具有相当的修和炮制工艺水平和理论高度。

这个时期的香料在医疗方面也得到许多应用。南北朝时的本草类典籍开始收录沉香、檀香、乳香、丁香、苏合香、青木香、藿香、詹糖香等一批香料类药材。陶弘景修订《神农本草经》时补充了这些香料药品。

四、香之初盛——唐代

唐代是中国封建社会发展的一个高峰。繁荣的经济、开放的社会、东西方文明的融合，给文化艺术发展提供了良好条件。品种繁多且数量丰富的香料、各种形式的用香方法、形态各异制作精良的香具、奢华的宫廷用香、广泛普遍的文人香事、无处不在的香烟和动人心弦的诗句，渲染了大唐盛世的辉煌气象。

这一时期，中国香学文化的发展进入精细化、系统化阶段。香品制作与使用更为考究，礼制用香普遍，文人爱香、咏香成风。

香料丰富。隋唐的统一结束了中国社会长期割据动乱的局面，强盛的国力和发达的陆海交通以及丝绸之路的畅

唐·象首金刚铜熏炉

通，使国内香料流通和域外香料输入都非常便利。各州郡都有自己的香料特产，如：忻州定襄郡产麝香，台州临海郡及潮州潮阳郡产甲香，永州零陵郡产零陵香，广州南海郡产沉香、甲香、詹糖香等等。

唐玄宗天宝十载（751），安西节度使高仙芝率军三万与阿拉伯联军十万人大战于怛逻斯（今哈萨克斯坦境内）。前五日唐军占据优势，第五天高所部葛罗番兵突然反叛，与阿拉伯人前后夹击唐军，高仙芝大败。唐失去了对中亚地区的控制，“路上丝绸之路”开始衰败阻塞。加上“安史之乱”，中国的经济重心南移，“海上丝绸之路”遂取代“陆上丝绸之路”，并在唐中期迅速繁荣，代替陆路将域外香料输入。日本奈良时代（710—794）真人元开用汉文写成的《唐大和上东征传》载：天宝年间，广州“江中有婆罗门、波斯、昆仑等舶，不知其数。并载香药珍宝，积载如山。其舶深六七丈”。唐与大食、波斯的往来更为密切，“住唐”的阿拉伯商人对香料输入贡献很大。他们长期留居中国，足迹遍及长安、洛阳、开封、广州、泉州、扬州、杭州等地，香料是他们经营的主要货物，包括檀香、龙脑香、乳香、没药、胡椒、丁香、沉香、木香、安息香、苏合香等，经他们之手交易的各种香料数量巨大。

同时，唐朝作为强大的帝国，各国进贡的香料也不在少数。贞观十五年（641），中天竺国（今印度境内）“献火珠及郁金香、菩提树”，其国“有旃檀、郁金诸香，通于大秦，故其宝物或至扶南、交趾贸易焉”（《旧唐书·西戎传》）。

贞观二十一年（647），堕婆登国（今印尼境内）“献古贝、象牙、白檀，太宗玺书报之，并赐以杂物”（《旧唐书·南蛮传》）。

宪宗元和十年（815），诃陵国（今印尼境内）“献僧祇僮及五色鹦鹉、频伽鸟并异香名宝”（《旧唐书·宪宗本纪》）。

唐·褐彩釉瓷熏炉

最迟进入中土的高端香料，应为龙涎香。晚唐时段成式（803—863）《酉阳杂俎》（卷四）才出现了有关龙涎香的记载：“拨拔力国，在西南海中，不食五谷，食肉而已。……土地唯有象牙及阿末香。”“阿末香”即阿拉伯语龙涎香的音译。

唐代的宫廷及权贵用香奢华，略无节制。《太平广记·奢侈一》载，唐太宗与萧太后除夕夜观灯，太后谈起隋主除夕夜豪侈情景：

隋主每当除夜，至及岁夜，殿前诸院，设火山数十，尽沉香木根也。每一山焚沉香数车，火光暗，则以甲煎沃之，焰起数丈。沉香甲煎之香，旁闻数十里。一夜之中，则用沉香二百余乘，甲煎二百石。……

实则，唐宫廷用香奢侈并不逊于隋代。在建造宫苑园

唐·鎏金双鸿纹海棠形银香盒

林方面，多以香木、香草作为建筑材料。贵胄达官竞相仿效，成为一时风尚。唐玄宗时，杨国忠建造“四香阁”，以沉香为阁，用檀香木为栏杆，以麝香和乳香“筛土和为泥饰壁”，聚宾友于四香阁赏花，被赞叹“禁中沉香之亭不侔此壮丽也”。据五代时王仁裕（880—956）《开元天宝遗事》（卷下）载：另一位被称为“王家富窟”的长安巨富王元宝，“好宾客，务于华侈，器玩服用，僭于王公，而四方之士尽归而仰焉”。其屋宇“常以金银叠为屋壁，上以红泥泥之。又于宅中置一礼贤堂，以沉香为轩槛……”并且在寝帐床前置矮童二人，捧七宝博山炉，“自暝烧香彻晓”。《酉阳杂俎》（卷一）记载唐玄宗和贺怀智下棋，杨贵妃在旁观棋，“时风吹贵妃领巾于贺怀智巾上，良久，回身方落。贺怀智归，觉满身香气非常，乃卸幞头贮于锦囊中。及上皇复宫阙，追思贵妃不已。怀智乃进所贮幞头，具奏他日事。上皇发囊，泣曰：此瑞龙脑香也。”睹物思人，曾经的天子热泪盈眶。宋代陶谷（903—970）《清异录》（卷下）记载了幼帝敬宗一宗荒唐逸事：

宝历中，帝造纸箭竹皮弓，纸间密贮龙麝末香。每宫嫔群聚，帝躬射之，中者浓香触体，了无痛楚，宫中名风流箭。

如此荒唐，大唐帝国大厦岂能不倾倒坍塌？

唐玄宗在华清宫置长汤池数十间，用“银镂漆船及白香木船，置于其中，至于楫櫓，皆饰以珠玉。又于汤中，垒瑟瑟及沉香为山，以状瀛洲方丈”，显示宫廷大量使用香木的奢华。

1987年陕西扶风法门寺地宫出土的文物中，有四件整块香木制成的小型假山，据“随真身衣物账”登记为：“乳头香山二枚，重三斤；檀香山二枚，重五斤二两；丁香山二枚，重一斤二两；沉香山二枚，重四斤二两。”但据作者考证，现存山子均为沉香，可能其他香料的山子已腐朽散落。

唐·白瓷香炉

唐代苏鹗《杜阳杂编》载：

(代宗)崇奉释氏，每春百品香和银粉，以涂佛室。……(新罗国)又献万佛山，可高一丈，因置山于佛室，以氍毹藉其地焉。万佛山则雕沉、檀、珠玉以成之。其佛之形，大者或逾寸，小者七八分。其佛之首，有如黍米者，有如半菽者，其眉目口耳，螺髻毫相，无不悉具。

用料珍贵，雕刻美轮美奂，极显皇家荣华。唐代冯贽的《云仙散录》记载海南海盗冯若芳奢侈无度，他掠取大量的波斯奴隶。“若芳会客，常用乳头香为灯烛，一烧一百余斤。”“乳头香”即乳香，在唐宋时期属贵重香料。此等巨额焚烧，真是“土豪”。

宫廷用香的奢华也表现在日常熏衣方面。《太平广记·奢侈二》记载同昌公主所乘七宝步辇“四角缀五色锦香囊，囊中贮辟邪香、瑞麟香、金凤香，此皆异国献者。……每一出游，则芬香街巷”。公主步辇香味令人记

唐·三彩贴花三足炉

忆深刻。一次宫中内臣在长安广化坊酒楼买酒时，忽闻一股异香，“谓曰：坐来香气，何太异也？同席曰：岂非龙脑乎？曰：非也，予幼给事于嫔妃宫，故常闻此，夫知今日何由而致。因顾问当垆者，云：公主步辇夫以锦衣质酒于此。”步辇是一种类似轿子的代步工具，步辇夫的锦衣都染上浓郁香味，可见用香之多。且多用异域奇香，形成内宫特定的香味。这些都显示了皇室奢华的生活，并非虚构。

用于熏衣的熏笼，在唐代也广为流行。王建的《宫词》中有“每夜停灯熨御衣，银熏笼底火霏霏”。唐代宗时宰相元载的夫人王韫秀则发明了豪华排场的熏衣之法，唐范摅《云溪友议》载：“（韫秀）以青丝绦四十条，每条长三十丈，皆施罗纨绮锦绣之饰，每条绦下排金银炉二十枚，皆焚异香，香亘其服。”唐代张孝标《少年行》诗中写一位贵族青年去赴宴时“异国名香满袖熏”。

唐代宫廷礼制中，用香是一项重要内容。祭祖、丧葬、考场等庄重的政务场所均要焚香。唐朝的礼仪规定，凡朝日，需在大殿设置黼扆、蹑席，并将香案置于天子御座前，奏事者面对香案而立，与天子答对。《旧唐书》载唐宣宗曾发布诏令，规定只有在“焚香盥手”后皇帝才能批阅章疏。这道诏令显然是给大臣看的，以“焚香盥手”表明皇帝恭敬勤政态度。唐代贾至《早朝大明宫》诗有句曰：“剑佩声随玉墀步，衣冠身惹御炉香。”杜甫和诗有句曰：“朝罢香烟携满袖，诗成

法门寺银鎏金香炉和宝子（线描图）

珠玉在挥毫。”所写就是朝堂熏香、百官衣衫染香之事。宋代沈括（1031—1095）《梦溪笔谈》（卷九）记载唐进士考试：“礼部贡院试进士日，设香案于阶前，主司与举人对拜，此唐故事也。”这项制度一直延续到了宋代。

唐代的香品在制作和使用上进入精细化、系统化的阶段。香的品种更为丰富，用途也更加广泛，功用的划分更为明确。唐代孙思邈（541—682）《千金要方》（卷五）所记“熏衣方”就有五个，其一：

零陵香、丁香、青桂皮、青木香各二两，沉水香五两、麝香半两。右六味为末，蜜二升半煮，肥枣四十枚令烂熟，以手痛搦，令烂为粥，以生布绞去滓，用和香。干湿如捺麨，捣五百杵成丸，密封七日乃用之。

真的是配伍讲究，制作精细。

孙思邈在《千金翼方》（卷五）中讲到熏衣香丸的制作，要求香粉须粗细适中，燥湿适度，香料应单独粉碎：

燥湿必须调适，不得过度，太燥则难丸，太湿则难烧。易尽则香气不发，难尽则烟多。烟多则唯有焦臭，无复芬芳。是故香须粗细燥湿合度，蜜与香相称，火又须微，使香与绿烟共尽。

香丸的制作和使用，精细讲究，香粉的粗细、燥湿、炼蜜、到熏烧的火力等多个方面均有法度，依照如此要求制作的香丸，品质岂能不高？

唐·狮子镇柄炉

唐代的香品形态多样，有香丸、香饼、香粉、香膏等，这些香品都要借助炭火熏烧，才能发出香味。唐代中后期，可能已使用无须借助炭火熏烧的香品：印香、炷香（早期的线香）。印香是指用模具把香粉做成带有图案和文字的香品。白居易有“香印朝烟细，纱灯夕焰明”之句，唐代王建有《香印》诗：“闲坐烧印香，满户松柏气。火尽转分明，青苔碑上字。”段成式《赠诸上人联句》一诗中写道：“翻了西天偈，烧余梵字香。”则是把坐课念佛同印烧篆香结合起来了。而李商隐的“春心莫共花争发，一寸相思一寸灰”写的则是焚烧炷香的情景。

唐时有很多口含、内服、涂敷的香品，如香丸、香粉、香膏等。《开元天宝遗事》（卷下）记载：“宁王骄贵，极于奢侈，每与宾客议论，先含嚼沉麝，方启口发谈，香气喷于席上。”该书还记载安禄山向唐明皇和杨贵妃进贡一种助情香丸，“进助情花香百粒，大小如粳米而色红，每当寝处之际，则含香一粒，助情发兴，筋力不倦。”

同时，香身香口的内服香粉汤剂也不在少数。《千金要方》（卷十七）记载：瓜子仁、芎䓖、当归、杜衡、细辛、防风等制成香粉，饮服，可令“口、身、肉皆香”。以“丁香、藿香、零陵香、青木香、香附子、甘松香等制成蜜丸，可治口臭身臭，心烦散气”。

唐代男女皆用香药制成护肤美容的美容品，如口脂、

唐·三彩三足炉

面脂、手霜、洗浴品、香露、香粉等，用料考究，制作精细，使用普遍。唐代皇帝在腊八等节日，要赐赏内宫、大臣等香药类美容品，著名诗人刘禹锡有《谢历日面脂口脂表》云："兼赐臣墨诏及贞元十七年新历一轴，腊日面脂、口脂、红雪、紫雪并金花银盒二。"杜甫可能也受过类似的赏赐，有诗云："口脂面药随恩泽，翠管银罂下九霄。"上行下效，流风四起。可见唐人美容并不仅限于女性，男士亦是粉头脂面，讲究化妆美容。

斯时，绝大多数香料均成为常用中药材料。唐高宗时的《唐本草》收载了龙脑香、安息香、枫香；唐中期的《本草拾遗》收载了樟脑、益智；唐末的《海药本草》收录了海外新进的各种香料为药材。总之，唐末时，除龙涎香等少数品种外，所有香料均已作为药材进入本草典籍。

唐玄宗天宝十三载（754），鉴真和尚东渡抵达日本都城奈良，随船带去大批香料。日本的用香之法得以改进提升。

香具精美。东西方文化的交流，影响并改变了唐人的用香方式。唐朝的香具亦随之变化，更趋精美实用。博山炉等大型厚重的熏炉数量减少，一般熏炉也不再带有承盘。圈足炉及高足炉数量增加，佛教风格的塔式炉、莲纹炉开始增多。一般都是一炉两盒的定制，盒为盛放香料所用，当时称为香宝子。

唐代香具以瓷质为主，纹饰及颜色丰富，种类颇多，

唐·彩色麻布画（局部）

有青瓷、白釉瓷、釉上彩、刻印纹饰等。同时，也出现了造型精美的金、银、鎏金银、铜制香具，它们的浇铸、锤打成型、焊接、打磨抛光、铆接、雕刻工艺都非常精细。陕西扶风法门寺地宫出土物品、敦煌壁画等都很好地证明了这一点。

雕镂精良的银制、铜制熏球和长柄香炉（也有称之为香斗），在佛教内容的壁画和雕塑中时有出现。长柄香炉可在站立和出行时托握使用，多用于皇室祭祀和佛教场所。

唐代的香学文化水平有重大提高，标志性的事件为隔火熏香的用香技法形成，中国香席的雏形出现。这些都为中国香学文化的发展奠定了良好的基础。经过两汉、三国、魏晋南北朝近千年的香学文化实践，隔火熏香的用香技法至迟在唐代晚期开始成形。这种用香方法不直接焚烧香品，而是用炭饼作为热源，在炭饼上放置隔火材料（云母片、银叶片、瓷片等），再在隔火材料上放置香料（品），使熏香的热源舒缓可控，减少了烟火燥气，使香气的散发更婉约美妙。李商隐的《烧香曲》写到了这种品香方法："八蚕茧绵小分炷，兽焰微红隔云母。""兽焰微红"指的便是瑞兽形状的炭团烧得正红，放上隔火的云母片，然后放上香品，香气舒缓优雅，品闻时更加洁净舒适。

唐·鎏金银香球

隔火熏香的方法典雅精致，适合在较小的空间用香，因无烟火燥气，更适合近闻，这就为中国香席和其他香事

唐·法门寺出土描金沉香山子

活动提供了最佳用香方法。大约到北宋中期，这种用香方式成为中国香学文化主流品香方式。

唐时高足家具和垂足坐姿日渐深入社会生活，普遍流行于宫廷和民间，使得长时间静坐品香的香事活动成为可能。

与此同时，代表中国香学文化最主要表现形式的中国香席，也出现雏形。北宋陶谷《清异录·薰燎部》记载："（唐）中宗朝，宗、纪、韦、武间为雅会，各携名香，比试优劣，名曰'斗香'。惟韦温挟椒涂所赐，常获魁。"既为斗香，便需一一品评，如此为之，香席之形成矣。香席的形式为后世文人士大夫雅集提供了良好的程式，使得闻香、品茗、插花、挂画、诗词吟咏、书法绘画、研讨学问成为他们雅集的主要构成元素。千年不断的那缕馨香，一次次清雅绝伦的聚会，美好绝伦的写香诗文，编织出了中国香学文化的锦绣篇章。

唐人在品香环境上也颇有讲究。《清异录·花部》载韩熙载把焚香与自家园林的花香结合起来，品闻欣赏，谓：

对花焚香，有风味相和，其妙不可言。木樨宜龙脑，酴醾宜沉水，兰宜四绝，含笑宜麝，薝卜宜檀。

香品之香与花卉之香互相浸润晕染，此起彼伏，芳馨馥郁，美妙无比。

唐人用香，受波斯用香影响较大，喜欢浑厚复合香味，故多用合香，绝少单品沉檀。这些合香在唐人的诗中

唐·鎏金莲花银熏炉

称为“百和香”。“百和香”一词最早出现在南朝梁吴均的《从军行》诗中：“博山炉中百和香，郁金苏合及都梁。”百和者，意即多种香料合和使用，非专指某一款合香。权德舆《古乐府》诗有“绿窗珠箔绣鸳鸯，侍婢先焚百和香”之句。据日本山田宪太郎《东亚香料贸易史》所述，唐朝出产的百和香在当时的日本极受欢迎。

谈唐代的香学文化，法门寺地宫出土文物不可或缺。1987年的春天，在陕西关中腹地的法门寺，一个不经意的考古发现，震撼了整个世界。举世独尊的佛真身指骨舍利、高贵典雅的大唐皇室珍宝、精美绝伦的众多香具、珍贵的千年香料，横空出世。法门寺唐塔地宫出土的二十余件香具和香料实物，为考古史上迄今为止出土唐代数量最多、种类最全、等级最高的香文化器具和香料事物的考古发现。供养者为皇帝皇后、皇室成员、达官贵人、高僧等上层人物，代表了唐代香学文化发展的最高水平，反映了唐代宫廷用香、礼佛用香之盛况，也从一个特殊的角度展示了唐代香料贸易之盛和上层社会用香之多。

法门寺地宫出土的香具多为金银制品，器型包括立式香炉、长柄香炉、调达子（搁置炉具之物）、香囊（香球）、熏笼、龟形炉、香盒、香宝子、香案、香匙、香箸等，几乎包括了绝大多数唐代典型的香具类型，堪称唐代香具之集大成。且“随真身衣物帐”碑刻明确记载了香具

唐·法门寺出土鎏金雀鸟纹银香囊

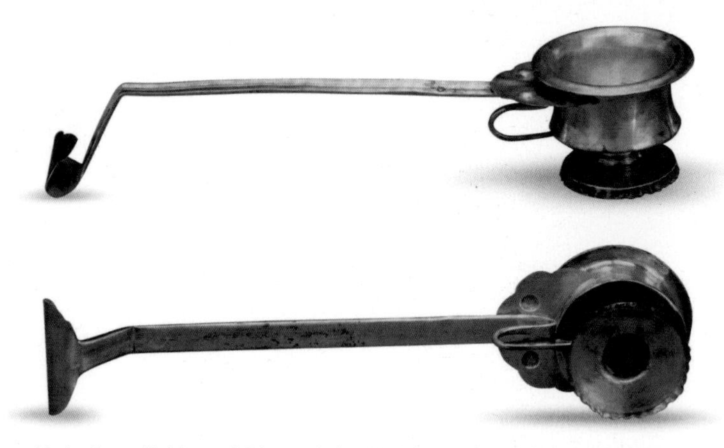

唐·法门寺出土如意银柄炉

的名称、数量、重量，厘清了历史上对一些香具名称的讹传。如后世所称银鎏金“香毬”或“香球”者，衣物帐中明确称之为“香囊”。如此，唐玄宗见香囊思杨贵妃之事便可理解：传说安史之乱平息后，玄宗派宦官悄悄将杨贵妃的遗体移葬。办事的宦官找到遗体时只见白骨一架，惟死时佩戴胸前的香囊完好如昔，遂将香囊取下复命。玄宗见之，睹物思人，泣不成声。唐代诗人张祜（约785—849？）感慨此事，写下《太真香囊子》一诗：

蹙金妃子小花囊，销耗胸前结旧香。

谁为君王重解得，一生遗恨系心肠。

蹙金小花囊，当为银鎏金錾刻花卉图案的小香囊。若像后世一般的丝织刺绣之物，岂能不腐烂变色？

爱香、用香、咏香自古就是文人清雅生活的一个重要组成部分，在开放宽容的大唐盛世则更为突出。当时的绝大多数文人都有咏香之作，他们爱香成痴，品香精微，香是他们风雅生活的重要组成部分。山林游览、宴会雅集、书斋论道、听琴读书、登高望远、赏星览月，无不与香为伴。王维的辋川别业飘来了缕缕香烟，隽永的诗句清新如画：“暝宿长林下，焚香卧瑶席。”“藉草饭松屑，焚香看道书。”“藤花欲暗藏猱子，柏叶初齐养麝香。”李白激情奔放的诗句中，弥漫着醉人的香气：“盛气光引炉烟，素草寒生玉佩。”“焚香入兰台，起草多芳言。”“玉帐鸳鸯喷兰麝，时落银灯香灺。”杜甫忧国忧民的诗篇，也时有芬芳之气：“宫草微微承委佩，炉烟细细驻游丝。”“雷声忽送千峰雨，花气浑如百合香。”诗家鬼才李贺的诗句中，玄妙的香烟更增加诗中意境的光怪陆离，色彩缤纷：“斫取青光写楚辞，腻香春粉墨离离。”“断烬遗香袅翠烟，烛骑啼鸣上天去。”诗风平易通俗的白居易，深入浅出的诗句中亦有香烟缭绕：“从容香烟下，同侍白玉墀。”“红颜未老恩先断，斜倚熏笼坐到明。”“闲吟四句偈，静对一炉香。”风流才子杜牧，清丽高远的诗句中亦不乏香韵飘逸：“桂席尘瑶佩，琼炉烬水沉。”蕴藉含蓄，以令人费解的《无题》诗名世的李商隐，在他那沉博绝丽的诗篇中也是香云芳气盘旋缭绕：“春心莫共花争发，一寸相思一寸灰。”“金蟾啮锁烧香入，玉虎牵丝汲井回。”

唐·兽面衔环五足铜炉

唐代的文学园地除诗歌之外，还盛开着一朵奇葩——传奇，即早期的小说。唐代元稹（779—831）《莺莺传》即为此中佼佼者。《莺莺传》虽行文简约，提及香的地方不多，但别有一种芬芳。一是莺莺自张生房中离开后，“及明，（张生）睹妆在臂，香在衣，泪光荧荧然，犹莹于茵席而已”。后莺莺又写信给张生：“兼惠花胜一合，口脂五寸，致耀首膏唇之饰。虽荷殊恩，谁复为容?”花胜是一种贴在脸上或鬓上的小花片，而口脂则一定含有香料。

总之，有唐一代的诗文无不流光溢彩，芬馥满卷，折射着天朝大国的用香之盛。

第二节 宋代的用香

宋代不是中国历史上国势最为强盛的时期，却是文明发展的昌盛时期。宋朝所完成的，与前朝相比较，不是真正意义上的统一，但其对内统治所能达到的纵深层面、控制力度，却是前朝所难比拟的。严复曾云："若研究人心、政俗之变，则赵宋一代历史最宜究心。中国所以成为今日现象者，为善为恶姑不具论，而为宋人所造就，什八九可断言也。"史学大家陈寅恪曾评价这个朝代："华夏民族之文化，历数千载之演进，而造极于赵宋之世。"

宋太祖坐像

宋代一方面延续着唐时的社会形态、文化学术，另一方面也走向明显的不同，出现了"平民化、世俗化、人文化"的趋势。城市空间与市民阶层兴起，世俗文化、市井文化大放异彩。在《清明上河图》《东京梦华录》中能看到、读到：城市里有众多的士人、民众热络交往，相互会聚的公共空间热闹众多。

受到中唐以来禅宗潜移默化的影响，宋代文化雅俗兼通。禅宗强调平常心，注重"当下"，强调佛法在世间，具有渗透性、普适性，"所谓砍柴、担水无非是道。"以二程、朱熹为代表的宋代新儒学，更是认为天地间“无非是道”，行、住、坐、卧，纵横自在都是道，万事万物皆有理。“宋人从本来属于日常生活的细节中提炼出高雅的情趣，并且因此为后世奠定了风雅的基调。”（扬之水《香识》）彼时，“风雅处处是平常”，生活俗事、民间俗语，都有其雅致趣味，都可以入画入诗。通过读书、科举、仕宦、创作、教学、游赏等活动，宋代的文人士大夫结成了多种类型、不同层次的交游圈子。像真率会、耆英会、九老会、同乡会、同年会等各种各样的聚会形式，层出不穷。

多姿多彩的交游活动之外，亦有很多独处静思的时间。“焚香引幽步，酌茗开净筵。”（苏轼《端午遍游诸寺得禅字》）宋人的“四般闲事”——焚香、点茶、插花、挂画，是生活意趣的体现，亦属日常雅致技艺。“闲”并非无事而闲，更是指心境优裕从容。尽管香、茶、画、花皆非宋代独有，宋人却赋予了其“雅”的意境和韵味，以这些“事物”诠释他们对“优雅”的理解。

宋太祖杯酒释兵权，武功赫赫的大将不能再据地拥兵，丰厚的优待足以供其富贵享乐，此等人家不在少数。宋从立国之时起，社会各阶层就由上而下兴起奢靡之风，香、茶是他们显示身份和豪华的物品，岂能不竞相拥有？

唐代兴起的“海上丝绸之路”此时更加昌盛，海舶贸易繁荣，大量香料源源不断输入，香料价格相较前朝有了较大幅度降低，宋朝开启了“全民用香”的时代。

唐时已日渐深入社会生活的高足家具和垂足坐姿，此时更是普遍流行。完整的高足家具组合日趋成熟，完全取代了席地起居的家具，垂足而坐成为常事，为较长时间的香事活动提供了方便。

这一切都为中国香学文化走上巅峰状态提供了良好的物质、文化、社会生活基础。中国香学文化在宋代造就了一时的辉煌。

一、用香风气炽盛

北宋初期，用香多属贵宦、富豪之家的奢侈之举。但随着经济的迅速恢复和发展，社会各阶层的富足程度随之提高，享乐风气流行，用香之举遂成潮流。朝堂公事，士人雅集，寻常百姓之家，无不爇香熏闻，彼时的大街小巷，处处芳香弥漫。至南宋时，临安城有专司供应香药与安排宴席诸事的四司六局，都城中流行焚香、点茶、挂画、插花四般闲事。茶肆酒楼亦有换汤、斟酒、歌唱、献果、烧香药之厮波（宋时，指无正当职业，专门在酒楼、妓院侍奉顾客的闲汉）随侍服务，香已成大众常用之物。

（一）皇室用香

赵宋皇室用香数量惊人，各种礼仪场合莫不用香。或赐香以示恩宠，或焚香祭祀，或觅异香于宫中制成合香时时熏烧。如此上行下效，权贵之家亦是大量用香，并以此显示身份与地位，朝野上下弥漫着奢华的用香风气。

香为珍贵之物，焚烧香料除有洁净祛秽的功能外，更具有尊贵隆重的含义。祭祀为宫中用香最频繁者。当时，宫中的祭祀名目繁多：常祀、祠祀以及一般祭拜祈求消灾除祸之祈告等。常祀为社稷郊庙之祀，属于国家大典，由皇帝亲祀；祠祀为立祀祭神或祭祖。《宋史·礼志》记载：

凡常祀，天地宗庙，皆内降御封香，仍制漆匮，付光禄、司农寺；每祠祭，命判寺官缄署礼料送祀所；凡祈告，亦内出香，遂为定制。

元符元年（1098），左司员外郎曾旼上书云："周人以气臭事神，近世易之以香。按何佟之议，以为南郊、明堂用沉香，本天之质，阳所宜也；北郊用上和香，以地于人亲，宜加杂馥。今令文北极天皇而下皆用湿香，至于众星之位，香不复设，恐于义未尽。"（《宋史·礼志》）可见祭何方神圣均需用香，但祭祀不同的神圣用香则有区别。

此外，遇特殊天象、地理变异等等，朝廷进行特别祭祀，也由宫降御香赴当地祭祀。《宋史·郭守文传》记载太平兴国八年（983），河决滑州，遣枢密直学士张齐贤赴白

宋·李嵩（传）《罗汉图》

马津祭祀。自是，凡河决溢、修塞皆致祭。

封禅亦属祭祀范畴，用香数量不在少数，道场科醮用香亦多。宋代丁谓（966—1037）《天香传》记载当时道场科醮“无虚日，永昼达夕，宝香不绝”。宋真宗崇道虔诚，“每至玉皇真圣祖位前，皆五上香”，致使当时的道士挟威恣意索取香药。宋代陆游（1125—1210）《老学庵笔记》（卷二）云：“而神霄宫事起，土木之工尤盛。群道士无赖，官吏无敢少忤其意。月给币帛、硃砂、纸笔、沉香、乳香之类，不可数计，随欲随给。”

宫廷祀雨仪式，香也扮演重要角色，焚烧的数量也是非常庞大。宋代邵博（生卒年不详）《邵氏闻见后录》记载，庆历年间京师夏旱无雨，真宗亲自祷雨，一次就焚烧生龙脑香十七斤。

祭祀天地、祖先或其他神灵时，内侍要用香药熏御服。祭祀结束后，皇帝回宫，为示洁净，内侍以龙脑布撒于道上。这个习俗来自唐朝，“唐宫中每有行幸，即以龙脑麝金布地”（庞元英《文昌杂录》卷三）。

以香代表洁净尊贵，不只中土行之，南海诸国也仿之。宋代叶梦得（1077—1148）《石林燕语》（卷二）记载：

元丰间，三佛齐、注辇国入贡，请以所贡金莲花、真珠、龙脑，依其国中法，亲撒于御座，谓之“撒殿”。诏特许之。

繁复的祭祀礼仪，成为两宋皇室用香数量最大的场合。

香之珍贵，足以用作赏赐之物。宋代宫中，赏香之风炽盛。册封皇后、节日庆祝、君臣欢宴、封赏功臣等等，皇帝都赐香以示恩宠。《天香传》中记录丁谓因深得真宗信任而获赐沉香、乳香、降真香等，足以自用。除真宗外，宋代皇帝赏赐群臣香料的例子很多，《宋史·礼志》记载：

嘉祐七年十二月，特召两府、近臣、三司副使、台谏官、皇子、宗室、驸马都尉、管军臣僚至龙图、天章阁，观三圣御书，及宝文阁为飞白分赐，下逮馆阁官，制《观书》诗。……上曰："天下久无事，今日之乐，与卿等共之，宜尽醉，勿复辞。"因召韩琦至御榻前，别赐一大卮。出禁中名花，金盘贮香药，令各侍归，莫不沾醉，至暮而罢。

徽宗政和六年（1116），刘正夫徙节安静军、起充中太一宫使，封康国公，外徙四川。徽宗赏赐多种物品，其中便有香、茶等。

然而，皇帝也会有小气的时候，宋蔡絛（生卒年不详）《铁围山丛谈》（卷五）载：

时于奉宸中得龙涎香二，……香则多分赐大臣近侍。其模制甚大而质古，外视不大佳。每以一豆火爇之，辄作异花气，芬郁满座。终日略不歇。于是太上（指徽宗）大奇之，命籍被赐者，随数多寡，复收取以归中禁。因号曰"古龙涎"。

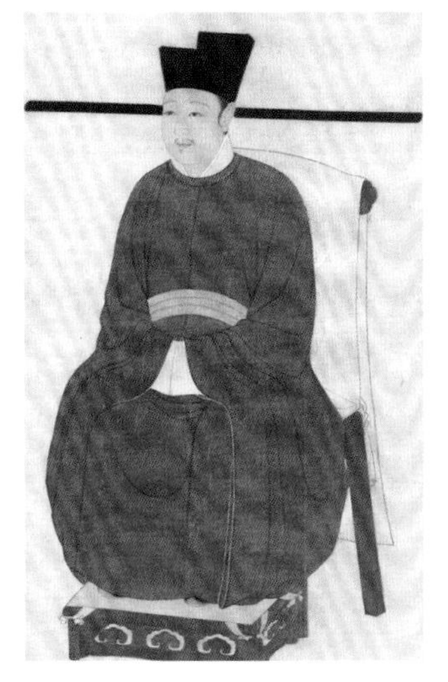

宋徽宗坐像

宋·定窑牙白弦纹三足炉

赐而复收，朝令夕改，尽显徽宗荒嬉朝政，但亦见此香饼品质绝佳，徽宗爱之过甚而有收回之举。

皇帝后妃们的生活，处处与香不可分开。宋周密（1232—1298）《武林旧事·禁中纳凉》记载：“纱厨先后皆悬挂伽兰木，真腊龙涎等香珠数百斛。”用香自然散发的清凉气味避暑纳凉，这般豪奢用香，也只有皇家可为。同书还记载：每逢端午节时，常赐后妃及内侍香囊、软香龙涎佩带等。凡宫中嫔妃怀孕近七个月者，宫中开始准备生产事项，内库取赐银绢等物，并准备各项物品，其中便有“醽醁沉香酒五十三石二斗八升”“檀香匣盛硾铜剃刀二把”等。

南宋叶绍翁（1194—1269）《四朝闻见录》（乙集）亦记载北宋末年，宫中以龙涎、沉香、龙脑入烛之奢华：

> 其宣、政盛时，宫中以河阳花蜡烛无香为恨，遂用龙涎、沉脑屑灌蜡烛，列两行，数百枝，焰明而香滃，钧天之所无也。建炎、绍兴久不能进此。

宫烛中加香料的做法和贡茶入香情形近似。宋代皇室专用的福建北苑贡茶，特色之一便是茶中加香，如宋蔡襄（1012—1067）所云：“茶有真香，而入贡者微以龙脑合膏，欲助其香。”又据宋庄绰（约1079—？）《鸡肋编》（卷下）记载：“入香龙茶，每斤不过用脑子一钱，而香气久不歇，以二物相宜，故能停蓄也。”

以香入烛之奢华风起皇室，权贵亦效之。宋周密

宋·青白釉博山炉

（1232—1298）《齐东野语》（卷八）也记载了一则广东经略使供献香烛，讨好权臣秦桧之事：

秦会之当国，四方馈遗日至。方德帅广东，为蜡炬以众香实其中，遣驶卒持诣相府，厚遗主藏吏，期必达，吏使俟命。一日，宴客，吏曰："烛尽。适广东方经略送烛一揜，未敢启。"乃取而用之。俄而异香满座，察之，则自烛中出也。

巴结权奸，可谓费尽心机，也分明显示用香之奢。

叶绍翁《四朝闻见录》记载，宋高宗为取悦宪圣太后，在其寿诞之时，仿徽宗以香入烛之事"列数十炬"，太后视若未见。高宗提示："烛颇惬圣意否？"太后仅答："你爹爹每夜常设数百枝，诸人阁分亦然。"高宗只得对宪圣太后说："如何比得爹爹富贵？"真是曾经沧海之大，何谈溪水清浅？北宋末年的豪华享乐可见一斑。

宋代民间流传以皇室命名的香方很多，尤其是徽宗宫中好异香，宋末元初陈敬（生卒年不详）《陈氏香谱》记载以徽宗宣和年号为名的就有许多，如宣和御制香、宣和内府降真香、宣和贵妃王氏金香、宣和宫中非烟香等香方。

南宋顾文荐《负暄杂录·龙涎香品》记载：

绍兴光宗万机之暇，留意香品，合和奇香，号"东阁云头"；其次则"中兴复古"，以占腊沉香为本，杂以脑麝、栀花之类，香味氤氲，极有清韵……

宋·李嵩绘《听阮图》

宫中所合之香，在商贾市贩手中当属珍贵。南宋临安市贾所编《百宝总集珍·卷八·龙涎香》提及，“复古云头清燕，三朝修合时煞当钱”，说明复古、云头、清燕为高宗、孝宗、光宗三朝所合之龙涎花子，能当钱使用，肯定不是一般的珍贵。

《负暄杂录·龙涎香品》又载有刘贵妃瑶英香、元总管胜古香、韩钤德正德香、韩御带清观香、陈门司末札片香等，显示流风所及，后妃权臣皆以配制个人特色的合香为风尚。南宋权贵合香中最有名者，当数韩侂胄所制阅古堂香，也以龙涎香和合诸香而成。《负暄杂录·龙涎香品》说其“庆元韩平原制阅古堂香气味不减云头”。

北宋合香，以徽宗朝为盛；南渡以后，则绍兴与乾淳间最盛，蔚为风尚且屡创名香。

（二）权贵用香

宋代在雅集宴会中焚香，有“四司六局”之香药局专门办理。酒宴文会焚香已是寻常之事，官宦富贵之家烧香更是不计成本。

宋曾慥（？—1155）《高斋漫录》载，蔡京于家中宴请在朝官员，先由侍姬捧盒巡之，盒内盛放二三两白督耨香，任坐取焚之。时人薛昂说每两值钱二十万，蔡京宴客用香展示了其生活奢靡。按《宋史·食货志》记载，宣和四年

南宋·官窑灰青双耳小炉

（1122），“今米价石两千五百至三千”，粗略估算，蔡京请客一次的香钱就可买米二百石。

蔡京之子蔡絛在《铁围山丛谈·香木》中说：“海南真水沉，一星值一万。”（“星”为宋代重量单位，一星为一钱）《清异录》记载，宋初有高丽船主王世选沉水香近千斤，叠成旖旎山，衡岳七十二峰，吴越王钱俶许黄金五百两，竟不售。

陆游《老学庵笔记》（卷一）记载：

京师（指汴梁）承平时，宗室戚里岁时入禁中，妇女上犊车，皆用二小鬟持香球在旁，而袖中又自持两小香球。车驰过，香烟如云，数里不绝，尘土皆香。

绍兴时两度为相，有贤相美誉的赵鼎，出身贫苦，发达之后，盖华宅大屋，日焚香数十斤，使烟聚为香云。

宋李心传（1166—1243）《旧闻证误》（卷四）载：

赵鼎起于白屋，有鄙朴之状，一旦得志，骤为骄侈，以临安相府为不可居，别建大堂，环植花竹，坐侧置四大炉，日焚香数十斤，使香烟四合，谓之香云。

周密的《癸辛杂识·续集·下·黑漆船》载赵梅石“性侈靡而深崄，其家有沉香连三暖阁，窗户皆镂花，其下替板亦镂花者。下用抽替，打篆香于内，香雾芬郁，终日不绝”。

朝廷上下竞香成风，乃至于判断一个人的品格和

宋·越窑青釉炉

魄力，观其用香也成为一种鉴别方法。《齐东野语》（卷十八）载有知人之明的史弥远通过用香的气度，来选拔人才，任用当时布衣小官赵葵的故事。史弥远先从候见数十人中，单独挑出两都司及赵葵，“延入小阁会食，且出两金盒，贮龙涎、冰脑，俾坐客随意爇之。次至赵，即举二合尽投炽炭中，香雾如云，左右皆失色”。赵葵用香气势不凡，史则觉其格局广大，使其获知滁州，日后官右丞相兼枢密使，成为南宋偏安江左的功臣。时人论赵葵“信公平生功业，实肇于此焉”。此等选拔官吏之法，算是随意，或谓“别具一格”，亦是任性之举。

宋代的香料尤其是进口香料，价格昂贵，其中的名香更是贵得出奇，如龙涎香，“广州市值每两不下百千，次等亦五六十千”（张世南《游宦纪闻》卷七），白督耨“初行于都下，每两值钱二十万”（曾慥《高斋漫录》）。所谓百千、五十千、二十万，按漆侠（1923—2001）的《宋代经济史》所载当时的物价计算，可以购买上等田地二十五亩到一百亩，拥有此等数量的土地，在那时应该是富裕之家了。权贵豪绅们便这样一焚千金，竞示富贵。

在宋代权贵人士心中，舍得大量用香和拥有奇香乃身份地位象征。但对于文人士大夫而言，香更多的是澄心明理，是安身立命之所在。

南宋·哥窑鱼耳炉

（三）文人用香

宋代，焚香、点茶、插花、挂画被喻为四般闲事，是文人自我艺术修养的体现，也是评判文人生活品位高低的标准。这些“闲事”丰富了他们的精神世界，使他们能够解脱凡俗世界事物的系绊，香正好充当了这一角色。宋代文人喜香、爱香、用香、赠香成一时风气。研修学问、修道拜佛、赠礼往来、诗文述怀，都与香建立了密不可分的联系。

与皇室权贵用香追求奢华不同，宋代文人焚香，更多的是追求山林气息和清致生活。南宋理宗时陈郁曾论文人焚香最重清雅，尤其是山林四合香，以荔枝壳、甘蔗滓、干柏叶、茅山黄连等寻常之物合之，清韵胜过珍贵香材沉香、檀香、龙脑、麝香合成的四合香。山林四合香乃自然之香，在用料上虽为低端，却呈现出文人的山林之志。

宋欧阳修（1007—1072）《归田录》（卷二）记载北宋名臣梅询，“性喜焚香，其在官所，每晨起将视事，必焚香两炉，以公服罩之，撮其袖以出，坐定撒开两袖，郁然满室浓香”。南宋时期，印篆香兴盛，参政张金真与丞相张德远喜爱焚烧资善堂印香，也是每日一盘，篆烟不息。

故友来访，焚香清谈可称美事。南宋曾几（1085—1166）《东轩小室即事五首》之五：“有客过丈室，呼儿具炉熏。清谈以微馥，妙处渠应闻。”畅谈尽兴，不觉“沉水

南宋·青白釉三足炉

已成烬，博山尚停云”。等到客人告辞离去，主人仍陶醉在袅袅余香当中，“斯须客辞去，趺坐对余芬”。

最爱香的文人，非黄庭坚（1045—1105）莫属，他自称“天资喜文事，如我有香癖”，爱香如痴。崇宁二年（1103），黄庭坚被贬到了四面环山的小城宜州。因是待罪编管之身，不能居于城关，于是搬到城南租赁住所。一处人声鼎沸的集市内，一间不挡风雨的残破小屋，取室名“喧寂斋”，面对贩牛屠牛的血腥和喧嚣，加上身边嗡嗡作响、拂之不去的蚊蝇，他焚香静坐，悠然安详。美妙的香味，使他沉浸在自己的内心世界。恶劣的环境和随遇而安的心灵形成强烈的对比，足显香安抚心灵的作用。其《题自书卷后》云：

崇宁三年十一月，余谪处宜州半岁矣，官司谓余不当居关城中，乃以是月甲戌，抱被入宿子城南。予所僦舍喧寂斋，虽上雨傍风，无有盖障，市声喧愦，人以为不堪其忧。……既设卧榻，焚香而坐，与西邻屠牛之机相直。

其实早在元祐二年（1087），黄庭坚写给贾天锡的诗：“险心游万仞，躁欲生五兵。隐几香一炷，灵台湛空明。”就说出了答案，因为焚香静坐而灵台空明，使他足以应付这些凄风冷雨、坎坷挫折。

宋代文人的香事，不只是作为风雅的一种点缀，而是溶入他们骨子里的一种生活情趣、一种性灵追求。宋胡仔

南宋·《竹涧焚香图》（局部）

（1110—1170）《春　寒》诗写道：“小院春寒闭寂寥，杏花枝上雨潇潇。午窗归梦无人唤，银叶龙涎香渐消。”试想一下，日午时分，重帘低下，焚香一炉，观馨烟聚散，参香远韵清，是何等自在的享受！赵希鹄（1170—1242）《洞天清录·弹琴对月》：“夜深人静，月明当轩，香爇水沉，曲弹古调，此与羲皇上人何异？”此中快活，直如神仙一般，俗世尘虑，遇香则如长风吹扫，早已空明洁净，内心如水。

宋代文人礼尚往来，赠香是十分清雅高尚之举。《陈氏香谱》（卷三）记载当时非常有名的韩魏公浓梅香香方，特别注明：“如欲遗人，圆如芡实，金箔为衣，十丸作贴。”显见当时以香为礼的风尚。南宋孝宗淳熙元年（1174），周必大写信给好友刘焞，就以海南蓬莱香十两、蔷薇水一瓶为赠，表达深情厚谊。

欧阳修《归田录》（卷二）记载：欧阳修为感谢蔡襄书《集古录目序》，赠之以茶、笔等雅物。此后又有人送给欧阳修“清泉香饼”，蔡襄以为若香饼早一些送到欧阳修手中，一定会随茶和笔一起送给他，遂深以为憾，有香饼来迟之叹。

黄庭坚被贬宜州期间，朋友知其爱香，或寄或送。其在《宜州乙酉家乘》中记：“二月七日丙午，晴，得李仲牖

元·赵孟頫《东坡小像》

书，寄建溪叶刚四十銙、婆娄香四两。”同月“十八日丁巳，晴又阴，而不雨，天小寒。唐叟元寄书，并送崖香八两”。“七月二十三日戊午，晴。前日黄微仲送沉香数块，殊佳。”风雨故人，赠香之举温暖身处逆境的老友之心。黄庭坚也曾以他人所赠“江南李王帐中香”送给苏轼，并题诗附之。

周紫芝（1082—1155）《汉宫春》词前小序云：“别乘赵李成以山谷道人反魂梅香见遗，明日剂成，下帏一炷，恍然如身在孤山，雪后园林，水边篱落，使人神气俱清。”美妙的香，给他带来孤山林下、寒梅冷香、雪后水边之感，芳香洁净的气息滋养了他高傲脱俗的灵魂。

宋代文人留下的咏香诗文，数量之多、质量之高令人感慨。文坛名家几乎都有咏香诗文佳作。李煜、晏殊、晏几道、欧阳修、柳永、苏轼、黄庭坚、周邦彦、范成大、李清照、陆游、辛弃疾等都留下了咏香的灿烂文辞。这既是当时文人爱香的写照，也是中国香学文化进入鼎盛时期的重要标志。

苏东坡在《沉香山子赋》中描述海南沉香：“既金坚而玉润，亦鹤骨而龙筋。惟膏液之内足，故把握而兼斤。”寥寥数语，把海南崖香的特征写得形神毕现。

李煜的不少词中也写到了焚香，在对醉生梦死的欢娱和亡国之恨的冷清描述上，香成了不可替代的意象。“红日已高三丈透，金炉次第添香兽，红锦地衣随步皱。”“绿窗冷静芳音断，香印成灰。可奈情怀，欲睡朦胧入梦来。”“笙歌未散樽前在，池面冰初解。烛明香暗画堂深，满鬓清霜残雪思难任。”

欧阳修有“沉麝不烧金鸭冷，笼月照梨花”“愁肠恰似沉香篆，千回万转萦还断”的诗句，写出了一段淡愁闲恨。

南宋·青白釉炉

李清照的词中更是香气弥漫，她存世的五十九首词中，有二十二首和香有关。“薄雾浓云愁永昼，瑞脑销金兽”“沉水卧时烧，香消酒未消”“沉香烟断玉炉寒，伴我情怀如水”“记得玉钗斜拨火，宝篆成空”“当年，曾胜赏，生香熏袖，活火分茶”“玉鸭熏炉闲瑞脑，朱樱斗帐掩流苏，遗犀还解辟寒无”。不同的香料、不同的香具、不同的用香之法、不同的用香环境，写尽了她的喜怒哀乐，写尽了她跌宕起伏的人生。

苏洵《香》:“捣麝筛檀入范模，润分薇露合鸡苏。一丝吐出青烟细，半炷烧成玉筋粗。”更是直接写出了合香的情形和烧香的情境。

苏轼《翻香令》:“金炉犹暖麝煤残，惜香更把宝钗翻。重闻处，余熏在，这一番、气味胜从前。　背人偷盖小蓬山，更将沉水暗同然。且图得，氤氲久，为情深、嫌怕断头烟。”翻香添香，香气氤氲，一往情深，怀念逝去的妻子王弗。

黄庭坚同苏轼一样，写过数量可观的焚香诗词。他

宋·耀州窑刻花炉

的《有惠江南帐中香者戏赠二首》:“百炼香螺沉水，宝熏近出江南。一穟黄云绕几，深禅想对同参。”“螺甲割昆仑耳，香材屑鹧鸪斑。欲雨鸣鸠日永，下帷睡鸭春闲。”又《子瞻继和复答二首》:“置酒未容虚左，论诗时要指南。迎笑天香满袖，喜公新赴朝参。”“迎燕温风旎旎，润花小雨斑斑。一炷烟中得意，九衢尘里偷闲。”非常细腻地写出了品香的过程和内心的感受。鼻观先参，不愧个中大家。

南宋著名诗人陆游亦喜用香，他的诗词中香韵弥漫——《夏日》其七:“团扇兴来闲弄笔，寒泉漱罢独焚香。”《即事》诗:“组绣纷纷炫女工，诗家于此欲途穷。语君白日飞升法，正在焚香听雨中。”《雨》一诗写道:“纸帐光迟饶晓梦，铜炉香润覆春衣。”铜炉香气湿润，因为熏焙着春衣。

与两宋先后存在的辽、金两国受宋用香风尚影响，亦不乏爱香之文人。

辽道宗耶律洪基的第一任皇后萧观音《同心院十首词》之九写道:“爇熏炉，能将孤闷苏。若道妾身多秽贱，自沾御香香彻肤。爇熏炉，待君娱。”炉爇妙香，驱散心中孤闷，在馥郁的香气中等待君王驾到。可惜一代才女，正因此词被宰相勾结宫婢诬陷，遭道宗赐死，亦属可哀。

金国诗人李俊民有咏香诗:“小炷博山炉，半残心字灰。”金国的另一位诗人高宪也写有《焚香》诗:“奕奕非

北宋·越窑青瓷香炉

烟非雾，依依如幻如真。”“洗念六根尘外，忘情一炷烟中。”据明周嘉胄（1582—1661？）《香乘》（卷十九）载：

金章宗文房精鉴，至用苏合香点烟制墨，可谓穷幽极胜矣。兹复致力于粉泽香膏，使嫔妃辈云鬓益芳，莲踪增馥。想见当时人皆如花，花尽皆香，风华旖旎，陈主隋炀后一人也。

《香乘》（卷十九）收录了金章宗宫中梳头用香方名曰“绿云香”，洗面香方“金章宗宫中洗面散”，敷足香方“莲香散”，虽偏居苦寒北地，亦求江南奢华与风雅。

（四）大众用香

宫中奢华的用香风尚，波及豪门权贵和数量庞大的文人群体，焚香之好亦行于市井大众，平民生活随处可见香的身影。加之佛、道、儒家用香的推波助澜，宋朝整个是一个芳香弥漫的时代。

朝贡和海舶贸易，使宋代朝野上下香料充足。宋人生活无处不用香：祭祀、庆典需用香，雅集、宴会需用香，婚丧、寿宴需用香，四时节日用香，坐课清谈用香……

宋代的达官贵人、文人雅士经常相聚于园林亭阁，品香斗香。平民百姓也常于家中点燃新制合香，品评香味，观赏香烟，不少食品、茶水中都要放入香料。南宋时期官府贵家所设的“四司六局”，人员各有分工，“筵席排当，

北宋·张择端《清明上河图》（局部）

凡事整齐”，市民不论贫富，都可出钱雇请，帮忙打理筵席、庆典、丧葬等事。其中“油烛局”负责灯火事宜，包括“装香簇炭”，而“香药局”的主要职责即是熏香，负责“香球、火箱、香饼，听候索唤诸般奇香及醒酒汤药之类”（宋耐得翁《都城纪胜·四司六局》）。

北宋著名画家张择端（约1085—1145）描绘北宋徽宗年间汴梁繁华市景的《清明上河图》长卷中，多处描绘了与香有关的景象，在其末段街坊闹市中有“刘家上色沉檀拣香”店铺招牌。宋孟元老（生卒年不详，主要活动在两宋交替之际。）《东京梦华录·宣德楼前省府宫宇》，记载东京宣德楼前有“李家香铺”：

次则王楼山洞梅花包子、李家香铺、曹婆婆肉饼、李

宋·维摩演教图

四分茶。……余皆羹店、分茶酒店、香药铺、居民。

香铺为社会各界提供香料香品，街市上也出现了专门为品香提供服务的“香人”，并且有专门的职业服装，显然有一定数量的从业人员和行业规模。《东京梦华录·民俗》记载：在北宋汴梁（开封），“士农工商，诸行百户，衣装各有本色，不敢越外。谓如香铺里香人，即顶帽披背；质库掌事，即着皂衫、角带，不顶帽之类”，行业着装各有规矩，一看“顶帽披背”，便知是香铺里的香人。“日供打香印者，则管定铺席，人家牌额，时节即印施佛像等。”还有人“供香饼子、炭团”（《东京梦华录·诸色杂卖》）。周密《武林旧事》（卷六）记载：南宋杭州，“（酒楼）有老姬以小炉炷香为供者，谓之香婆”。同时，为了满足市舶司和民间香料买卖的需要，还出现了专门的香料鉴定人员。

宋代汴梁街头到处都有篆香模具出卖，以至留下一则趣闻。据刘攽《中山诗话》载，当时汴梁卖香印框（篆香模具）的人都敲打铁盘招徕顾客，不敢大声吆呼叫卖，因为宋太祖名赵匡胤，须避讳，用敲打铁盘代替。

宋代民俗兴盛，民间传统节日繁多，过节则要用香，一年四季香火不断。除夕、春节、祭祀祖先及诸神都要焚香。

正月十五元宵节要看灯、燃放烟花、焚香。辛弃疾《青玉案·元夕》就是写元宵佳节香风四溢的临安（杭州）城：

东风夜放花千树，更吹落、星如雨。宝马雕车香满

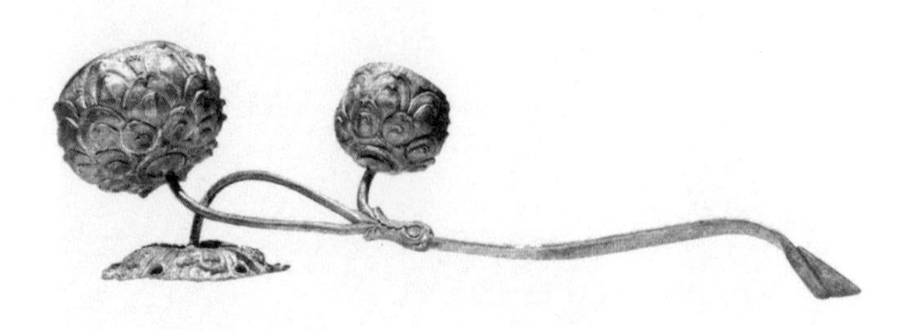

辽·并联香宝莲花鹊尾炉

路。凤箫声动，玉壶光转，一夜鱼龙舞。

蛾儿雪柳黄金缕，笑语盈盈暗香去。众里寻他千百度，蓦然回首，那人却在、灯火阑珊处。

四月初八佛生日，各大禅院有浴佛斋会，煎香药糖水相遗，名曰“浴佛水”。

五月端午节，要焚香、艾浴。

六月初六天贶节（曝书节），宫廷要焚香、设道场，百姓亦献香，求天神护佑。

七月七乞巧节，常在院中结设彩楼，称“乞巧楼”，设酒菜、针线、女子巧工等，焚香列拜，乞求灵巧、美貌、幸福。

七月十五中元节（道家），又称盂兰盆节（佛家）、鬼节（俗称），常摆设供物，烧香扫墓，焚化纸钱，“散河灯”。

八月十五中秋节，常在院中（或高楼）焚香拜月，男祈求“早步蟾宫，高攀仙桂”，女则愿“貌似嫦娥，圆如满月”。

平民百姓用香可能品级不高，但一年之中少有间歇，香烟亦为他们平凡的俗世生活增添了几分优雅。

辽·并联香宝莲花鹊尾炉

二、香料贸易兴盛

香料贸易在宋代特别兴盛，此项贸易的收入在国家财政收入中属于大宗。《宋史·食货志》记载："宋之经费，茶、盐、矾之外，惟香之为利博，故以官为市焉。"北宋时，在广州、泉州、杭州设立市舶司，管理进口货物税收事宜，为后世海关之滥觞。香料贸易大都通过这些地方进口。

（一）朝贡贸易

所谓"朝贡贸易"，就是对朝贡货物国的国王封官授爵，且依据来献货物的价值"估价酬值"，回赐金、银、丝织品等贵重物品以偿其值，而回赠通常高于贡物价值。《宋会要辑稿·蕃夷·朝贡》记载交趾于乾兴元年（1022）进贡货物估价为一千六百八十二贯，皇帝下诏赐两千贯；又天圣六年（1028）所进香料估价三千六百贯，朝廷则回赐四千贯。这实际上是国家与国家之间的贸易，兼有怀柔施恩之意，并不是依据市场行情进行的贸易。

借朝贡之名来华贸易的商人，夹杂在贡使队伍当中，除了获取入京贩卖的商业利润，还可得到丰厚赏赐。私下买卖香料的事也时有发生，朝廷对待此事一般采取宽容的态度。但此类事情不断发生，不仅妨碍了市舶贸易的课税收入，也造成了管理上的困难。宋真宗时采取限制进京朝

宋·景德镇青白釉熏炉

贡人数、严禁蕃商假冒贡使、削减朝贡数量等措施，除进京携来货物估值回赐外，其余被视为商品，予以征税。

宋室南渡后，海洋贸易成为国家支柱产业。宋室不再采取柔远之策，香料朝贡减少，香料正常贸易额度大幅增加。北宋海外诸国朝贡香料的有安南、交趾、占城、三佛齐、三麻兰、大食等十三国，到南渡后仅剩占城、三佛齐、交趾、大食等五国。至于香料朝贡的种类，东南亚地区以沉香、檀香为主，大食则多乳香、龙涎香、蔷薇水，西域诸国以乳香为主，滇黔山区以麝香为大宗。南宋时，与宋通商的国家和地区达到一百四十三个。

（二）海舶贸易

宋代的造船与航海技术雄视世界，海上贸易十分繁荣。扬州、宁波（明州）、泉州、广州（番禺）等港口吞吐量巨大。香料是最重要的进口货物之一，包括沉香、檀香、乳香、安息香、苏合香等等。根据《宋会要辑稿·蕃夷》记载，通商的国家主要包括：大食、古逻、阇婆、占城、渤泥、麻逸、三佛齐、膑圆胧、沙里亭、丹流眉等国。宋代进口香料数量巨大。1974年在泉州市后渚港海泥中发掘出一艘南宋大型沉船，船舱出土遗物丰富，数量最多的为香料，其中包括沉香、檀香、降真香等，总量达四千七百多斤。另外，尚有乳香、龙涎香等，且有一件

宋·定窑白釉莲瓣纹双耳炉

宋·定窑白釉双耳贴像炉

木牌签上墨书“礼□天香记”。北宋毕仲衍（1040—1082）《中书备对·市舶》记载：神宗熙宁十年（1077），仅广州一地所收阿拉伯乳香即多达三十四万余斤。

北宋初年便在京师设“榷院”，负责香药专卖事宜，“诸蕃国香药、宝货至广州、交趾、泉州、两浙，非出官库者，不得私相市易”（《宋会要辑稿·市舶司》）。在港口设置市舶司，职司香料贸易之抽解（征税）、博卖与管理诸事。在州郡各地则设置场务，职司香药储藏、博易交换等。海舶贸易而来的香料，首先依据市舶关税征收标准，由市舶司进行抽解，“十先征其一”，淳化二年（991）则立抽解其二，南宋绍兴十四年（1144）甚至高到十抽其四。并且依据商品区分粗色、细色，税率有别，一般而言多在香料市价的百分之十以上。

官方对于收购禁榷香料，称为“和卖”或“博卖”，其中较为珍贵且重量轻之物，被成批运往京师或行都；体积、重量大且价廉之物就地出卖。市舶司抽所得收入为朝廷专款。官方也根据香料销售、市场需求与储存货物数量而采取解榷放行的措施。

官方禁榷专卖所得的香料，除部分供应宫廷使用外，其他则采取以物易物的方式，用香料交换民间的粮食、丝绸或充作货币使用。北宋末年，蔡京用“打套折钞”的方式，将宫中所藏各类香料、他物折换为现钱，仅乳香一项

宋·哥窑鱼耳炉

宋·哥窑鱼耳炉

就足以偿还历次对西夏战争所欠三百七十万缗的巨额国债。由此可见香料对于宋代经济影响之大。

参与海船贸易的胡贾蕃商人数众多，不少人长期定居于中国港口地区，广州、泉州、宁波，甚至于作为中继港的内地港口如扬州、洪州，都有蕃商长期聚集居留，号为“蕃坊”。

香料贸易的丰厚利润给国家带来大量财富，在一定程度上支撑了国家机器运转。北宋初年香料收入为全国岁入的3.1%，到南宋建炎四年（1130）达到6.8%，绍兴初达到13%，绍兴二十九年（1159）仅乳香一项就达到24%，加上其他香料的税收，此项总额在国家岁入中的比例可想而知。据《建炎以来朝野杂记·甲集》（财赋二·市舶司本息）载：仅南宋绍兴三十二年（1162），泉州和广州两地市舶司的税收就达两百万缗（一千文为一缗）。孝宗之后，全国的财政收入逐渐增加，香料收入在国家岁入中的比例开始下降。

三、香具精巧实用

闭阁焚香，澄怀观道，漫烟清谈，灵台空明，既是文人士大夫阶层追求的精致生活，也是社会生活的风尚所在。宋代的香具总体趋向于精巧实用，造型、色泽素雅简洁，充满优雅蕴藉的美学意境。

宋·婺州窑青釉莲花炉

陆游晚年所写《焚香赋》云：

时则有二趾之几，两耳之鼎，爇明窗之宝炷，消昼漏之方永。其始也，灰厚火深，烟虽未形，而香已发闻矣。其少进也，绵绵如鼻端之息；其上达也，蔼蔼如山穴之云。新鼻观之异境，散天葩之奇芬。既卷舒而缥缈，复聚散而轮囷，傍琴书而变灭，留巾袂之氤氲。

两耳之鼎正是宋代流行的一种仿古式小香炉。炉中预置特为焚香而精制的香灰，炭团炭饼烧透入炉，轻拨香灰，浅埋炭团约及其半。炭团上面搁置隔火银叶或玉片，然后置香。宋人追求香之发散舒缓、少烟、多气，香味持久，香韵悠长。宋元香炉有一个显著特点，即无盖炉大量出现，如筒炉、鬲式炉等。盈手一握的小炉大量增加，这是为了适应握炉品香的需要。

香具种类丰富。汉代的博山炉型式在其后的历朝均有变化，但宋时仍在使用。唐时流行的熏球（香囊）、长柄炉亦在广泛使用。香盒造型丰富，制作精美。有专用的香匙，用以处置香灰和炭火，取用香粉香料。有专门的香壶（箸瓶）插放香具。

同时，出现了专用的印香炉，炉口开阔平展，腹部较浅，或者分为数层，下层放印模、香粉。元时，郭守敬还制作出专门用于计时的台几式印香炉，平展的台面上开有许多小孔，如星辰满天，不时从小孔中冒出香烟，极是壮观。

香炉造型丰富多彩，或仿先秦礼器，或拟日常器物，或模动物植物，风格各异。如高足杯炉、折沿炉、筒式炉、奁式炉、鼎式炉、鬲式炉、竹节炉、弦纹炉、莲花炉、麒麟炉、狻猊炉、鸭形炉等等，无不造型精巧、线条优美。焚香时，烟从兽口或炉顶袅袅而出，极为优雅美观。

宋代的炉具材质以瓷器为主。当时的瓷器工艺发达，质量、纹饰水平很高。受瓷器不宜过分雕饰之限制，造型大都古朴雅致，形成了简洁洗练的风格，美学价值甚高。瓷炉的制作成本低，更适合于民间大量使用，各地窑口都有烧制。

四、香学大家及著作

香料的丰富和社会各阶层的广泛用香，推动了宋代整体香学水平的提高，一批制香名家和香学大家应运而生。黄庭坚、贾天锡都以善制香而闻名。以《洪氏香谱》闻名的洪刍（1066—1128）亦善制香，其中名品有：洪驹父百步香、洪驹父荔枝香等。与范仲淹共同抵御西夏的韩琦官拜中书门下平章事，英宗嗣位，拜右仆射，封魏国公，亦善制香。宋张邦基（生卒年不详）《墨庄漫录》（卷二）记载，张邦基在扬州游石塔寺，“见一高僧坐小室中，于骨董袋中取香，如芡实许，炷之，觉香韵不凡，似道家婴香而

宋・定窑白釉香盒

清烈过之，僧笑曰：此魏公香也”。

宋·云雷纹铜鬲炉

善鉴香的张邦基亦善制香，自制合香称为“鼻观香”，香方以沉水香为主，建茶浸降真香等制法，又慢火熏烧。他自我品评：“有一种潇洒风度，非闺帏间恼人破衵香味也。”

两宋宫中禁帏凭借质量上乘、品种齐全的香料，创制出许多绝妙合香。这些合香多以皇帝、王、后、妃之名命名。如“江南李王帐中香”“宣和御制香”“宣和贵妃王氏金香”。南宋宫中所合“复古”“云头”“清燕”等香，主香为龙涎香。这些以珍贵香料合成的宫中香，价格昂贵，真可谓：此香只应天上有，人间能得几回闻？

作为中国香学发展的鼎盛时代，宋代的香学研究达到相当高水平，香学专著数量众多。宋初成书的《太平御览》已单独列出“香部”，记载前朝与香有关之故实。诸家撰写香学著作风气兴盛，可考者北宋时期有丁谓《天香传》、沈立《香谱》、曾慥《香谱》《香后谱》、洪刍《香谱》、颜博文《香史》。南宋时期则有，范成大《桂海虞衡志·志香篇》、周去非《岭外代答·香门》、叶廷珪《南蕃香录》《名香谱》、赵汝适《诸蕃志·志物》、陈敬《陈氏香谱》《武冈公库香谱》。其余仅知为宋人所著，成书年代、作者和相关内容已不可考者，如张子敬《续香谱》、潜斋《香谱拾遗》、侯氏《萱堂香谱》《香严三昧》等等。除此之外，尚有散见于笔记、药方、农书中有关香的记载或论述。

元·龙泉窑奁式炉

（一）丁谓及其《天香传》

丁谓，字谓之，后更字公言，苏州长洲（今江苏吴县）人。太宗淳化三年（992）登进士第，真宗天禧四年（1020）担任宰相，后封为晋国公。仁宗时被贬为海南崖州司户参军，撰写《天香传》。其后流落岭南十五年，卒于光州。

丁谓一生可谓与香有缘。他早年曾任福建路采访、福建转运使，负责监造著名的北苑贡茶。茶中入香是北苑贡茶的特色之一，作为监造者，丁谓一定了解香药。后来久值禁中，知晓宫中用香，又深受皇帝恩宠被赏赐香药，接触过大量上品香材，应该说对各种香材认识深刻。仁宗时被贬海南，对其个人来说可谓大不幸，但对香学发展却实为一大幸事。丰富的香学知识和产香地实地考察相结合，使他成为一代香学名家。

宋魏泰（生卒年不详）《东轩笔录》（卷三）记载：

（丁谓）作《天香传》，叙海南诸香。又作州郡名，配古人姓名诗，又集近人词赋而为之序，及佗记述题咏，各不下百余篇，盖未尝废笔砚也。后移道州，旋以秘书监致仕，许于光州居住。流落贬窜十五年，髭鬓无斑白者，人亦服其量也。在光州，四方亲知皆会，至食不足，转运使表闻。有旨给东京房钱一万贯，为其子珙数日呼博而尽。临终前半月，已不食，但焚香危坐，默诵佛书，以沉香煎

宋·龙泉窑青釉三足炉

汤，时时呷少许。启手足之际，付嘱后事，神识不乱，正衣冠奄然化去。其能荣辱两忘，而大变不怛，真异人也。

宠辱不惊，大变不乱，可谓非寻常之人。焚香、诵佛经、饮沉香汤，表明他对沉香的挚爱，对佛理参悟的通透，对坎坷人生的豁达。香，或许给他那颗孤寂清冷的心灵，涂抹些许温暖，使他从容度过人生艰难时刻。

《天香传》从儒家之礼、道家经典、释家典籍等方面论述用香的历史、产香之地、香材优劣，是中国古代对沉香品质进行评价与品鉴的第一部文献。作者亲历产香之地，在忧患当中，自云："炉香之趣，益增其勤。"他又能亲访询问，"素闻海南出香至多，始命市之于闾里间，十无一有假"。这些都是大部分香谱作者无法做到的。

《天香传》对于香学发展有三大贡献：

第一，首创中国香学以海南香（崖香）为研究本位的体例，评判沉香以海南香为最佳，其后历朝论香者皆以海南沉香为正宗。他认为大食舶来蕃沉："视其炉烟蓊郁不举，干而轻，瘠而焦，非妙也"。因以烟气高扬、嗅觉圆润、香气持久而定海南沉为上。其味清、烟润、气长的评定方法成为评香准则，广为后来者遵循。其后黄庭坚合香，涉及沉香唯用海南；范成大精鉴沉香，也以广舶所贩者为中下品，以海南黎峒所出为上佳。

第二，首次对海南沉香进行分类别级。他把海南沉香分为“四名十二状”，“名”是对沉香的分级，四名指四种不同等级，依次为沉水香、栈香、黄熟、生结。“状”则是从香的外观区分成十二种形状。这种分类方式打破了以往由于时空限制、交通不便造成的人们对沉香的臆想迷思，从而对沉香有了相对清楚的了解。

此外，进一步区别黄熟香与栈香之别。黄熟香“质轻而散，理疏以粗”，栈香品级高于黄熟香，特征是坚劲色黑，沉于水，见形状不一。谓“惟沉水为状也，肉骨颖脱，芒角锐利，无大小，无厚薄，掌握之有金玉之重，切磋之有犀角之劲，纵分断琐碎而气脉滋益”。

丁谓又从中提出“生香”与“熟香”的问题，这也是史上首次描述沉香生成的文字，以自然脱落成香和生木取香构成沉香的两大类，和今天熟香、生香的概念相同。“熟香”又称“脱落香”，是自然成香，沉香、栈香、黄熟香都属这一类。“生香”即“生结香”，是“取不俟其成，非自然者也”。取者速也，因利益所驱，是黄熟不待其成栈，栈不得其成沉。生香品级下一等，故“生结沉香”，品与栈香同；“生结栈香”，品与黄熟同；“生结黄熟”，品为下。

宋·青釉瓷香熏炉

第三，肯定了北宋时期广州为香药贸易主要港口的地位。丁谓提出，海外所产之香主要来自占城，以大食与番禺为主要集散地。他在《天香传》中说：“占城所产栈沉至多，彼方贸迁，或入番禺，或入大食。”占城为越南中南部古国，汉时曾纳入中国版图，称之为林邑，人民以采香为生。而大食以海舶营商，重视香药，尤其是沉香，价格十分昂贵。丁谓云：“大食贵重栈沉，香与黄金同价。”

丁谓是为沉香立传的第一人，独特的人生经验使他能对沉香分类别级，提出气味品评标准，对中国香学文化发展影响至深。

（二）黄庭坚的《黄太史四香跋文》

黄庭坚不但在文学、书法、茶学等方面造诣很深，而且在香学领域也有独特的造诣，可谓有宋一代首屈一指的香学大师和制香大家。他不仅爱香、咏香，亲自动手制作合香，而且培养出香学名家洪刍。香，是他生活的伴侣，是他精神的寄托，是他心灵修炼的平台。他因用香而“灵台湛空明”。如果说苏轼是用眼睛感受香，描摹的“金坚玉润，鹤骨龙筋”是香的外形；范成大是用鼻子品味香，“大抵海南香气皆清淑，如莲花、梅英、鹅梨、蜜脾之类”表述的是香的气味；那么黄庭坚则是用心在感悟香，香在他的心中是无上高贵的灵物。《黄太史四香跋文》和返魂梅、闻思香在香学发展史上具有非常重要的地位。自称“有香癖”的黄庭坚，在气味品鉴和心灵感悟上有独到见解。他选香精到、修合调制精细，赋予合香以清丽悠远的意蕴和强大的能量。尤其是他那境界高超、意味无穷的跋

南宋·中兴复古香饼

文，更引领后世爱香之人进入迷人的香气境界，感受杂花生树、无比幽深和神秘的美感。宋元之际，黄庭坚善用香之名已为时人所重。他所称誉的香方因其名声而彰显。陈敬《陈氏香谱》收录众多香方，汇集与黄庭坚有关最为著名的四帖香方，称之为“黄太史四香”，即意合香、意可香、深静香、小宗香。

宋·维摩演教图摹本（局部）

1. 清丽富贵意合香

意合香，位列“黄太史四香”之首。哲宗元祐元年（1086），黄庭坚在秘书省，贾天锡以意合香屡次相赠，惟要为其作诗，黄庭坚以十首诗相赠，但恨诗语未工，未能尽酬此香之佳，以至“甚宝此香，未尝妄以与人”，足见他对此香之珍爱。《意合香跋文》云：

贾天锡宣事作意合香，清丽闲远，自然有富贵气，觉诸人家合香殊寒乞。天锡屡惠赐此香，惟要作诗。因以“兵卫森画戟燕寝凝清香”韵作十小诗赠之，犹恨诗语未工，未称此香耳。然余甚宝此香，未尝妄以与人。城西张仲谋为我作寒计，惠骐骥院马通薪二百，因以香二十饼报之。或笑曰：不与公诗为地耶？应之曰：人或能为人作祟，岂若马通薪使冰雪之辰，铃下马走皆有挟纩之温耶。学诗三十年，今乃大觉，然见事亦太晚也。

清丽闲远，自呈富贵。可谓宝香，高妙绝伦。

一篇跋文，两位挚友深情跃然纸上。一位赠香索诗，且屡屡为之。对作者欣赏有加，做香用尽心血，香品清丽闲远，富贵高洁，超脱世俗，雅韵四溢。一位以诗为报，心怀感激，亦是用心，虽如此仍觉诗不配此香，可见香品之高、作者之珍贵。一段互赏的精神契阔知交，可谓意和。而另一位则对山谷关怀备至，雪中送炭。山谷以珍贵香饼报答，可谓“情投”，亦切“意合”。因一品好香，成就三人两段真情，名之意合，贴切之至。意合者，绝非以势以利之交，而是以真心相交，以深情相和。跋文结语处云“学诗三十年，今乃大觉”。大觉什么？人世冷暖，真正的朋友出现在你穷困潦倒落魄之时。人间自有真情在。

2. 濡然鼻端意可香

意可香，“黄太史四香”之二。据《陈氏香谱》记载，为南唐时宫廷香。辗转流传，至北宋沈立、梅尧臣，再至黄庭坚。

《意可香跋文》更是直指人心，耐人寻味：

山谷道人得之于东溪老，东溪老得之于历阳公，历阳公多方，不知其所自也。始名“宜爱”。或云，此江南宫中香，有美人曰“宜娘”，甚爱此香，故名“宜爱”。不知其在中主、后主时耶？山谷曰，香殊不凡，而名乃有脂粉气，故易名“意可”。东溪诘所以名，山谷曰，使众生业力无度量之意，鼻孔才二十五有，求觅增上，必以此香为可。何况酒炊玄参，茗熬紫檀，鼻端已濡然乎！直是，得

黄庭坚像

无生意者。观此香，莫处处穿透，亦必以为可耳。

香殊不凡，是指香韵特别不同凡响。众生业力无度量，是说各种行为的总和不可限量。二十五有，佛家认为开三界为二十五有。闻此香可使人三界二十五有种果报缠绕，以鼻孔感知香，求得定心静意。此香气韵丰沛，美妙可人，闻之使人心境空寂，灵台通透。

香方源流，如山间婉转之幽泉，清逸杳然。香的原名意味无穷，温馨不已，然略染脂粉之气，改名犹点石成金，瞬间脱尽俗气。意可者，可人之心，可知音之心。直如芙蓉出水，雕饰去尽，禅意弥漫。香韵如余音绕梁，袅袅不绝，又如空山磬音，直入人心。

3. 恬澹寂寞深静香

深静香，“黄太史四香”之三。其香方以海南沉香为主，最能体现崖香清婉优雅之神韵。此香为欧阳元老为黄庭坚所制。

荆州欧阳元老为余制此香，而以一斤许赠别。元老者，其从师也，能受匠石之斤；其为吏也，不锉庖丁之刃，天下可人也。此香恬澹寂寞，非世所尚，时时下帷一炷，如见其人。

欧阳元老即欧阳献，字符老，生卒年不详，后卜居湖北江陵一带以终。哲宗元祐中曾与田端彦同入李清臣幕。黄庭坚与其往来交游，《山谷集》（卷二十六）有《跋欧阳

北宋·银镀金莲花鹊尾炉

元老诗》，称元老作诗“入渊明格律，颇雍容”。元老个性亲近山水，恬淡自怡。

“能受匠石之斤”，言其做事临危能静，心无旁骛。“不锉庖丁之刃”者，谓其洞悉事物之理，为官办事游刃有余。如此称心之人，专为山谷制香一斤许，珍重赠别，山谷岂能不宝之？山谷心许元老，元老亦知山谷也。“时时下帷一炷”，足见作者对此香之喜爱。深静香一炷，元老如在眼前。真的是香如其人，恬澹寂寞，不媚时俗，清雅高洁。如此雅香，如此可人，得之焉能不珍爱之？

“恬澹寂寞，非世所尚”，既写元老之香，亦写己身己心。身居红尘俗世，心静不易，深静更属难得。以此冠名，可知山谷心许。

此香“恬澹寂寞”与意合香“富贵清丽”正好代表富贵不俗与寒士清高两种境界，黄庭坚融合其中，兼爱并重，并无偏执。

4. 风骨卓然小宗香

小宗香渊源久远，为南朝宋时宗茂深所喜爱。《小宗香跋文》与其说是写香，不如说是写人。以香喻人，以人写香，黄庭坚仰慕之情充盈笔端。宗少文、宗茂深祖孙风骨卓然，诵读跋文，令人陶醉：

南阳宗少文嘉遁江湖之间，援琴作金石弄，远山皆与之同声，其文献足以配古人。孙茂深亦有祖风，当时贵人欲与之游，不得，乃使陆探微画像挂壁观之。闻茂深惟喜闭阁焚香，遂作此香饼馈之。时谓少文大宗，茂深小宗，故传小宗香云。

大宗者，宗炳（375—443），字少文。南朝著名画家，好山水远游，凡所履至者，皆图画于室中，谓人云“抚琴动操，欲令山皆响”。撰述山水画论《画山水序》，为中国山水画理论奠基者。其援琴操缦，远山皆与之同振共响，且博学多闻，足以追配古之贤人。再写茂深亦有祖风，前呼后应，烘托小宗香之不凡。

山谷文笔空灵绰约，蕴藉含蓄。不直写宗茂深名满天下，而写“当时贵人欲与之游，不得”，请人画像而观之，仰慕之意深矣，可谓超级粉丝。不写“贵人”为谁，而云其“乃使陆探微画像”，陆为南朝大画家，常随侍明帝左右，是真正的御用画师，此“贵人”能使唤他，地位之高贵可想而知。闻“茂深惟喜闭阁焚香”，遂做此香以馈之。赠香之人贵矣，受香之人高矣，其香焉能不高不贵？

一段跋文，文笔曲折幽深，引人入胜。小宗茂深颇有其祖林下遗风，不慕权贵，孤高自赏，惟喜闭门焚香。默诵山谷文字，依稀犹见茂深玉树临风、香云缭绕之形象。

至于为日本香道推崇的《香十德》，在黄山谷所有文集、诗词选集全集中均未出现，宋代以来的古典文献资料中未曾记载，文字风格和黄山谷亦有较大差别，应是后人托名之作，或为日本香道中人所为。

（三）范成大与《桂海虞衡志·志香》

范成大（1126—1193），字至能（或作致能），号石湖居士。乾道八年（1172）知静江府兼广西经略安抚使。其辖区多有产香之地。其间，他撰写《桂海虞衡志》，专设《志香》一部，描述辖区内产香之地与香之品评。

范成大像

范成大是善用隔火熏香且多单品沉香的香学大师。他对隔火熏香之法运用自如，能使炭烬而气不焦，馨香弥室。他注重沉香的气味和内质，对崖香、广州舶香、广西钦香、交趾香的气味都进行了准确的描述。他对沉香气味的品评影响后世爱香之人至深。

他在《志香》中对崖香气味进行了详细描述：

> 大抵海南香气皆清淑，如莲花、梅英、鹅梨、蜜脾之类。焚一博投许，氛翳弥室，翻之四面悉香，至煤烬气亦不焦，此海南香之辨也。

同时，他还把其他产区的沉香同海南沉香比较：

> 中州人士但用广州舶上占城、真腊等香，近年又贵丁流眉来者。予试之，乃不及海南中、下品。舶香往往腥烈，不甚腥者，意味又短，带木性，尾烟必焦。其出海北者，生交趾，及交人得之海外蕃舶而聚于钦州，谓之钦香。质重实，多大块，气尤酷烈，不复风味，惟可入药，南人贱之。

他还对越南的沉香进行了准确品评：

> 沉香，出交趾。以诸香草合和蜜调如熏衣香。其气温馨，自有一种意味，然微昏钝。

这同我们今天品味越南上品沉香的感觉毫无两样，花香蜜韵十足，然总觉有脂粉之气，稍使人腻，多闻有混沌之感。

《志香》收录沉水香、蓬莱香、鹧鸪斑香、笺香、光香、香珠、思劳香、排草、槟榔香、零陵香等十二品香，《志兽》收录麝香一则，《志花》收录柚花蒸香一则。

范成大对两广产香之地提出了自己的看法，他说：

> 世皆云二广出香。然广东香乃自舶上来，广右香广海北者亦凡品，惟海南最胜。人士未尝落南者，未必尽知，故著其说。

按范成大的说法，世谓二广出产香，实则除了海南岛所产沉香及广西零陵香、橄榄香之外，余皆来自海外，如通过广州海舶交易之蕃香来自占城、真腊、丁流眉等地；广西海北所出为交趾或交人贸易所得，因出自钦州，故称之为钦香。

实则当时两广地区亦多产沉香，按寇宗奭《本草衍义》（卷十三）记载："岭南诸郡悉有，傍海处犹多。交干连枝，岗岭相接，千里不绝。"可能是海舶贸易兴盛，掩盖了两广产香之实，范成大未能察之。

宋·龙泉窑梅子青鬲式炉

丁谓流放海南岛，将海南沉香分为“四名十二状”，肯定了海南沉香。范成大更加赞誉海南沉香，从气味和内质上肯定了海南香为香中尚品。范成大用比较的方式，品评了海南沉香与广州舶香、广西钦香的优劣：海南所产“少大块，有如茧栗角、如附子、如芝菌、如茅竹叶者，皆佳，至轻薄如纸者，入水亦沉”。广州舶来香味“腥烈，不甚腥者，意味又短，带木性，尾烟必焦”。广西钦香则“质重实，多大块，气尤酷烈，不复风味，惟可入药，南人贱之”。

《志香》在气味品评上建立了沉香品评标准。篇幅虽短，影响深远。范成大之后的周去非（1135—1187）著有《岭外代答》一书，对《志香》略有补充，但多袭范著，少有新意。

（四）洪刍《香谱》

洪刍《香谱》为现存最早、保存较为完整的香药谱录类著作，其中对于历代用香史料、香品、用香方法及各种合香配方都广而收之。并将用香事项分为香之品、香之异、香之事、香之法等四大类别，其体例为后世各家香谱所依循。

洪刍，字驹父，幼年双亲早逝，洪家四兄弟的抚养皆由祖母即黄庭坚的姨母李氏为之。李氏出身江西望族，与黄庭坚母亲为亲姐妹。黄庭坚云：“洪氏四甥，其治经皆承祖母文城君讲授，文城贤智，能立洪氏门户如士大夫。”洪刍父亲洪民师又娶黄庭坚之妹，两家关系非常亲密。黄庭坚对自小失怙的洪氏四兄弟十分照顾，四兄弟朋、刍、炎、羽，字为玉父、驹父、龟父、鸿父，均为黄庭坚所取。

在洪刍举进士之时，黄庭坚满心欢愉，称其为“江南千里驹”，更是借书信往来教导他学习诗文的方法、为官之责及处事之道。洪刍于靖康年间任谏议大夫。南宋建炎元年（1127），因替金人刮财，仗势要挟官人劝酒，“得罪名教”，流放沙门岛，永不放还，不久卒于岛上。

洪刍《香谱》搜罗完整，满足了社会大众对香学相关知识的需求，开创了后人编写香谱的体例。但今存洪氏《香谱》并非完帙。

（五）曾慥《香谱》与《香后谱》

曾慥，字端伯，号至游居士，福建晋江人。靖康初任仓部员外郎。后因参与金人立伪帝张邦昌事，南渡后一度不被重用。直到秦桧当国，绍兴九年（1139）以行尚书户部员外郎、总领应办湖北京西路宣抚使，二十四年（1154）知庐州，二十五年卒于庐州任上。

曾慥与洪刍、颜博文身处两宋之际，曾共事于朝廷，也同处张邦昌称帝风波中，三人都有香学著作，应该互有交流，故曾慥的香学造诣亦不会低。曾慥《类说》卷

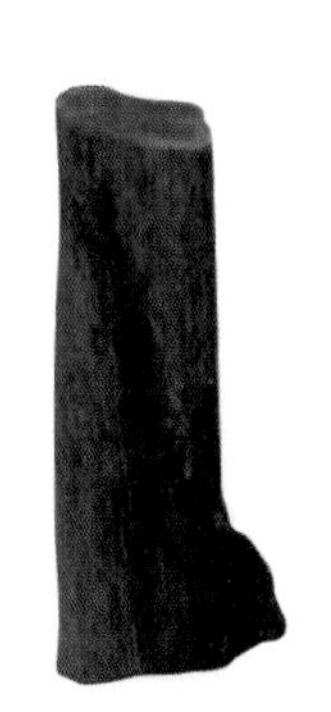

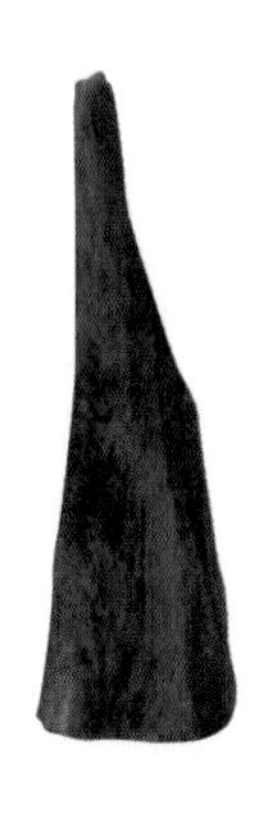

南京长干寺出土北宋大中祥符四年供养沉香

五十九辑《香谱》十五条目、《香后谱》三十四条目，文后自注云："予顷见沈立之《香谱》，惜其不完，思广而正之，因作后谱，拆为五部。"据此可知曾慥所辑《香谱》为宋初沈立所撰，仅存十五条目，《香后谱》则为曾慥所撰。

曾慥对香方的配伍颇有研究，他以中医药方的"君臣佐使"概念说明合香配伍原则，在宋人诸家香谱中尤具特色。他在《香后谱》中所收"吴僧作笑兰香"下注语：

予曰：岂非韩魏公所谓浓梅，山谷所谓藏春者耶。其法以沉为君，鸡舌为臣，北苑之尘、秬鬯十二叶之英、铅华之粉、柏麝之脐为佐，以百花之液为使，一炷如指许，油然郁然，若嗅九畹之兰而挹百亩之蕙也。

修和炮制，法度井然，鼻观意境，亦是高标清远。《香后谱》收录前朝和宋时香事、香方三十四条。舍取精到，极具史料价值。

（六）陈敬与《陈氏香谱》

陈敬（生卒年不详），字子中，河南人，生活于宋末元初。有《陈氏香谱》四卷及《新纂香谱》二卷传世。清初钱曾对《陈氏香谱》评价为："凡古今香品、香异、诸家修制、印篆凝合、佩熏涂傅等香，及饼、煤、器、珠、药、茶，以至事类、传、序、说、铭、颂、赋、诗，莫不网罗搜讨，一以具载。"如实记录了宋至元初社会的用香情况，

宋·定窑白釉五足炉

记录了香品产地、特征，广辑当代香方、修制诸法，烧香之香品、香器、香煤、饼、炭，以及与香有关的文学创作、香药医方、香药收藏等。全面反映了宋代香事活动和宋人文化生活的多个层面。可以说《陈氏香谱》是宋末元初之香谱集大成者，它内容丰富，征引广泛，汇辑香学言论、佚文遗事，弥足珍贵。

五、品香方法和境界

两宋时，达官贵人、文人士大夫一方面常聚于园林亭阁，品香斗香；另一方面燕居焚香也成为他们日常生活的一部分。平民百姓也常于家中点燃合香，品评香味。社会各阶层的广泛用香推动了香学文化的全面发展，宋代尤其是南宋成为中国香学文化空前绝后的高峰。

（一）隔火熏香的技法趋于成熟

中晚唐时开始出现的隔火熏香之法，宋代已臻于完备。宋人品香时，常用隔火熏香之法来达到出香品闻的目的，虽称之为焚香，但并非直接焚烧香材。宋代杨万里（1127—1206）有《烧香七言》诗：

琢瓷作鼎碧于水，削银为叶轻如纸。不文不武火力匀，闭阁下帘风不起。诗人自炷古龙涎，但令有香不见烟。

素馨忽闻抹利拆，底处龙麝和沉檀。平生饱识山林味，不奈此香殊妩媚。呼儿急取蒸木犀，却作书生真富贵。

这首诗非常形象地描述了宋人爇香的过程。首句说瓷炉颜色青翠欲滴，瓷炉不但轻巧、不导热，而且无味，他选的是青瓷鼎式炉。然后备一片薄如纸的“银叶”来做隔火的材料。第三句是说火温调控要均匀舒缓。第四句则讲品香处所“香室”，要透气但不通风。第五句是说自己拿出龙涎好香，适宜的温度让香气徐徐发出，毫无烟火燥气。

宋·余姚官窑青釉狮子炉

短短不足百字的一首七言诗，从品香器具写到场所，从所闻香品写到香气的复合多变，再写品香的联想和感受，真是个中高手。一句“但令有香不见烟”，足显其隔火熏香技术的熟练。

颜博文（？—1133）《香史·焚香》云：

焚香，必于深房曲室，矮桌置炉与人膝平，火上设银叶或云母，制如盘形，以之衬香，香不及火，自然舒慢，无烟燥气。

“深房曲室”，强调了品香环境的幽静；“矮桌置炉与人膝平”，则是香案及座具的高低、香炉放置的位置，品香时香炉与人鼻端的距离；炭火上置盘形隔火银叶云母，香气自然舒缓曼妙，无烟火燥气。将隔火熏香之法运用得炉火纯青。

范成大的《桂海虞衡志·志香》中也写了隔火熏香：

焚一博投许，氛翳弥室，翻之四面悉香，至煤烬气亦不焦，此海南香之辨也。

煤者，炭饼、炭团也。煤尽气不焦，只有隔火熏香能达到如此境界。

（二）在品香境界上提出了具体标准

品香过程不仅是气味的分辨，也是由嗅觉器官“感觉”到思维上“观想”的一种升华，所以谓之“鼻观”。鼻者，用鼻子去嗅闻香味也；观，则为观想、观照、思维之意。“鼻观”的过程，便是由嗅觉上升到思维的过程。“鼻观”是一个变化的过程，既不执着于物，亦不执着于思维。这和品香过程中香气的灵动多变有诸多吻合。宋人还提出了“犹疑似”的品香审美判断，即在似与不似之间，把握一种灵动之美、模糊之美、含蓄之美。嗅觉是一种非常主观的感觉，个体差异很大。明确表述闻到什么气味，主观色彩过重，便为执着。这与禅宗“说一物便不中”的境界十分相似，所以品香中的美感经验应当人人都有，美妙的气味都能感到，但如何表达才算高妙，全在个人素养。周紫芝《刘文卿烧木犀沉为作长句》：

海南万里水沉树，江南九月木犀花。不知谁作造化手，幻出此等无品差。刘郎嗜好与众异，煮蜜成香出新意。短窗护日度春深，石鼎生云得烟细。梦回依约在秋山，马

宋·哥窑灰青冲耳炉

上清香扑霜雾。平生可笑范蔚宗，甲煎浅俗语未公。此香似有郢人质，能受匠石斤成风。不须百和费假合，成一种性无异同。能知二物本同气，鼻观已有香严通。聊将戏事作薄相，办此一笑供儿童。

一次美好的品香体验，使作者产生了悠远的联想，参得奥妙的佛理。宋代刘子翚《龙涎香》写道："瘴海骊龙供素沫，蛮村花露挹清滋。微参鼻观犹疑似，全在炉烟未发时。"鼻观是嗅觉加思维，当然是主观感受的成分很大。"犹疑似"者，"好像是"也，把中国传统文化追求的朦胧灵动、唯求神似，恰到好处地概括，意蕴深长。

（三）确立了香材香品鉴别的标准

宋人以海南沉香为本位，建立了较为全面系统的中国香学品评标准。宋代文化是以文人士大夫为主体的文化，文人的品味爱好决定了整个社会的品味标准，海南沉香的清雅蕴藉特征正好与文人的精神追求相吻合，因此成为文人心中好香的标准。

宋人提倡从烟、气、味论香，又以海南沉香的烟气润泽、气味清远而成首选。苏东坡在《沉香山子赋》中亦云"独沉水为近正"，黄庭坚合香非海南香而不用，"山谷香方率用海南沉香，盖识之耳"。范成大赞曰："大抵海南香气皆清淑，如莲花、梅英、鹅梨、蜜脾之类。焚一博投许，

北宋·赵光辅《番王礼佛图》（局部）

氛翳弥室，翻之四面悉香。至煤烬气亦不焦，此海南香之辨也。”又陈正敏所云：“水沉出南海，……香气清婉耳。”赵汝适说：“海南亦出沉香，其气清而长。”海南沉香的气清味润，成为品评良香的重要标准。

丁谓在《天香传》中，对海舶沉香与海南沉香优劣之评比，建立了日后文人对香品评的标准：

乡耆云：比岁有大食蕃舶，为飓风所逆，寓此属邑，首领以富有，大肆筵设席，极其夸诧。州人私相顾曰：以赀较胜，诚不敌矣，然视其炉烟蓊郁不举，干而轻，瘠而焦，非妙也。遂以海北岸者即席而焚之，高烟杳杳，若引东溟，浓腴湒湒，如练凝漆，芳馨之气，持久益佳。大舶之徒，由是披靡。

丁谓借海南乡耆的说法，对香评比，从视觉中所见烟雾到嗅觉的气味差异，最后到内心的感受，逐一描述。

首先，从香出烟之评定。大食海舶沉香“炉烟蓊郁不举”。海南沉香“高烟杳杳，若引东溟，浓腴湒湒，如练凝漆”。早期用香的目的是“达神明而通幽隐”，因此高举向上、浓郁丰烟足以上达天庭，故“高烟杳杳”者为胜。

其次，气与味之品评。宋人以气润而味清为香之最佳者。

最后，丁谓从香的延续时间来评定，芳香之气能持久者为胜。海南香以“芳馨之气，持久益佳”为胜。宋人在笔记小说之中，每每谈到贵胄的奢华生活，总要以蔡京所烧之香“数月香不灭”“衣冠芳馥，数日不歇”来印证香味的持久。

丁谓提出的“味清、烟润、气长”，成为宋人品评沉香的标准，也成为中国香学品评香材香品的准则。

文人品香中，对于气味品评，最精妙者莫过于黄庭坚。他在论意合香时说：“贾天锡宣事作意合香，清丽闲远，自然有富贵气，觉诸人家合香殊寒乞。”又评欧阳元老深静香说：“此香恬澹寂寞，非世所尚。”富贵清丽与恬澹寂寞正好代表两种不同境界。文人评香者，以清为佳，或味清，或烟清。宋人以清远为尚，故重沉香。沉香的蕴藉典雅正与他们追求的韵味相合，一炉好香给他们精致的书斋生活增添了无限趣味，使他们的修身养性更加绝尘超俗。沉香当然而然地成为他们心中珍贵的圣物。

（四）单品沉香的用香方式流行，奇楠香开始单列

从汉代一直到南北朝时期，人们对沉香的了解并不是太多，更不知道如何精确使用。大部分的记载和描述都是转载他书，人云亦云，很少有人做实地考察研究。真正对沉香的深入研究是从宋代才开始的。北宋时期开始盛行的单品沉香之法，使人们更加清晰地感受到沉香的幽雅冲澹、细腻洁净之美，也感受到了沉香的复合多变之美，不同产

南宋·白莲社图（局部）

区沉香的特色之美。从那时起，沉香气味的论述便开始多起来，沉香在香学文化中的重要地位也开始显现。北宋中晚期，沉香已经成为主要香料，位列众香之首。这一点从《清明上河图》中亦能看出端倪，画卷中最大的一块商铺招牌为“刘家上色沉檀拣香”，沉香已经高排居上。丁谓《天香传》云：“盖以沉水为宗，熏陆副之也。”熏陆为乳香，南北朝以降，曾盛极一时，但此时沉香的地位显然已高于乳香。《天香传》对沉香的品质高度赞扬：“遂以海北岸者（海南沉香）即席而焚之，高烟杳杳，若引东溟，浓腴湒湒，如练凝漆，芳馨之气，持久益佳。大舶之徒，由是披靡。”苏轼在《沉香山子赋》中对沉香也进行了称赞：“既金坚而玉润，亦鹤骨而龙筋。惟膏液之内足，故把握而兼斤。……无一往之发烈，有无穷之氤氲。”从而提出“独沉水为近正”的观点。范成大在《桂海虞衡志》中对海南沉香的高度评价，也说明沉香地位之高。

单品沉香之法的流行，加上隔火熏香技术的成熟，人们对沉香的鉴别品评更加细腻全面，对香气的体验也更加深入，奇楠香的单列便水到渠成。从文献资料来看，南宋中期，奇楠香开始从沉香中分离出来。可能随着香具的改进、用香水平的提高，人们对奇楠香有了相对明确的认识，知道它与沉香虽出同类，但香气明显高于沉香，需要把它单列出来，这是香学文化发展史上的一项重大进步。至此，确认奇楠香为最高端香材。

奇楠香，梵语tagara的音译。又称茄蓝木、茄楠、加南木、茄蓝、伽罗、迦楠、棋楠等。最早见于《宋会要辑稿·蕃夷道释七·历代朝贡》记载：

(南宋孝宗乾道三年十月一日) 蕃首邹亚娜开具进奉物数：白乳香二万四百三十五斤、混杂乳香八万二百九十五斤、象牙七千七百九十五斤、附子沉香二百三十七斤、沉香九百九十斤、沉香头九十二斤八两、笺香头二百五十五斤、加南木笺香三百一斤、黄熟香一千七百八十斤。

这是宋孝宗乾道年间，占城蕃首的一份朝贡物品清单，里面出现"加南木"之名。

《武林旧事》"禁中纳凉"条记载："纱厨先后皆悬挂伽兰木，真腊龙涎等香珠百斛。"(以此产生的凉气来避暑) 宋末元初陈敬的《新纂香谱》有"迦阑木"条，云："伽阑木，一作伽蓝木。今按：此香本出伽阑国，亦占香之种也。或云生南海补陀岩，盖香中之至宝，其价与金等。"奇楠香与沉香都生成于沉香树，外部特征，纹理色泽，相当一部分理化指标都相同或相似。

目前，在香界有一个较为统一的认识：奇楠是沉香中一个特殊的品种，由于某些未知和不完全了解的特殊因素，造成了奇楠具有与沉香不同的芳香有机化合物组成形式和比例，奇楠香的致香类化合物含量明显高于沉香，且微量

南宋·周季常、林庭珪《五百罗汉图·卵塔涌生》（局部）

致香元素种类多于沉香，而脂肪酸含量则大大低于沉香，从而形成与沉香不同的香味和气韵。

奇楠香的单列，是香学文化发展史上的重大事件，它翻开了宋代以来香学文化的崭新篇章，直接影响了中国人的用香方式。奇楠香的应用，使品香活动变得更细腻、精致、高端。合香浑厚浓郁的气息，在中国香学文化的舞台上开始减弱。

（五）香席雅集活动兴盛

中国香席的雏形在唐代中期形成，至宋时已发展成为达官贵人、文人士大夫雅集不可或缺的内容。“北宋辽金时期，完整的新式高足家具组合日趋成熟，完全取代了席地起居家具在社会生活中的传统位置。”（杨泓《华烛帐前明——从文物看古人的生活与战争》）垂足而坐的方式，方便了雅集时品香久坐，为香事活动提供了良好的物质环境。

《鸡肋编》（卷下）中记载了蔡京焚香雅集活动：

京喻女童使焚香，久之不至，坐客皆窃怪之。已而，报云香满，蔡使卷帘，则见香气自他室而出，霭若云雾，濛濛满坐，几不相睹，而无烟火之烈。既归，衣冠芳馥，数日不歇。计非数十两，不能如是之浓也。其奢侈大抵如此。

明·佚名《十八学士图》（局部）

此烧香法颇有气势，密闭门户，数十炉香同时烧之，待香气积满后卷起门帘，一时间香雾缭绕，芬翳弥室。但要无烟火之烈，衣冠芳馥数日不歇，除用好香数十两外，尚需要高超爇香技艺。

南宋张功甫为循忠烈王张俊曾孙，能诗，一时名士大夫莫不与之交游。其南湖园名重一时，人称："园池声妓服玩之丽甲天下。"周密《齐东野语》（卷二十）载其于暮春时节，于此园举办牡丹香会雅集：

众宾既集，坐一虚堂，寂无所有。俄问左右云："香已发未?"答云："已发。"命卷帘，则异香自内出，郁然满座。群妓以酒肴丝竹，次第而至。别有名姬十辈皆衣白，凡首饰衣领皆牡丹，首带照殿红一枝，执板奏歌侑觞，歌罢乐作乃退。复垂帘谈论自如，良久，香起，卷帘如前。别十姬，易服与花而出。大抵簪白花则衣紫，紫花则衣鹅黄，黄花则衣红，如是十杯，衣与花凡十易。所讴者皆前辈牡丹名词。酒竟，歌者、乐者，无虑数百十人，列行送客。烛光香雾，歌吹杂作，客皆恍然如仙游也。

场面之宏大，用香之豪奢，实属罕见。

这些都是权贵的香席雅集活动，极显其富贵与高端。文人士大夫则更多地追求随性与雅致。徽宗崇宁二年（1103），黄庭坚被贬谪到广西宜州，途经长沙，在碧湘门登岸养病一月有余。期间与诗僧惠洪相会，共品合香名品返魂梅，一场特殊的香席雅集就此展开。

据《陈氏香谱·韩魏公浓梅香》载，其香方为：

黑角沉半两、丁香一钱、腊茶末一钱、郁金五分，麦麸炒令赤色、麝香一字、定粉（即韶粉）一米粒、白蜜一钱。

右各为末，麝先细研，取腊茶末之半，汤点澄清，调麝，次入沉香，次入丁香，次入郁金，次入余茶及定粉共研细，乃入蜜，令稀稠得宜，收砂瓶器中窨月余取烧，久则益佳，烧时以云母石或银叶衬之。

黄太史跋云：

余与洪上座同宿潭之碧湘门外舟中，衡岳花光仲仁寄墨梅二幅，扣舟而至，聚观于灯下。余曰：只欠香耳。洪笑，发古董囊取一炷焚之，如嫩寒清晓，行孤山篱落间。怪而问其所得，云：东坡得于韩忠献家，知余有香癖而不相授，岂小谴？其后驹父集古今香方，自谓无以过此，余以其名未显，易之为还魂梅云。

千年一遇的特殊香席雅集，在潭州碧湘门外一条船上从容举行。香方来自国之栋梁、文事武功兼备、与范仲淹同为朝廷重臣的魏国公韩忠献家，且经一代文豪苏轼之手，满载贵气文气，殊不凡也。选料与制作皆高端精细，用香之法当为隔火而熏，当然精到。

贬谪途中，凄风苦雨，落寞心寒，况属病中。故人赠墨梅画，爇浓梅香，个中温暖，直入身心灵魂，如寒冬炉火，初春暖阳。知音促席，环境随意而高雅。孤立的小山，横斜的篱笆，微寒的拂晓，踽踽独行之高士。此中意象，令人浮想联翩。香味的清新、微凉、圆润、高洁跃然纸上。文字清冽而不乏暖意，凝重而略有谐趣，孤高兼隐约深情。是写景、写情，还是写他那命运多舛、志向难酬、风霜高洁的人生？

一期一会，刹那千年。

名方、名香、名画、名人、名会，令人仰慕向往。

在宋人的书画中，也展示着无数个雅集的场景，琴棋诗书画茶之中，用香的场景一定是不会少的。他们的每次雅集都会赏香品香，鉴香斗香。品味那遥远的优雅景象，仿佛缕缕馨香冉冉升起，氤氲弥漫，顷刻使人心旷神怡。

两宋文化，上承汉唐，下启明清，是中国文化发展史上承上启下的一个重要环节，也是异常辉煌的一页，香文化在这个时期也如日中天。香料的大量进口积累，皇室贵族、文人士大夫、平民百姓的爱香成风，用香方法的不断改进，文人对香材产销地的考察和香学研究，众多制香高手的出现，所有这些都促使中国香学这株传统文化的奇葩绚丽绽放，中国香学文化也发展到了巅峰阶段。

第三节　宋代以后的用香

辉煌的两宋文化，开启了元明清文化的先河。无论文学艺术，还是匠制工艺，明清时代无不隐约着宋代文化的遗韵流风。诗文作品、瓷器漆器、宣德鼎彝等等，都能在宋代找到端倪。但江河日下，辉煌不再，宋代已经少见的先秦神秘狂放、汉代大气浑厚、隋唐华丽壮美的艺术高标，至此流失几尽。崖山之后，中国传统文化并非丧失殆尽，但确如中天之日开始西下。香学文化亦然。

一、宋风遗韵——元朝

元・三彩琉璃博山炉

从草原马背上直接闯入文明世界的元朝统治者，他们所能认识和了解的文化几乎就是宗教。这使他们将各种宗教抬高到前所未有的地位。而面对其他文化形式，即使有一些君主曾经接受过正统的中原文化教育，但依然无法了解其中的精髓。但他们对文化采取了相当宽容的态度，使中国传统文化能够相对自由地发展。早期的蒙古人对被征服地区进行大规模屠杀和掠夺，是很多地区的经

元·王蒙《西郊草堂图》

济遭受了沉重的打击。但随着元朝的建立，统治者重农重商政策的确立，社会经济还是得到了一定的恢复和发展。大蒙古国的征服带来了中西交通的畅通，香料的进贡和贸易依然在进行。皇室受汉文化影响用香不少，加之宗教用香，文人用香等等，元代的香学文化虽比宋代逊色不少，但也依然流行。

（一）宫廷皇室用香

武力强盛的蒙古人在文化上处于弱势地位，一方面汉文化熏陶改变着他们，另一方面，他们也在尽力靠近接受汉文化。元代陶宗仪（1329—约1412）《元氏掖庭记》载：“元祖肇建内殿，制度精巧。题头刻螭形，以檀香为之。螭头向外，口中衔珠下垂，珠皆五色，用彩金丝贯串。……又有温室曰春熙堂，以椒涂壁，被之文绣，香桂为柱，设乌骨屏风，鸿羽帐。……起采芳馆于琼华岛内，设唐人满花之席，重缕金线之衾，浮香细鳞之帐，六角雕羽之屏。”

虽极力模仿沿袭唐宋宫廷旧制，但也仅仅是形制相似而已，并无文化实质。

《元史·百官志》记载，武宗至大元年（1308），设“御香局”，负责为皇室制作御用香品，“修和御用诸香”。赵孟頫之妻管道升有一首《自题墨竹》写到了当时的皇室用香：

元·青瓷双耳炉

内宴归来未夕阳，绡衣犹带御炉香。侍奴不用频挥扇，庭竹潇潇生嫩凉。

“内宴”“御炉”表明与宫廷有关，衣服上都是浓郁的香味，想见彼时皇室用香之多。

《马可波罗游记》中记载，当时都城汗八里（即北京）“所有稀世珍贵之物都能在这座城市中找到，尤其是印度的商品，如宝石、珍珠、药材和香料”。同书中还记载杭州也有专门售卖香料的商铺。

马氏游记，西人多谓其夸张虚构，然其描述元代城市繁华之景，多于文献资料吻合，故应视为写实。

（二）宗教用香

蒙古人认为，宗教都在以自己的方式与上天沟通，教派的差别只是因为方法不同。成吉思汗奠定了对各种宗教一视同仁的政策，这种做法贯穿元朝始终。作为国教的藏传佛教，与中土佛教、道教、伊斯兰教，包括一些以往被视为异端的教派都得到很好的发展。寺院道观众多，坐禅拜佛，修道求仙，礼拜祈祷，自然不可缺少沉檀香烟。宗教活动频繁，使用香料的数量就不会少。《马可波罗游记》曾写到上都城中举行祭祀神的法会时，喇嘛请求大汗赐香等祭祀供献物品：

元·天蓝釉三足炉

喇嘛就到大汗的宫中禀奏说，陛下圣明，深知如不敬

元·青瓷鱼耳炉

献我佛，佛祖将会降罪于我们，我们将会流年不利，庄稼枯萎、六畜病殁、瘟疫横行。因此，恳请陛下赐予我们如数的黑绵羊，以及大批的香烛和沉香，以资我们例行庄重的祭典。

（三）文人用香

在民族等级制度压迫下的文人，失去参与政治的可能性，“治国平天下”的抱负无法实现，只得归隐山林，寄情书画。从来没有如此多的文人直接参与到文化和艺术的创作中，他们的文化素养为元代文化艺术营造了一个崭新的局面。香，在他们坐课清谈、书画吟咏、郊游雅聚时，无不相伴。元代诗人薛汉有《箸香》诗为证：

奇芬祷精微，纤茎挺修直。灺轻雪消岘，火细萤耀夕。素烟袅双缕，暗馥生半室。鼻观静里参，心原坐来息。有客臭味同，相看终永日。

元·琉璃三彩龙凤纹熏炉

从制作、品闻、观烟、感受几个方面去写香，体味入微。元代著名书法家、画家赵孟頫的《真率斋铭》表明了他清淡如水的交友之道：

吾室之中，勿尚虚礼。不迎客来，不送客去。宾主之间，坐列无序。率真为约，简素为具。有酒且酌，无酒且止。清茶一杯，好香一炷。闲谈古今，静玩山水。不言是非，不论官府。行立坐卧，忘形适趣。冷淡家风，林泉清

元·佚名《倪瓒像》

致。道义之交，如斯而已。

什么客套虚礼都可不讲，一切任意随性，但好香一炷仍为必须。美妙的香味，陪伴他们品书论画，闲坐清谈。

元代著名画家倪云林，清洁成癖。传说他每次洗涤都要换水数十次。穿衣服、戴帽子，反复地抖，生怕沾染灰尘，别人坐过的椅子他也要反复擦拭。遇俗气之人往往远避之，恐受污染。明初贾仲明（1343—1422）《录鬼簿续编》称其“平居所用手帕、汗衫、衣袜、裹脚，俱以兰乌香熏之”。他每作画，必焚香洗砚，袅袅香烟陪伴他画出那高逸清绝、宁静安详的不朽画卷。倪云林爱香如命，须臾不离。据明都穆《都公谭纂》（卷上）记载了他因用香惹上麻烦的一件事：张士诚（元末割据江浙一带的武装首领）有个弟弟叫张士信，慕名派人持钱帛向云林求画，云林见之大怒，拒之，将钱帛扔出门外。张怀恨，一日游太湖，闻一舟中异香四溢，知是云林，使人捉拿，果然是他。后云林趁其不备，遁入芦苇脱险。

元代著名戏曲作家关汉卿（约1234—1300）在《[黄钟]侍香金童》[幺]一曲中写道：

等闲辜负，好天良夜。玉炉中，银台上，香消烛冷。

同套曲中的[神仗儿煞]写道：

深沉院舍，蟾光皎洁。整顿霓裳，把名香谨爇。香消烛冷，再爇名香，少妇的思夫怨愁悠悠如水。

元·剔红渊明爱菊香盒

香销烛冷，少妇怨愁悠悠如水，凉意如许。

另一位元代戏曲作家王实甫（1260—1336）的《[商调]集贤宾》[醋葫芦]曲中写道：

闹春光莺燕语啾啾，自焚香下帘清坐久。闲把那丝桐一奏，涤尘襟消尽了古今愁。

操琴一曲，爇香一炷，洗尽万古闲愁孤闷。

著名的元杂剧《西厢记》中，香在推动情节发展和塑造人物形象上也起了重要作用。张生在佛殿初见莺莺，惊为天人，王实甫用香气渲染了莺莺的美貌："兰麝香仍在，佩环声渐远。"张生则"焚名香暗中祷告"。张生与莺莺对诗，即在莺莺焚香拜月时，张生先闻其香，后见其人，"风过处衣香细生，踮着脚尖仔细定睛"。"夜深香霭散空庭，帘幕东风静。……又不见轻云薄雾，都只是香烟人气。"最后两人定情，还是借焚香之名。

明末清初文学批评家金圣叹（1608—1661）在点评《西厢记》时，郑重其事地提到："《西厢记》必须焚香读之，焚香读之者，致其恭敬，以期鬼神之通之也。"

或许只有香，能浇散这些林下高士心中郁闷的块垒；也只有香，能陪伴他们孤独高傲的灵魂。

我们今天拜读"元四家"那或荒寒、或清逸、或简淡、或洒脱的画史杰作，感受他们心中的"自然造物"，依稀可见一缕馨香在他们心中袅袅荡漾。

元・祇园大会图卷（局部）

（四）元代的香具制作

元人制作香具，基本沿袭宋人旧制，各种材质、不同形制的炉具已不在少数，唯略显粗糙，显失古朴简雅韵味，笨拙而少灵动之气。

炉瓶盒三式一套的香具定制，在元代开始出现。山西博物院所藏《祇园大会图卷》所绘这个组合，或为其最早出现的完整形象。此图为日本僧人作于至正丙午佛生日，即一三六六年农历四月初八。

（五）线香出现

线香的出现是香史上一件引人注目的事情，目前可以认定的时间是在元代。扬之水先生《香识》举有三条史料：

一是熊梦祥《析津志》"风俗条"："湛露坊自南转北，多是雕刻、押字与造象牙匙箸者"，"并诸般线香"。

二是李存《俟庵集》卷二十九《慰张主簿》："谨具线香一炷，点心粗茶，为太夫人灵几之献。"

三是李朝时期的朝鲜《朴通事谚解》（卷下）："不知哪里死了一个蛐蜒，我闻了臊气，恶心上来，冷疾发的当不的，拿些水来我漱口，疾忙将笤帚来，绰的干净着，将两根香来烧。"

元・天青釉钧窑炉

线香的出现，直接改变了人们的用香方式，尤其是对平民百姓而言，使用方便且价格相对低廉的线香，开始成为他们日常生活的组成部分。传统的香具，包括香炉、香盒也都随之发生了重大变化，在使用线香的香事中，香盒已经没有存在的必要，香炉也无须带盖。香炉体积也发生了变化。小型的香插、香桶开始出现，使人们用香更加便捷，香更加平民化了。

但线香并没有取代传统的香席仪式，没有替代高端的用香方式，上品香料的使用依然是皇室贵族的香事之常，传统香事活动依然在文人士大夫阶层流行。

二、流风延续——明朝

明·佚名《十八学士图》（局部）

明朝建立以后，朱元璋对中央和地方政权机构进行全面改革，废除中书省，取消丞相制，军队按卫所编制，中央设立五军都督府，皇帝集军政大权于一身，设立锦衣卫特务组织，罗织罪名，将开国元勋铲除殆尽，君主专制达到前所未有的程度。仕宦才俊半为阴鬼，精英阶层元气大伤，以致文化倒退，香之精髓渐少人知，曾经的风雅闲情大都丧失。

明初"海禁"，禁民间使用番香番货，香学文化发展一度处于低谷；到了中晚期，随着商品经济的发展，海禁松弛，思想文化领域呼唤个性解放逐渐成为主流，香学文化再度奢华回归。

明·铁鎏金龙纹香熏

《明太祖实录》(卷二百三十一)记载:

甲寅(洪武二十七年)禁民间用番香番货。先是,上以海外诸夷多诈,绝其往来,唯琉球、真腊、暹罗许入贡。而缘海之人,往往私下诸番,贸易香货,因诱蛮夷为盗。命礼部严禁绝之,敢有私下诸番互市者,必置之重法。凡番香、番货皆不许贩鬻。其见有者,限以三月销尽。民间祷祀,止用松、柏、枫、桃诸香,违者重罪之。其两广所产香木,听土人自用,亦不许越岭货卖,盖虑其杂市番香,故并及之。

可见,明初禁香,是禁舶来之香,而非本国之香,其原因是朱元璋认为"海外诸夷多诈"。但深层原因应该是:明朝的主要兵力陈于北方以御蒙古,又恐南方陈友谅、张士诚、方国珍余部蛰伏于海外与外夷勾结,而无多余军力震慑,加之日本的武士、商人和海盗经常骚扰我国沿海地区,索性断绝海外贸易,禁用番香,亦属池鱼之殃。但海禁并没有完全禁住番香,海外的香料仍能通过民间渠道进入内地。

明末清初大儒顾炎武(1613—1682)的《日知录之余·禁番香》曾引《广东通志》云:

建文三年十一月,……将圣旨事意备榜条陈:……我中国诸药中有馨香之气者多,设使合和成料,精致为之,其名曰某香某香,以供降神祷祈用,有何不可?……檀香、降真、茄兰木香、沉香、乳香、速香、罗斛香、粗柴香、

明·环耳三足炉

安息香、乌香、甘麻然香、光香、生结香，……军民之家并不许贩卖存留……

这道政令颇有意思，不仅留下官方指导民间“合香”的故实，而且把合香的君臣之药排除于香方之外，强制天下人以松、柏、枫、桃，代替沉檀诸香熏闻，既霸道又愚蠢至极。

就连朱元璋废除已成定制三百年的龙团茶，也与香有关。明沈德符（1578—1642）《万历野获编补遗》（卷一）记载：“洪武二十四年九月，上以重劳民力，罢造龙团，惟采茶芽以进。……按茶加香物，捣为细饼，已失真味。”

在这样的压制之下，香学文化遭遇秋风冷雨实属必然。明代早期的华夏大地，香的身影曾一度遁隐，香的灵气也几近消逝。

才华横溢的明宣宗，可谓宋徽宗再世。他在位期间，中国传统文化由明初的低谷渐次回升。与商品经济发展、资本主义萌芽的出现相对应，反对封建教条和假道学，要求重新评估一切价值，呼唤个性解放成为思想的主流。朝野上下兴起追求奢华生活的风尚，香学文化在这样的时代背景下奢华回归。

明代虽然实行比以前严厉的海禁政策，但透过朝贡、民间走私贸易、郑和下西洋、葡萄牙商人贸易等渠道以及莞香的大量人工种植，香料供应还是相对丰富的。

明代禁止民间贸易，但与明朝通好的国家可派“贡舶”来华并附带经商，在指定地方销货，称之为“朝贡”。朝贡贸易在南宋已经取消，明朝统治者为显示天朝威仪，又恢复此举，且对贡舶极为优惠，不但耗费大量物品钱财予以接待，而且常按“薄来厚往”原则回赠更高价值的东西。郑和下西洋后，来华进贡通好的国家日趋增多，朝贡贸易盛况空前。

永宣年间，郑和率两万多人的庞大船队七下西洋，用人参、麝香、金银、茶叶、丝帛、瓷器等与沿途各国交易。换回的物品中，香料比例很大，包括胡椒、檀香、沉香、龙脑、乳香、木香、安息香、没药、苏合香等。这些香料除部分供应宫廷外，其余销往各地。

香料走私及地下贸易一直存在，许多地方规模甚大。《海澄县志》（卷十五）记载，嘉靖时，虽海禁极严，但东南海民及徽州商人仍冒着风险，造船出海成风，“富家以财，贫人以躯，输中华之产，驰异域之邦，易其方物，利可十倍”。香料的巨额利润，不仅吸引海内外商人冒险，也诱使一些官员加入走私活动。

明代中后期，经济繁荣，工具进步，以银代役，商业高度发达。同时海禁松动，允许私人商船出海，海上贸易迅速兴盛起来。文人退隐江湖，醉心于艺术创作及生活享乐，沉溺于声色犬马、美器长物之中。高端生活艺术的组成部分——熏香亦是盛极一时。当时，葡萄牙驻满喇加（马六甲）总督派到广州的商船载有大量香料，获利颇丰。不久，葡国国王特使来到广东，龙脑香为其赠送明朝宫廷和官员的重要礼品。自此，他们以满喇加为依托，频繁往来于澳门及南洋群岛、马来半岛、印度洋沿岸港口之间，向中国输送了大量的胡椒、檀香、乳香、丁香、沉香、苏合香、肉豆蔻等香料，获取了巨额利润。

明张燮《东西洋考》饷税考陆饷条中，收有明神宗万历十七年（1589）提督军门周祥允《陆饷货物税例》载：

檀香成器者每百斤税银五钱，不成器者每百斤税银二钱四分；奇楠香每斤税银二钱四分；沉香每十斤税银一钱六分；龙脑每十斤上者税银三两二钱，中者税银一两六钱，下者税银八钱；降真香每百斤税银四分……

设有专门税单方便收税，想见当时香料贸易之盛况。

在用香方法上，隔火熏香、单品沉香，此时依然是主流。

（一）皇室豪门用香讲究

据明屠隆（1543—1605）的《考槃余事》（卷四）记载：明代的京师（北京）知名香家所制香品深受宫廷和文人雅士的追捧。如龙楼香、芙蓉香、万春香、甜香、黑龙桂香、黑香饼等皆有名气。芙蓉香、黑香饼以刘鹤所制为佳，黑

明·永乐剔红麒麟纹盒

龙桂香、龙楼香、万春香则以内府（宫廷）所制为好，甜香则须宣德年间所制，“清远味幽”，有真伪之分，“坛黑如漆，白底上有烧造年月，每坛一斤，有锡盖者方真”。

明代宫廷有大量精美的香具：香炉、香盒、香瓶、香盘、香几。宫廷所用的香，原料、配方、制作、贮藏都相当讲究。万春香用沉香、甘松、甲香等十余味香料；龙楼香用沉香、檀香、藿香、甘松等二十余味香料；黑龙桂香则挂悬于空中，回旋盘曲。

史载明世宗（嘉靖帝）热衷名香，曾重金悬赏，四处搜寻龙涎香。葡人居澳与此有很大关系。《广东通志·藩省志》载：

嘉靖三十四年三月，司礼监传谕户部取龙涎香百斤，檄下诸番，悬价每斤偿一千二百两，往香山澳访买，仅得十一两以归。

《明史·食货志六》也言及葡人进澳与香料有关：

（世宗）采木、采香、采珠玉宝石，吏民奔命不暇。……又分道购龙涎香，十余年未获，使者因请海舶入澳，久乃得之。

《酌中志》（卷十四）（刘若愚著，刘为天启时太监）中记载皇帝的乳娘客氏于夜晚暂归私第，兴师动众，大肆铺张，仪仗和气派不输皇帝的“游幸”，刘若愚描述其情景：

至日五更，钦差乾清宫管事牌子王朝宗或涂文辅等数员，及暖殿数十员，穿红圆顶玉带，在客氏前摆队步行。……内府供用库大白蜡灯、黄蜡炬、燃亮子不下二三千根，轿前提炉数对，燃沉香如雾。客氏出自西下马门，换八人大围轿，方是外役抬走，呼殿之声，远在圣驾游幸之上。灯火簇烈，照如白昼，衣服鲜美，俨若神仙。人如流水，马若游龙，天耶？帝耶？都人士从来不见此也。

客氏与皇帝关系特殊，并非只有乳娘一种身份，她用香如此，皇室用香之奢，便可想而知。

托名宋朝，实际写晚明社会众生相的《金瓶梅》，有多处写到了香。第十六回“西门庆择吉佳期，应伯爵追欢喜庆”中，李瓶儿同西门庆商议嫁娶之事时，告诉西门庆：

奴这床后茶叶箱内，还藏着四十斤沉香，二百斤白蜡，两罐子水银，八十斤胡椒。你明日都搬出来，替我卖了银子，凑着你盖房子使。

沉香显然是硬通货，可当银子使的。这些硬通货当是花太监所留，与宫廷有关。第五十五回西门庆给蔡京的寿礼单中有“金镶奇楠香带一围”。

明·鎏金戟耳炉

（二）文人用香风盛

元代的文人被逼飘零江湖，明代的文人则以更高姿态从精神世界“下凡”到俗世，造园的凿石引泉，雅集的赏玩古董，匠做的直入家具设计，斋室书房摆设寄情托志，日常起居皆成艺术。这个时代是异常讲究生活雅趣的时代，文人把“香”视为名士生活一个重要标志，以焚香为风雅时尚之事，对于香料、香方、香具、熏香方法、品香都颇有研究。晚明时期有关生活雅事之典籍无不争相记载香品香事。

明高濂（1573—1620）《遵生八笺·燕闲清赏笺》云：

焚香鼓琴，栽花种竹，靡不受正方家，考成老圃，备注条列，用助清欢。时乎坐陈钟鼎，几列琴书，拓字松窗之下，图展兰室之中，帘栊香霭，栏槛花研，虽咽水餐云，亦足以忘饥永日，冰玉吾斋，一洗人间氛垢矣。清心乐志，孰过于此?

明高攀龙日常静坐读书，焚香清心，他在《高子遗书·山居课程》写道：

盥漱毕，活火焚香，默坐玩易。……午食后散步，舒啸觉有昏气，瞑目少憩，啜茗焚香，令意思爽畅，然后读书至日昃而止，趺坐，尽线香一炷。

明末清初孙枝蔚（1620—1687）的《溉堂文集·埘斋记》云：

时之名士，所谓贫而必焚香，必啜茗。

明·狮耳铜炉

焚香品茗已成为他们日常起居、书斋生涯、精神生活的一个重要组成部分。香陪伴他们研习学问，探究事理，修心养性。他们在宋人品香的基础上，结合“静坐”去发现生命的价值。当时的文人名士、僧道无不竞相修筑“静室”，“坐香”，“习静”，用“香课”作为勘验学问、探究心性的方法和手段。据不完全统计，除去文人名士的香斋静庐，仅僧道的坐香静室，有据可查者就有一百三十多处。

在读之令人荡气回肠的《影梅庵忆语》（卷三）中，冒辟疆（1611—1693）写道：

姬每与余静坐香阁，细品名香，宫香诸品淫，沉水香俗。俗人以沉香著火上，烟扑油腻，顷刻而灭，无论香之性情未出，即著怀袖，皆带焦腥。沉香有坚致而纹横者，谓之“横隔沉”，即四种沉香内革沉横纹者是也，其香特妙。又有沉水结而未成，如小笠大菌，名“蓬莱香”，余多蓄之。每慢火隔砂，使不见烟，则阁中皆如风过伽楠，露沃蔷薇，热磨琥珀，酒倾犀斝之味，久蒸衾枕间，和以肌香，甜艳非常，梦魂俱适。外此则有真西洋香方，得之内府，迥非肆料。丙戌客海陵，曾与姬手制百丸，诚闺中异品。

真是香中高手，对沉香的鉴别、制香、品闻、感受令人折服。

高濂在《遵生八笺·燕闲清赏笺》中也提倡“隔火

熏香”之法：“烧香取味，不在取烟”，以无烟为上，故需“隔火”。隔火以砂片为妙，银钱等物“俱俗不佳，且热甚不能隔火”，玉石片亦有逊色。炭饼也需用炭、蜀葵叶、糯米汤、红花等材料精心制作。

明代以诗、书、画三绝著称的文徵明（1470—1559），也是香中高手，他的《焚香》诗云：

银叶荧荧宿火明，碧烟不动水沉清。纸屏竹榻澄怀地，细雨清寒燕寝情。妙境可能先鼻观，俗缘都尽洗心兵。日长自展《南华》读，转觉逍遥道味生。

周嘉胄的《香乘》（卷二十五）则另记有“煮香”之法：

香以不得烟为胜，沉水隔火已佳，煮香逾妙。法用小银鼎注水安炉火上，置沉香一块，香气幽微，翛然有致。

这些精细优雅的品香方法，可能只是在皇室贵族和部分文人名士当中流行。大多数明人与宋元时人一样，并不排斥香烟，不讲究隔火慢熏，而且还赞赏香烟诗意盎然。请看明代著名画家徐渭（1521—1593）的《香烟》诗：

午坐焚香枉连岁，香烟妙赏始今朝。龙拿云雾终伤猛，蜃起楼台不暇飘。直上亭亭才伫立，斜飞冉冉忽逍遥。细思绝景只难比，除是钱塘八月潮。

香烟被描写得如此气势雄伟，富有诗意，亦是别具慧眼。

明·蚰耳炉

（三）香具品种齐全

明代的香具品类齐全，炉、瓶、盒搭配的配套香具已成定制。前朝已有的香具，包括柄炉、篆香炉、熏球均有制造和使用，新增品种有香筒、卧炉、香插等。

明代的香炉大多体型较小，无盖（适合焚烧线香），铜器錾刻和竹木牙角雕刻造型工艺发达，许多香具雕刻精美。高濂《遵生八笺·起居安乐笺》描述：

左置榻床一，榻下滚脚凳一，床头小几一，上置古铜花尊，或哥窑定瓶一，花时则插花盈瓶，以集香气，闲时置蒲石于上，收朝露以清目。或置鼎炉一，用烧印篆清香。

香几有较多使用，多用于放置香炉、香盒、香瓶等物，便于用香，也可摆放石、书等雅物，深得文人喜爱。高者可过腰，矮者不过几寸，制作考究，雕刻精美。

与宋代相比，明代的香学文化谈不上提升和进步，但香具却有跳跃式发展，稀世之宝宣德炉铸就一时辉煌。宣德炉是宋代仿古鼎彝之风的延续，大多仿夏商周礼器之形，但参照的典籍则是宋代的《考古图》和《宣和博古图录》，与其说它上追三代之风，不如说是承接宋代仿古遗韵。宣德炉本身就是宋文化的余音。明清很多文献记载：宣德三年（1428），明宣宗派技艺高超的工匠，用暹罗国进贡的数万斤优质风磨铜精工冶炼，并且添加金、银、锡、锌及各色宝石，制成了一批精美绝伦、名垂青史的铜香炉，这就是后世仿制不绝的宣德炉。宣德炉造型古雅，深得宋炉神韵，而最妙在色。其宝色内涵，珠光外现，灿烂变化，肌肤之间，液金粟玉，精美绝伦。宣德炉色泽分为五等，即栗壳色、茄皮色、棠梨色、褐色、藏经纸色，而以藏经纸色为第一。宣德炉精光内蕴，素雅中寓意无穷，深受文人士大夫的喜爱，盛极一时。时至今日，宣德炉仍属古玩收藏中之大类。

明末香具制作名家胡文明，所制炉具式样高古，鎏金错银，精美异常，时称“胡炉”，价格昂贵。苏州回族人甘文台也善于铸铜烧色，仿制宣德炉。明张岱（1597—1679）《陶庵梦忆》（卷六）记载：“苏州甘回子文台，其拨蜡范沙，深心有法，而烧铜色等分两，与宣铜款致分毫无二，俱可乱真……”

同时，可取暖亦可熏香的手炉也广泛流行，出现了制作名家张鸣岐、潘祥丰。张鸣岐所制手炉，大都炉体小巧，壁厚，手感重，整炉不用镶钳焊接，全用手工敲击而成，精致结实。而炉盖雕镂精细，久用不会松动。尤令人惊奇的是炉中炭火再旺，摸上去也不会烫手。

明人对香盒、香炉、香瓶、匙箸甚至香几、香匣都有极高要求。明朱权（1378—1448）《焚香七要》称“香炉”需：

官哥定窑，岂可用之？平日，炉以宣铜、潘铜、彝炉、乳炉，如茶杯式大者，终日可用。

明·大梵天主

“香盒”则要：

用剔红蔗段锡胎者，以盛黄、黑香饼。法制香瓷盒，用定窑和饶窑者，以盛芙蓉。万春、甜香、倭香盒三子五子者，用以盛沉速、兰香、棋楠等香。此外香撞亦可。若游行，惟倭撞带之甚佳。

匙箸、香瓶也有佳选：

匙箸，惟南都白铜制者适用，制佳。瓶用吴中近制，短颈细孔者，插箸下中不仆，似得用耳。余斋中有古铜双耳小瓶，用之为瓶，甚有受用。磁者如官、哥、定窑虽多，而日用不宜。

香的收纳匣子亦有讲究，《遵生八笺·燕闲清赏笺》云：

嗜香者，不可一日去香。书室中宜制提匣，作三撞式，用锁钥启闭，内藏诸品香物。更设磁合、磁罐、铜合、漆匣、木匣，随宜置香，分布于都总管领，以便取用。须造子口紧密，勿令香泄为佳。俾总管司香，出入谨密，随遇苑炉，甚惬心赏。

香几的制式、香具的摆放也非常讲究：

书室中香几之制有二：高者二尺八寸，几面或大理石、歧玛瑙等石，或以豆柏楠镶心。或四八角，或方，或梅花，或葵花，或慈菇，或圆为式。或漆，或漆，或水摩。诸木成造者，用以阁蒲石，或单玩美石，或置香橼盘，或

明·宣德款天鸡衔环耳香瓶

置花尊，以插多花，或单置一炉焚香。此高几也。

若书案头所置小几，惟倭制佳绝。其式一板为面，长二尺，阔一尺二寸，高三寸余，上嵌金银片子花鸟、四簇树石。几面两横，设小档二条，用金泥涂之。下用四牙四足，牙口镑金，铜滚阳线镶钤。持之甚轻，斋中用以陈香炉、匙瓶、香合，或放一二卷册，或置清雅玩具，妙甚。今吴中制有朱色小几，去倭差小，式如香案。更有紫檀花嵌，有假模倭制，有以石镶，或大如倭，或小盈尺。更有五六者，用以坐乌思藏镑金佛像、佛龛之类，或陈精妙古铜、官、哥绝小炉瓶，焚香插花或置二三寸高天生秀巧山石小盆，以供清玩，甚快心目。

明·盘螭狮耳铜香箸瓶

明文震亨（1585—1645）的《长物志》（卷八）专门讲了炉的放置搭配：

（置炉）于日坐几上，置倭台几方大者一，上置炉一；香盒大者一，置生熟香；小者二，置沉香、香饼之类；箸瓶一。斋中不可用二炉，不可置于挨画桌上，及瓶盒对列。夏月宜用磁炉，冬月用铜炉。

（四）香品形式繁多

明朝制香用香基本是宋风留遗，方法大多出于宋代，但制作更为精细，香品形式也更为丰富。

元代出现的线香，到明代制作技术已完全成熟，且广泛流行。明后期已能制作较细的线香，也不用“范模”，而使用挤压机械将香条挤出。明代李时珍（1518—1593）《本草纲目》（卷十四）记载：“今人合香之法甚多”，线香“其料加减不等，大抵多用白芷、甘松……柏木之类为末，以榆皮面作糊和剂，以唧筒笮成线香，成条如线也”。明正德七年（1512），明使节至安南（今越南）册封国王，返回时，为正副使准备的礼品，除金、银、象牙等物，每人还有“沉香五斤、线香五百枝”（明潘希曾［1476—1532］《竹涧集·奏议》）。

明代中期还出现了“签香”（以竹签、木签等作香芯），也称为“棒香”。《遵生八笺·燕闲清赏笺》载有棒香制作方法：以黄檀香、丁香等与蜜、油合成香泥，“先和上竹心子，作第一层”；趁湿又滚檀香、沉香等合制的香粉，作“第二层”；纱筛晾干，即成。

明代还出现了早期塔香，一端挂起，悬空燃烧，称为“龙桂香”。《本草纲目》（卷十四）也说到“龙桂香抑或盘成物象字形，用铁铜丝悬爇者，名龙桂香”。

除此之外，前朝所用合香香品，如香丸、香饼、香粉，包括佩带的香囊、香袋等均在使用。被朱元璋誉为“开国文臣之首”的明初文学家宋濂在其名作《送东阳马生序》中曾写道：“同舍生皆被绮绣，戴朱璎宝饰之帽，腰白玉之环，左佩刀，右备容臭，烨然若神人。”容臭即香囊。

（五）沉香种植业发达

明代，广东东莞一带的沉香种植业兴盛，所产沉香称为莞香或白木香。产香数量颇大，成为当地的支柱产业。明代晚期已经有人工栽培的沉香。周嘉胄《香乘》（卷一）云：

近时东南好事家盛行黄熟香，……乃南粤土人种香树，如江南人家艺茶趋利。树矮枝繁，其香在根，剔根作香，根腹可容数升。实以肥土，数年复成香矣！

冒辟疆《影梅庵忆语》（卷三）亦记载：

近南粤东莞茶园村，土人种黄熟，如江南之艺茶，树矮枝繁，其香在根，自吴门解人剔根切白，而香之松朽尽削，油尖铁面尽出。

园艺化的栽培品种需要长时间培育、数代人努力方可成就，因此弥足珍贵。可惜，这种高度园艺化的沉香树种已经失传，真令人扼腕叹息。

当时的取香方法是“剔根作香”，然后“实以肥土”，经数年可再取香。和现在的“千疮百孔”式的种香、“杀鸡取卵”式的取香不可同日而语。

明代晚期，在东莞寮步镇形成了广东乃至全国最大的香市，交易集散沉香。外销的莞香在这里集中，再运到九龙的尖沙咀，通过专供运香的码头用船运往广州，远销当时的苏杭和京师，甚至更远的南洋及阿拉伯国家。

明·嘉靖青花云龙绳耳三足炉

人工种植的莞香气味清新甜美，但因结香时间较短，熟化程度、结油程度自然无法与野生香材相比。《广州通志》评说：“东莞县茶园村香树出于人为，不及海南出于自然。”

（六）用香方法更加细腻

在用香方法上，隔火熏香、单品沉香仍然是主流。用隔火熏香方法单品沉香，宋代已经盛行，到明代时更加细腻精到。我们先看看朱权《焚香七要·隔火砂片》之论述：

烧香取味，不在取烟。香烟若烈，则香味漫然，顷刻而灭。取味则味幽香馥，可久不散。须用隔火，有以银钱、明瓦片为之者，俱俗，不佳，且热甚，不能隔火。虽用玉片为美，亦不及京师烧破砂锅底，用以磨片，厚半分，隔火焚香，妙绝。

烧透炭墼入炉，以炉灰拨开，仅埋其半，不可便以灰拥炭火。先以生香焚之，谓之发香，欲其炭墼因香爇不灭故耳。香焚成火，方以箸埋炭墼，四面攒拥，上盖以灰，厚五分。以火之大小消息，灰上加片，片上加香，则香味隐隐而发，然须以箸四围直搠数十眼，以通火气周转，炭方不灭。香味烈，则火大矣。又须取起砂片，加灰再焚。其香尽，余块用瓦合收起，可投入火盆中，熏焙衣被。

明·成化三彩鸭香炉

对品香境界的把握、香气的追求、隔火器具的选用、烧炭理灰的方法、置香的先后次序、火温的控制之法都极为讲究。不愧用香大家。

屠隆的《考槃余事》(卷四)极赞单品沉香，贬低合香浓艳而非自然：

近世焚香者，不博真味，徒事好名，兼以诸香合成，斗奇争巧，不知沉香出于天然，其幽雅冲淡，自有一种不可形容之妙。若修合之香，既出人为，就觉浓艳。即如通天、熏冠、庆真、龙涎、雀头等项，纵制造极工，本价极费，决不得与沉香较优劣，亦岂贞夫高士所宜耶?

隔火单品沉香之法，对沉香气味的体验会更加细致精确，如此一来对沉香的鉴评便更加准确。奇楠香这种高端香材，在明代所有的香学专著里都被单列，称其珍罕难得。屠隆在《考槃余事》(卷三)云：

品其最优者，伽南止矣。第购之甚艰，非山家所能卒办。其次莫若沉香，沉有三等：上者气太厚，而反嫌于辣；下者质太枯，而又涉于烟；惟中者约六七分一两，最滋润而幽甜，可称妙品。煮茗之余，即乘茶炉火便，取入香鼎，徐而热之，当斯会心景界，俨居太清宫，与上真游，不复知有人世矣。噫，快哉!

明·沉香雕福禄寿三星笔筒

文震亨《长物志·伽南》条，对伽南香(奇楠香)的用法保养讲得很是细致：

一名奇蓝，又名琪，有糖结、金丝二种。糖结，面黑若漆，坚若玉，锯开，上有油若糖者，最贵。金丝，色黄，上有线若金者，次之。此香不可焚，焚之微有膻气。大者有重十五六斤，以雕盘承之，满室皆香，真为奇物。小者以制扇坠、数珠，夏月佩之，可以辟秽。居常以锡合盛蜜养之，合分二格，下格置蜜，上格穿数孔，如龙眼大，置香，使蜜气上通，则经久不枯。沉水等香亦然。

（七）写香诗文繁多

明代的“性灵小品”和笔记文学非常兴盛，很多作品涉及香。有许多对香的描述点评，文辞清雅隽永，读之令人回味无穷。陈继儒、屠隆、高濂、文徵明、徐渭等名士，均有写香佳作。

明·佚名《十八学士图》（局部）

明代陈继儒（1558—1639）在《小窗幽记》（卷七）中写道：

香令人幽，酒令人远，石令人隽，琴令人寂，茶令人爽，竹令人冷，月令人孤，棋令人闲，杖令人轻，水令人空，雪令人旷，剑令人悲，蒲团令人枯，美人令人怜，僧令人淡，花令人韵，金石鼎彝令人古。

屠隆的《考槃余事》（卷三）言：

香之为用，其利最溥。物外高隐，坐语道德，焚之可以清心悦神。四更残月，兴味萧骚，焚之可以畅怀舒啸。晴窗拓帖，麈尘闲吟，篝灯夜读，焚以远辟睡魔，谓古伴月可也。红袖在侧，秘语谈私，执手拥炉，焚以熏心热意，谓古助情可也。坐雨闭窗，午睡初足，就案学书，啜茗味淡，一炉初爇，香霭馥馥撩人。更宜醉筵醒客，皓月清宵，冰弦戛指，长啸空楼，苍山极目，未残炉热，香雾隐隐绕帘。又可祛邪辟秽，随其所适，无施不可。

在《遵生八笺·燕闲清赏笺》中，高濂曾按照香的风格和适宜的用途去写香：

幽闲品：妙高香、檀香、降真香等，可以清心悦神；

恬雅品：兰香、沉香，沁人心脾，雅人所用也；

温润品：万春香等，可以醒神，使人远离睡魔；

佳丽品：芙蓉香等，可助情热意，内室秘用；

蕴藉品：龙楼香等，可伴奏醒客，书斋厅堂之用；

高尚品：伽楠香、波律香等，官宦名士所用也。

但这些名士对香气韵味的把握总使人感到虚浮矫揉，带有没落腐朽之气，无法同唐宋名士用香的大气洒脱相提并论。

明末，香竟然还成了惑乱宫廷的险毒之物。明末著名历史学家计六奇（1622—1687）《明季北略·张瑞图回籍》记载：

一夕，上（指崇祯皇帝）与词臣论治，更余未退，上忽起，命内监秉烛绕行，遍阅壁隅，寂无所见。上既不言，群臣复不敢请。已而，遥见殿角火星微耀，立命毁壁入视，见一小珰，持香端坐于内。询之，乃魏逆所使也。以上勤于政事，故爇此香，使欲心顿起耳。……上初立，魏逆进国色四人，欲不受，恐致疑，遂纳之。入宫，遍索其体，虚无他物，止带端各佩香丸一粒，大如黍子，名“迷魂香”，一触之，魂即为之迷也。上命勿进。

如此写香，是史实还是演义，诡异玄怪。一叶落而知秋意，高雅的香化为歹毒之物，可知大明之气数尽矣。

（八）香学著作论述

明代很多笔记小品都有关于香学的论述，各类书籍也常常涉及香。明代的香学大家首推朱权。朱权（1378—1448），号臞仙、涵虚子、壶天隐人、丹丘先生、玄州道人、妙道真君、遐龄老人等。明太祖朱元璋第十七子，洪武二十四年（1391）册封藩王，逾二年就藩大宁（今内蒙古赤峰），封号宁王。曾带兵八万，威镇北荒，屡建功业。朱元璋死后，皇孙朱允炆即位，朝臣谋削诸藩势力。燕王朱棣起兵发难，朱权被裹挟其中，一句“事成当中分天下”为诱饵，夺其军队，将朱权罗入燕军，“时时为燕王草檄”。朱棣称帝后背信弃诺，将朱权改封于南昌。

朱权退出政治漩涡，转而讲述黄老，慕仙修道，莳花艺竹，鼓琴读书，以此保全身家性命。他以自己的才华和精力，在文化艺术领域造就别样辉煌。他的一生对传统文

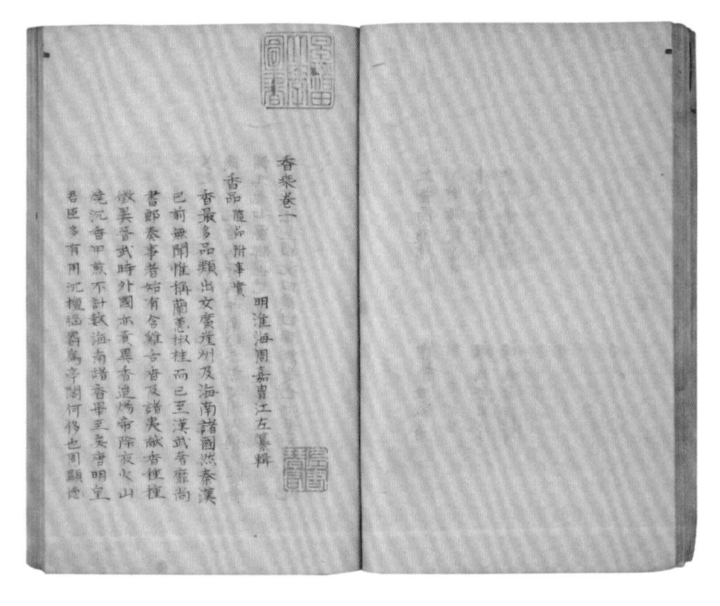

香乘卷一
明淮海周嘉胄江左纂辑
香品 隨品附事實
香最多品類出交廣崖州及海南諸國然秦漢
已前無聞惟稱蘭蕙椒桂而已至漢武奢靡尚
書郎奏事者始有含雞舌香及諸夷獻香種種
徵異晉武時外國亦貢異香迨煬帝除夜火山
燒沉香甲煎不計數海南諸香畢至矣唐明皇
君臣多有用沉檀腦麝爲亭閣何侈也周顯德

明·周嘉胄《香乘》抄本

化多有研究，编纂的著作多达一百三十七种，内容涉及历史、文学、艺术、戏剧、医学、农学、宗教、兵法、历算、杂艺等方面。在香学、茶学、古琴、养生等方面造诣颇深。

朱权的《焚香七要》从香炉、香盒、炉灰、炭团、隔火砂片、炉灰的保养、匙箸等七个方面，对器具的选用、香灰炭团的制作养护，尤其是对隔火熏香之法进行了详细论述，文章短小精到，显示出他高超的用香水平。其内容多为明中晚期诸家论香时所引用，对后世文人香事产生重大影响。同时，对日本“香道”的发展和规范也起到了重要作用。日本香道真正确立体系是在宽永晚期、宽延之初（1748—1751），相当于中国的乾隆十三年到十六年，而日本香熏堂于享保十八年（1733）刊印的《香志》，被日本香道界奉为早期香道经典，其书内容大都摘自高濂《遵生八笺》之“焚香七要”，而高濂是引用朱权《焚香七要》之内容的。

明晚期出现一部集大成式的香学专著《香乘》。作者周嘉胄，字江左，今江苏扬州人，明末名士，著名收藏家，擅长字画装裱，另著有《装潢志》。《香乘》的编写历经二十多年的时间，是中国古代内容最为丰富的一部香学专著，汇集了香史、香料、香具、香方、香文、香典、香异等内容。

《四库全书总目提要》称它："大凡香中名品、典故、史实及修合、鉴赏诸法，无不旁征博引，一一载其始末。"《香乘》是有史以来搜罗资料最为全面、篇帙最为繁多的香学著作，是迄止明代香学著作集大成之书。此书虽少有自身之见，皆为历代各家香谱内容汇集，然就保存资料而言，功不可没。

此外还有毛晋的《香国》、徐胤翃的《香谱》、吴从先的《香本纪》等香学专著，但大都属转抄引用之类。李时珍的《本草纲目》对香药和香也多有记载，几乎收录全部香药，也有许多用到香药和熏香的医方，用来除秽、祛疫、安神、改善睡眠、治疗各种疾病，包括烧烟、熏鼻、浴、枕、佩戴等用法。

三、青山夕照——清朝

清朝是中国历史上最后一个帝制王朝，是中国封建社会历史长河的末段，时间上的优势使之可以席丰履厚，在发展文化事业上的起点高于其他朝代。满族统治者接受并推崇汉文化，香学文化自然也在清早期帝王喜爱之列。但有清一代，政治黑暗，文字狱盛行，文人士大夫噤若寒蝉，终日如履薄冰，用香情致大减香学文化那灵动飘逸的身影已经在厅堂书房之间渐次消逝。

（一）回光返照——清早期用香

清·天鸡耳炉

清早期的用香乃至香学文化依然盛行。但香的灵性此时已经开始消退，汉唐的大气、宋人的清雅，几近荡然，香已经成为附庸风雅、装点门面的工具。

乾隆年间鄂尔泰、张廷玉等奉敕编纂的《国朝宫史》（卷十八）记载：

乾隆十六年辛未十一月二十五日，恭遇皇太后六十大庆，于年例恭进外，每日恭进寿礼九九。

其下详列寿礼名目，如瑶池佳气东莞香一盒、香国祥芬藏香一盒、延龄宝烛上沉香一盒、蜜树凝膏中沉香一盒、南山紫气降香一盒、仙木琼枝檀香一盒，又黄英寿篆香饼一盒、朱霞寿篆香饼一盒、蔚蓝寿篆香饼一盒，以及万岁嵩岳沉香仙山、篆霭金猊红玻璃香炉、瑶池紫蒂彩漆菱花几（香几）等等。

各种香料为寿礼中的大宗。

康熙十四年（1675）安南（今越南）贡品中，就有“沉香九百六十两，降真香三十株重二千四百斤，中黑线香八千株”（《广西通志》卷九六）。

清早期，宫廷尚有大量的香料可用。按朱家溍选编的雍正朝、乾隆朝《养心殿造办处史料辑览》记载，皇室宫廷每年都会库贮沉香、奇楠香，北京故宫、台北故宫现仍有实物可证。乾隆皇帝有《夜雨斋中焚香》诗：

清·金嵌宝石炉瓶盒三事

虚斋坐清夜，斗室如方丈。容膝且自安，忘机心宇旷。忽惊滴窗雨，因风送微响。唤醒吟诗耳，焚香助清赏。细细沉檀烟，篆丝袅直上。帘垂避轻寒，静听阒万象。更深香影残，梦与蝴蝶往。此中乐趣多，户外非所想。

少了前朝的清新纯朴，多了高深玄味，有强说之感。

从康熙五十五年（1716）开始实行海禁，到雍正五年（1727）开海禁，再到乾隆二十二年（1757）只开广州一地通商，其余口岸全部关闭，对香料进口产生很大影响。香料数量的减少，给香学文化的传承和发展带来致命打击。

从清代宫廷用香数量便能看出清代沉香的珍稀。按照清代皇宫的规定，每月按等级向后宫发放一定数量的沉香，由内务府派发。领香的场景热闹非凡，宫女们按照自己主子的地位领取沉香，尊卑冷暖，跃然眼前。按照规定，皇太后每月用中等沉香四两，即使在慈禧太后大权独揽的时期，每月的沉香份例也是四两。皇后也是每月中等沉香四两，其他妃嫔也是按月领取沉香，只是更少。由于香料缺少，她们焚香时就更为讲究，一般不会直接焚烧，而是配合其他香料制成诸如香饼、香丸，使用精致的小炉熏闻，她们还将这些香品放置在衣服和被褥中，以期绵绵香气能留住皇帝之心。

除后宫外，紫禁城内的很多宫殿也按月领取一定数量的沉香，如天穹宝殿每月中等沉香三两，钦安殿每月中等

清・盒装香料

沉香二两，慈宁宫佛堂每月中等沉香一钱，慈宁宫东西配殿中等沉香一钱，养心殿每月中等沉香八钱，英华殿每月中等沉香四钱，御花园每月中等沉香四两。这些宫殿的沉香基本上用来上香，每月由负责宫殿的太监领取，然后交给负责上香的太监使用。

真正的好香也就是清宫记载的上等沉香，一般是皇帝自用和祭祀使用。从文献记载来看，只有奉先殿和寿皇殿两处使用。奉先殿每月使用上等沉香三斤九两五钱，每年五次告祭祖先用上等沉香一斤三两，其他供献使用上等沉香六斤十二两，共计使用上等沉香十一斤八两七钱五分。除祭祀祖宗外，其他各类的祭祀场合，如天坛、地坛、月坛、日坛、太庙、先农坛的祭祀也会使用沉香。皇室用香如此少量，文人士大夫和平民百姓的用香也就可想而知了。

康雍乾时期的香具器型繁多，工艺精巧，但缺少阳刚壮美之气。各种材质的香具异彩纷呈，有瓷质的、铜质的、玉质的、锡质的、木质的、竹质的，尤其是珐琅香具更是色彩绚烂、华美辉煌。据清代《内务府造办处活计档・记事杂录》记载，乾隆十九年（1754），督陶官唐英呈“文王鼎、瓶、盒一份”，标志着清代仿古铜釉香具烧制成功。

明末遗民和清早期文人对香也喜爱有加。清代沈复（1763—1832）在《浮生六记・闲情记趣》中写道：

静室焚香，闲中雅趣。芸（作者的妻子）尝以沉速等

清·铺首铜香瓶

香，于饭镬蒸透，在炉上设一铜丝架，离火半寸许，徐徐烘之，其香幽韵而无烟。

清初著名文学家郑日奎（1631—1673）在自家中堂左侧辟出一室为书房，名曰“醉书斋”，写文记之云：

明斋素壁，泊如也。设几二，一陈笔墨，一置香炉茗碗之属。竹床一，坐以之；木榻一，卧以之。书架书筒各四，古今籍在焉。琴磬麈尾诸什物，亦杂置左右。

可见闻香品茗对他们来说是不能少的。

一代词人纳兰性德也多有写香佳作。如《梦江南》：

昏鸦尽，小立恨因谁？急雪乍翻香阁絮，轻风吹到胆瓶梅，心字已成灰。

篆香成灰，心寒意冷如此。

诗人黄景仁在《恼花篇时寓法源寺》中写道：

明当邀客坐花下，为花做主倾深钟。焚香九对法王座，祝客长满花长秾。

诗人袁枚的《寒夜》也写得饶有意趣：

寒夜读书忘却眠，锦衾香烬炉无烟。美人含怒夺灯去，问郎知是几更天。

袁老先生所享艳福，为多少寒酸文人向往？

清末诗人龚自珍《己亥杂诗》之一九四首：

女儿魂魄完复完，湖山秀气还复还。炉香瓶卉残复残，他生重见艰复艰。

清·掐丝珐琅花卉纹炉

炉中香残，瓶中花凋，河山依然，钟灵毓秀的美人却早已逝去，再度相遇只能是梦中。

前朝市井中多有存在的香铺、香店，清代依然流行。清代李斗（约1749—1817）《扬州画舫录》（卷九）记载："天下香料，莫如扬州，戴春林为上。"明崇祯元年（1628），戴春林在扬州开办了生产香粉、香件的铺子，董其昌为其题写了招牌。香铺按祖传中医中药制药之法，修合调香。主要制作香粉、胭脂、合香手串、手持、扳指、朝珠等美容和佩戴香件用品。康熙、乾隆南巡时，扬州地方官员屡次进贡戴春林香件。明清两代，戴春林香粉被定为"贡粉"，香件也被宫廷收藏以供把玩。戴春林香铺名扬九州，盛极一时。

戴春林香铺与苏州孙春阳、嘉善吴鼎盛、北京王麻子、杭州张小泉齐名，作为全国著名大店，被载入明清史料。曹雪芹在《红楼梦》中多次写到戴春林的香货："这是紫茉莉花研碎了兑上香料的""北静王手上的脊苓香念珠""宝钗玉腆上的香串""袭人荷包里的两个梅花香饼儿"。晚清戴春林最盛时，仅上海一地就开有四十余家分号。

清代也有几部香学专著，万泰（1598—1657）的《黄熟香考》，檀萃（1725—1801）的《滇海虞衡志》中关于云南地区香料的记载，以及徐珂编纂的《清稗类钞》中关于香学方面的条目。

清·铜马槽炉

值得一提的是董说的《非烟香法》。董说（1620—1686）字若雨，号西庵，浙江湖州人。复社成员。明亡后削发为僧，法号南潜。精通经学，善草书，能作诗。他所著《西游补》是一部奇幻小说，借孙悟空在幻境的见闻和行事，以强烈的感情谴责明末社会的种种弊端，构思奇特，语言诙谐，讽刺性强。鲁迅称其造事遣辞，丰赡多姿，殊非同时作手所敢望也。

《非烟香法》共分六篇：非烟香记、博山炉变、众香评、香医、众香变、非烟铢两。董说认为，焚香燥气太大，烟熏火燎，过于粗俗。而蒸香之法则无燥气，香气清新凉爽，暗合阴阳，有助人蕴藏元气，可助人追求圣人之学，宜大力提倡。

（二）芳影渐远—清中期以后用香

自古盛世用香，香学文化的发展与国运息息相关，国运昌盛，则香亦兴盛，反之则不然。晚清以来，中国社会受到前所未有的冲击，香学文化的发展进入一个艰难时期。一方面是政局长期动荡不安，极大地影响了香材和香制品的贸易及人们用香的情致。另一方面受西学东渐的影响，国人的传统观念发生重大改变，文人知识分子陶醉于“知今是而昨非”，许多中华民族传统文化的精华被抛弃和疏离，香学文化也在所难免。日本茶学大师冈仓天心

（1863—1913）在他的著名《茶之书》中评论中国近代的茶时说：

国家长久以来的灾难，已经夺走了他们探索生命意义的热情。他们慢慢地变得像是现代人了，也就是说，变得既苍老又实际了。那让诗人与古人永葆青春与活力的童真，再也不是中国人托付心灵之所在……他们手上的那杯茶，依然美妙地散发出花一般的香气，然而杯中再也不见唐时的浪漫，或宋时的礼仪。

其实，中国香学文化又何尝不是如此呢？长期支持推动香学文化发展的文人士大夫阶层，他们的生活方式和价值观念都发生了巨大改变，早已融入书斋琴房的香，也仅仅是生活之实际，而毫无心灵寄托了。少有人因为一炉沉烟，安定下浮躁的心绪；更无人因为一缕馨香，激动起浪漫的情怀。香在人们不经意间，无声无息地隐伏了。

清代中期以后，还出现了另外一种粗放直接的闻香之法，用器具盛放佛手、香橼、木瓜、橘橙等有香气的水果，在厅堂房室散发香气，慈禧太后便极喜此法。后世文人作为文房清供的一类延续至今。清代的胡式钰在道光年间曾刊行过一部笔记《窦存》，除记载其阅读诗文的心得外，多记当时上海的陈行、杜行、虹桥、华漕、闵行等地的民俗异闻。其中记载妇女外出用香：

富有者两三娥媌婢子，手把安息香，翼轿而行，氤氲

清·暗八仙纹铜香盒

满街，奇芬袭人，其主人者端坐轿中，愈望若神仙；其中人家无侍女，香插于轿口；至贫家步行效之，亦自拈一二枚，便姗于衢。

乍一看，颇有陆游《老学庵笔记》（卷一）所记“京师（汴梁）承平日”赵宋皇室国戚携香招摇过市之势，但一看所用香料，便觉“歇菜”。

鸦片战争后，西方香水涌入中国，甚至出现专门为中国市场设计的香水，如张德彝（1847—1918）《欧美环游记》中记载他在纽约兰满香水厂所见：“味似丁香，瓶高半尺，塞以草节稻壳。上罩银箔，下粘局票二：一系白纸，印有五彩水花洋字，一系红纸，金书华字三行。”清宫之中，亦有众多外国名牌香水，如法国狮子牌香水，德国BEAUHES香水。（见万秀峰《外国香水进清宫》）

德龄（1886—1944）的《慈禧太后私生活实录》当中，也有慈禧太后使用外国洗涤、护肤、香水物品的记载。皇宫尚且如此，民间更是竞相用之了。民国时期的小说家张恨水的《金粉世家》，把巨变之际国人用香由青睐传统香料转为以西洋香水为珍的情态勾画毕现。如：

燕西道：“这（香水）是六小姐的朋友在法国买回来的，共是一百二十个法郎一瓶。六小姐总共只有三瓶，自己留了一瓶，送了一瓶给大少奶奶，那一瓶是我死乞白赖要了去了。……你洒了她别样香水，洒了就洒了。这个洒了，北京

清·乾隆掐丝珐琅香插

不见得有，她不心疼钱，也要心疼短了一样心爱的东西啊。”

晚清到民国年间，士大夫用香习风可能还在部分遗老和守旧的文人当中遗存。面对朝野乱局，他们仍然流连于书房雅趣，自得于并不坚实的“象牙之塔”。周作人在写于1924年的《北京的茶食》一文中就说：

我们与日用必需的东西以外，必须有一点无用的游戏与享乐，生活才觉得有意思。我们看夕阳，看秋河，看花，听雨，闻香，喝不求解渴的酒，吃不饱的点心，都是生活上必要的——虽然是无用的装点，而且是愈精炼愈好。

但这样的遗老和守旧的文人，毕竟是少之又少了。时代潮流在荡涤过往思想文化遗存时，总会是泥沙俱下，既抛弃糟粕，亦丢掉了不少精华。

改革开放新世纪之前，香学文化在神州大地了无立足之地，只能沉睡偃伏，何谈复兴？

（三）薪火留存——港台和域外的香

“蜂蝶纷纷过墙去，却疑春色在邻家。”（唐·王驾《雨晴》）香学文化在本土暂时退隐，却在儒教文化圈的东亚和东南亚其他国家和地区得到一定程度的传承和发展。

在我们的东邻日本，“香道”文化很盛行。大约公元五世纪，中国使用的香料通过新罗传到日本，熏香风气在贵族中流行，香料的使用开始广泛起来。当时的日本人已经使用合香，制作香丸。唐代鉴真东渡带去大量香料和用香之法，帮助日本完善了合香，厘清了香料种类，影响了当时日本的贵族香文化。名家望族均有自己的香方，日本人称之为“熏方”。我们从《源氏物语》中便能看到，每个贵族女人都有自己的熏香之法，有自己独特的香味。历经两宋，日本在明清不断引进吸收中国香学文化，并结合本土的文化改良，形成了“日本香道”。

现在，“日本香道”已发展成一百多个流派，且有普遍推行之势，但主要还是御家流和志野流两大流派。“日本香道”使用的香具、用香的方法、香事仪式极为讲究。“日本香道”也是以沉香为主要香料，根据产地和气味将沉香分为“六国五味”。“六国”是指六个产香区域，即伽罗、罗国、真南蛮、真那贺、寸门多罗、左曾罗六个产地。“五味”则是指辛、甘、酸、咸、苦五种味道。“日本香道”精细繁复，且有一定游戏的成分，仅以主要用香形式“组香”来说，就有六七百种之多，且礼仪繁缛，掌握起来颇有难度。在日本正式学习香道，需要经过十年才能获得“初传”证书，晋级到师范“皆传”级需要十五年，升到“奥传”级则需要二十五至三十年。

清·乾隆奇楠香山子

韩国、越南、新加坡、马来西亚等国家，香学文化也有一定规模的发展。但真正保存中国香学文化“薪火”的还是台湾地区。这个地区更多地保留了中国的传统文化，真正的中国香学文化也在这里“一脉孤悬”。经过半个多世纪的传承发展，香学文化已在宝岛普遍开花结果——香材店、香道会所、沉香协会、香道培训机构比比皆是，也产生了刘良佑、林瑞萱等香学大师。两岸“破冰交流”，许多台湾香友直接来大陆“开店”“传道”，推动了香学文化在祖国大陆的回归。

西周·三足圆铜鼎
（盖、座后配）

二十世纪九十年代后期，台湾刘良佑先生的《香学会典》、林瑞萱的《香道入门》进入大陆，盛行一时，直接推动了大陆香学文化的复兴。经过二十多年的时间，已经形成一定的产业规模，香学文化的发掘、传承、发展也达到相当高度。近年来，在国家重视传统文化的大环境下，中国香学文化迎来了复兴发展的又一个黄金时期。加上与日本香道界、韩国香道界、台湾地区香界的频繁交流，以及大陆一批有志之士的共同努力，中国香学文化自两宋以后的又一个高峰正在形成。

附一：

中国香具源流及沿革

中国香学文化的第一缕馨香升起在遥远的上古，作为熏香的载体——香炉的产生、发展、成熟，也经历了漫长的过程。香炉作为焚香的器具，有多种名称，常常被称为熏炉。汉代及以前多称为熏庐，三国时期也称为熏炉，两晋时期熏炉与香炉之名并存，南北朝以后多用香炉之名。

“炉”之名最早见于《周礼·天官》“宫人”条：“凡寝中之事，埽除、执炷、共炉炭，凡劳事。”香炉是由早期取暖用的炭炉演变而来。熏香的发源地应为春秋时期的楚国。位于江湖密布的南方，楚地潮湿多雨，熏香可除晦、防霉、杀菌、祛味，由此熏炉率先在楚地出现。长沙地区发掘的25座战国时期的楚墓中，有熏炉26件，有的炉内尚存未尽的香料和炭末。25座墓的主人，大夫级的1座，“士”阶层者16座，庶人、平民和贫民阶层的9座。可见焚香已成风尚，上至贵族下至平民皆用之。早期的熏炉只是一种高雅的生活器具和祭祀用具，春秋战国时期的铜炉是以取暖和烧烤食物为目的，专门用于焚香的熏炉在汉代才开始出现。

西汉·原始瓷熏炉

朱火青烟，博山炉暖

汉代是中国香学文化发展的一个重要时期，用香材料由早期的草本香料向树脂类香料转变，用香方法也由直接焚烧变为用炭火熏烧。炉具也随之发生变化，向小型精致化发展。博山炉是汉代最具代表性的熏炉器型，它从汉代开始流行，对后世的香炉制造影响深远。唐宋时期一直到清代都有博山炉的生产和使用。博山炉之名，最早见于汉代刘歆的《西京杂记》(卷一)："长安巧工丁缓者，……又作九层博山香炉，镂为奇禽怪兽，穷诸灵异，皆自然运动。"

汉・铜鎏金博山炉

汉代，包括汉代以前的炉型主要是豆形、博山、鸭形等。博山炉是从先秦的豆型熏炉演变而成，形制并不固定，多有变化，高的如竹节，矮的如豆型。它寄托了当时人们对于长生不老、得道成仙的追求，有青铜材质的，也有陶瓷质地的，且陶瓷质地的数量居多，原始青瓷的博山炉亦有出现。长沙马王堆一号汉墓出土陶质熏炉两件，尤其是伴随出土的竹简书写有"熏庐二皆画"字样，明确说明汉代熏炉的名称为"熏庐"。战国晚期及汉代早期，熏炉在南方盛行。《广州汉墓》一书统计广州一地两汉墓葬409座，出土陶质熏炉百余件、铜质熏炉12件。中原地区熏炉的兴起虽略晚于南方，但精美程度则过之。河北中山靖王刘胜墓青铜错金炉精美异常。

汉・陶熏炉

三国·青釉镂空熏炉

晋·越窑黄褐釉香熏

魏晋风流，陶瓷为主

魏晋时期，政治黑暗，佛教和道教兴盛。宗教仪式上往往需要焚香，因此对香炉的需求量巨大。当时的文人士大夫多寄情山水，托物言志，追求宗教信仰和心灵的依托。焚香活动为文人士大夫压抑的心灵提供了解脱和慰藉，熏香风气在当时的士族中盛行。这一时期熏炉造型大致经历了魏、西晋、东晋和南朝四个阶段，既延续了汉代的艺术特色，又具有本朝特征。

三国时期，流行宽口鼓腹盆形的熏炉，这种熏炉的造型源自汉代，东吴时期的青釉镂空熏炉即为此类。宽口鼓腹造型的熏炉到西晋时期不再流行，出现一种圆球形炉体的熏炉，炉身上多有三角形或其他几何形的镂孔，炉身下承三足，且多带有三足托盘。西晋时期的青釉镂空三熊足熏炉就具有上述特点。东晋时期，瓷器开始普及，熏炉品类也更为丰富，西晋时期流行的球状镂空三足熏炉继续流行，承袭汉制的博山炉也在持续烧造。南北朝时期，出现新式造型的博山炉，这种博山炉的炉盖上带有乳尖状凸起。此外，还流行一种莲花装饰的香炉，莲瓣纹出现在东晋晚期，莲花纹也是魏晋南北朝时期最为流行的纹饰，这与佛教的兴盛大有关联。至此，陶瓷香炉进入到发展的兴盛期，熏炉类型、熏香习俗和香料品种也逐步系统化。

隋·绿釉博山炉

盛唐气象，奢华大气

唐·褐彩云纹镂空炉

香学文化在唐代开始全面繁荣。用香不仅在朝堂礼仪和社交活动中不可或缺，也开始渗透到士人的日常生活中。

唐代金银香具盛行，我们从法门寺地宫出土的文物中，可以看到唐代香具的奢华。唐代最具代表性的香具是银质香囊（熏球），球体内的平衡设计，使燃烧的香料不至倾出，极大地方便了帐中、被中、袖中用香。

唐·法门寺出土壶门高圈足银香炉

隋唐时期，海外香料大批输入中国，普通市民也开始崇尚熏香。伴随而来的是香炉造物，香炉的品种和用途也更为细化。据《艺文类聚·东宫旧事》（卷七十）记载："太子纳妃，有漆画手巾熏笼二，大被熏笼三，衣熏笼三。"这些熏笼就是用于熏衣、熏被的。

陶瓷香炉是在隋唐时期走入寻常百姓家的。唐代民窑也烧造了数量庞大的香炉。唐代陶瓷香炉的类别较之前代大大丰富，比较具有代表性的香炉品种有唐三彩香炉、越窑青瓷香炉和邢窑白瓷香炉等。唐三彩香炉是唐代陶瓷香炉发展史上的里程碑，此前的香炉多以单色釉为主，唐三彩香炉却多种釉色并存，浓淡斑驳的釉色互相浸润，开辟了中国陶瓷装饰美学的新纪元。譬如，三彩贴花三足炉的釉色以绿釉为主，颈部和足部分别施加了黄、白、蓝彩，几种釉色互相浸润，极具装饰效果。

唐·鎏金卧龟莲花纹五足银熏炉

宋·定窑白釉双耳贴像炉

越窑是最早烧造瓷器的窑系，从汉至唐已有几百年的制瓷历史。唐代越窑的青瓷香炉釉色青翠莹润，类玉类冰，多被誉为“春水”“绿云”。唐代诗人陆龟蒙的诗句“九秋风露越窑开，夺得千峰翠色来”也是对越窑釉色的赞美。唐代越窑最具代表性的香炉当推褐彩云纹镂空炉，炉由炉盖、鼎炉和炉座组成。炉体上绘制了褐彩云纹、褐色莲瓣纹、如意云纹和云纹等花纹。

越窑以青瓷为胜，邢窑则以白瓷为魁。唐代的邢窑是指定生产贡瓷的窑场，其香炉瓷质细腻，胎体坚实细密，叩之有金石之声。白瓷鹅形三足炉是邢窑香炉中比较具有特色的品种。鹅作惟妙惟肖的引颈高歌状，弯曲的三条高足形似鹅腿，炉沿上还有六叶瓣尾状的凸起以像鹅尾。

唐代开始出现两个香宝子一尊炉的搭配方式。香宝子是放置香材或香制品的器具，为香盒的前身。

品种繁多，美不胜收

在香学文化和香具造物史上，宋代成为后世难以逾越的巅峰。北宋时期，宫廷制造了各种质地的仿三代礼器造型的香具。宋代的文人写诗填词、赏花抚琴、独坐幽思、宴请宾朋都要焚香，香炉升华到具有文化功用、审美功能的文人案头清玩之物，成为文人生活的一个组成部分。

北宋·吉州窑绿釉狻猊香炉

宋·耀州窑青釉刻花三重盖香盒

宋代的陶瓷香炉品类繁多，造型多样，装饰也更加多元化。宋代的南北方窑系均大量烧造香炉，北方有定窑系、耀州窑系、磁州窑系、钧窑系，南方有龙泉青瓷系、景德镇的青白瓷系。还有为宫廷烧造贡瓷的汝窑系、哥窑系、官窑系。宋代陶瓷香炉的发展达到全盛期。

宋·龙泉窑三足炉

宋代瓷炉具有雅文化的品性，有宋一代，置炉、赏炉也成为宋代文人的时尚，燕居焚香成为宋代文人的生活要素，焚香是与烹茶、挂画、插花并列的四艺之一。文人的参与让香炉成为雅文化的代表，宋代的香炉由此也具有了平淡古朴、雅致细腻的美学风格。

辽·三足铜熏炉

宋代帝王对香炉造物的发展起到了重要的推动作用。北宋时期的宫廷为制炉匠人收录了大批古物研究资料，由此制作出了一批仿先秦时期造型的瓷炉。香炉还常常出现在宋代宫廷的绘画中，在有宋徽宗题押的《听琴图》中就出现了定窑塔式琴炉，这件琴炉瓷质细腻、造型典雅、釉色润泽。定窑是宋代的“五大名窑”之一，曾为宫廷烧造贡瓷。定窑瓷器的釉色如早冬之初雪，清新而微寒，如腊月之寒梅，清冷而高雅，因而备受推崇。汝窑也曾为北宋宫廷烧造贡瓷，宋代有“汝窑为魁”之说，“雨过天晴云破处”是对汝窑釉色的赞誉。汝窑瓷器还有“似玉非玉，而胜似玉”之称。宋徽宗好古成癖，青色幽玄的汝窑瓷器成为贡瓷也就不足为奇了。《武林旧事·高宗幸张府节次

元·青瓷双耳三足炉

略》中就有关于汝窑瓷器进贡的记载:“酒瓶一对、洗一、香炉一、盒一、香球一、盏四、盂子二、出香一对、大奁一、小奁一。”文献中提及的“出香”是炉盖为莲花或狻猊造型的炉。“大奁一、小奁一”是造型类似酒樽式的奁式炉。但宋代汝窑传世品极少,现存的汝窑奁式香炉只有两件,分别藏于北京故宫博物院和英国大维德基金会。河南省宝丰县清凉寺窑址出土了一件汝窑莲花香炉的残片,此炉制作工艺复杂,炉体上部的仰莲纹做工精致,是汝窑香炉中的珍品。

汝窑、定窑外,宋代其他窑口制作的香炉品种也极为丰富,既有禁中使用的官窑系香炉,也有釉色绚烂色如晚霞的钧窑香炉,还有色质如玉的景德镇青白瓷香炉。龙泉窑的香炉更是将翠绿莹润的梅子青釉色发挥到极致。耀州窑、磁州窑、吉州窑等几大民窑体系在宋代也曾大量烧造香炉。

宋代瓷炉以其独到的釉色、雅致的造型,在中国香炉制造史上独树一帜,开辟了中国陶瓷美学的新境界。

承上启下,青花独秀

元代是草原文化与汉族文化交融的时代,香具的发展也衍生出新的特色。少量的铜质包括景泰蓝炉具之外,青花香炉是元代最具特色的香具。卵白釉、高温蓝釉以及孔雀蓝炉具也在元代盛行。

元代的青花瓷器开创了由青瓷向彩瓷过渡的新纪元，但元代的青花香炉传世品极为稀少，这些香炉的造型大都仿三代礼器，多为鼎式炉、鬲式炉、筒式炉和连座炉等，连座炉是元代新出现的品种。元代香炉的造型多硕大、端庄、凝重，明清时期的陶瓷香炉多受此影响。除了青花香炉之外，钧窑香炉在元代也开始流行，龙泉窑则是元代最具影响力的窑系之一，龙泉青釉香炉产量极大，被远销到世界各地。

元·龙泉窑三足炉

元代不仅有各种形制的瓷质香炉，也有琉璃香炉和三彩香炉。琉璃香炉是一种低温铅釉炉。元代统治者重视琉璃器生产，据《元史·百官志》记载，至元十年（1273）在大都（今北京）设置了四个窑厂，用来烧造素白琉璃砖瓦。早在元代改国号的前四年（1267），就设置了专门烧制琉璃砖瓦的西窑厂和南窑场，中统四年（1263）还设置了琉璃局。琉璃三彩龙凤纹熏炉为元代香炉中难得之精品，此炉器形高大，仿汉代博山炉的形状，炉身遍布雕刻的缠枝牡丹花和祥云，一条回首凝眸的蟠龙和一只昂首展翅的飞凤穿行于蓝、绿、白三色装饰的缠枝牡丹花丛和祥云之中。炉盖上层峦叠嶂，黄色蟠龙蜿蜒缠绕于蓝色的群山之中。此炉雕工精湛，颜色华美，视觉效果异常丰富。

元·天青釉贴花钧窑炉

明·浮雕镂空熏炉

大明雅韵，一峰突兀

明朝是香学文化在宋代巅峰状态后的一个相对辉煌时期，香学文化在一定程度上也成为平民文化和市井文化，香料不仅仅是焚香的材料，在市井阶层中还被广泛用于烹饪、食品果品加工、药物美容、香妆品、香身等。城市中专门贩售香料的香铺众多，有号称“南京十忙”之一的“顾春桥合香忙”，可见其生意兴隆。香加工业也快速发展，上海、杭州、扬州、广州等地出现了香粉局、香粉店、妙香室等。香学文化的繁荣带来香具制造业的繁荣。

明代宣德炉一峰突兀，明宣宗用暹罗国（泰国）进贡的几万斤风磨铜（黄铜），制造宗庙祭祀使用的鼎和内府日常使用的炉具。宣德三年（1428）责成宫廷御匠吕震和工部侍郎吴邦佐等人，督办制作了一批精美绝伦的黄铜香炉，史称宣德炉，也称宣炉。宣德炉用材优质，冶炼精纯，造型十分讲究，每款炉型都经宣宗本人审定。由于用料和工艺等多方面的因素，宣德炉的皮色古朴典雅，使其成为炉中极品。有明一代以至整个清朝，都在仿制宣德炉，形成香具发展中一个比较特别的体系。所有宣德炉都是仿造三代器型制作，现在已是古玩收藏界的宠儿，动辄几十上百万元，非一般用香之人可以拥有。

明晚期，云间（现上海松江县）胡文明制炉名扬一时，所制大都錾花鎏金，精美异常。明代香学文化的最大特点是：在唐宋时期作为精英文化的香学文化，入明后变成平民文化和市井文化。香学文化普及也带来香炉造物的繁荣。元末明初，炉、瓶、盒三事的香具格式基本定型。明代不仅有造型多样的香炉，还有香囊、香球、印香炉、卧炉、柄炉、提炉、香插、香筒、熏香手炉、香盒、香盘、香箸、香匙、香瓶、火匙、熏香冠架等香具。此外，宗教也为香炉造物的发展推波助澜，明代多有定烧的香炉，陈设在佛寺、道观中。

在众多的香炉类别中，陶瓷香炉仍然是数量最多的品种。景德镇在明代成为全国的制瓷中心，青花香炉、彩瓷香炉和颜色釉香炉是景德镇烧制的香炉中最具代表性的品种。其中，青花香炉类别最为丰富，有香熏、鼎式炉、鬲式炉、鼓形炉、筒式炉、带座炉、象耳炉、圆炉、四足方炉等品种。洪武年间烧造的青花龙凤纹三足炉比较有代表性，洪武时期烧造的青花香炉极为罕见，此炉是为数稀少的传世品之一。炉体造型高大，有元代遗风。炉身上绘制的纹饰具有向文人画方向发展的趋势，画面纹饰精美，苍龙形神矫健，飞凤轻舞飘扬，其间祥云瑞霭萦绕，寓意“龙凤呈祥”，这是明清官窑瓷器中的典型纹样。

明·嘉靖青花云龙绳耳三足炉

明·掐丝珐琅炉

彩瓷在中国陶瓷发展史上具有重要意义，它的出现使某些历史名窑，如浙江龙泉窑陷入一蹶不振的地步，也使

明·鬲式炉

得一贯占统治地位的颜色釉退居其次。三彩鸭形香熏是明代彩瓷香炉中最具代表性的品种，此炉为成化官窑烧制，也是成化官窑素三彩瓷器的代表。

高温和低温颜色釉瓷器的制作在景德镇也得到快速发展，颜色釉香炉的类别更为丰富，有白釉绿彩炉、红地绿彩炉、酱釉白花炉、蓝釉炉、红釉炉、黄釉炉、黑釉炉、酱釉炉、白釉炉、霁蓝釉炉等品种。但彩瓷香炉与颜色釉香炉的使用基本被上层社会垄断，普通民众只能使用民窑香炉，包括民窑青花香炉、德化窑白瓷香炉、龙泉青釉香炉等。民窑烧造的香炉既有粗糙稚拙之作，也有清新雅素之品，这些香炉代表了平民文化和市井文化，它们与官窑香炉一道，共同建构了明代的香炉造物谱系——雅俗共赏、殊途同归。

落霞满天，余韵悠远

有清一代，皇室贵族、达官贵人生活极尽奢华。用香不再是古人优雅的生活追求，而成为装点门面、显示身份的事物。皇家造办处及各地的能工巧匠，生产制造了大量铜质、景泰蓝、玉质、金银质、竹木材质的香炉香具。或雕刻镶嵌，或鎏金错银，金碧辉煌，精美异常。但更多的还是普通材质尤其是陶瓷香具。

清·青金石炉瓶盒三事

在陶瓷香炉制造上，清代达到辉煌状态，陶瓷香炉的品种、器形、纹饰都丰富多样。青花香炉、彩瓷香炉、颜色釉香炉都有精品传世。青花香炉自明代开始便成为瓷炉中的主流品种，清代延续了这种趋势。清早期的青花香炉艺术造诣最高，尤以康熙民窑青花香炉为最，乾隆以后，青花香炉的图案绘制渐趋刻板和程式化，器物造型也不及前朝优美。

彩瓷香炉此时仍是香炉中的名贵品种，类别有粉彩、五彩、斗彩、素三彩、珐琅彩等。其中，粉彩香炉数量最大。粉彩创烧于康熙年间，雍正时期成为釉上彩的主要形式，传世的粉彩香炉以雍正朝的艺术格调最为高雅。玲珑粉彩香熏就是雍正时期非常具有代表性的粉彩香炉。这件香熏不仅造型独特，装饰也极为华丽。乾隆时期也是粉彩香炉制作的繁荣期，传世品颇多，但往往工于精细，失于艺术水准。

清代是颜色釉香炉发展的黄金期，在宫廷的各种祭祀活动以及日常生活中都需要使用不同的颜色釉瓷器，御窑厂烧造了数量较多的颜色釉香炉。在釉色使用方面，体现了森严的等级制度，尚刚的《中国工艺美术史新编》描述道：“皇太后、皇后用里外黄釉器，皇贵妃用黄釉白里器，贵妃用黄地绿龙器，嫔妃用蓝地黄龙器，贵人用绿地紫龙器，常在用绿地红龙器。”此处提及的后妃们使用不同釉色的颜色釉器中，就包括数量众多的香炉。

清代中晚期，熏香风俗悄然发生着变化。清中后期取而代之的熏果香，最流行的是用香橼和佛手来熏染室内。据记载，慈禧太后的宫中从不熏香，而是在殿中陈设几口装满香橼、佛手、木瓜的缸来发香，一年四季都是清新的果香。到了晚清，社会动荡，民不聊生，香学文化受到前所未有的冲击，香料贸易和香具制作都难以维系。文人阶层的价值观和生活方式也发生了改变。在国家危难之际，焚香、品香的行为显然不合时宜，于是这种融入国人血脉的精英文化模式和优雅的生活方式渐行渐远，以致淡出了我们的视野。熏香也失去了以往追求性灵的精神功用，仅仅作为祭祀仪式被保留在宗庙祭坛中，而真正的香学文化余韵悠远，只堪追思。

纵观香具的发展沿革，我们始终都能看见三代礼器的神韵，都能看到汉代博山炉的影响。整个的香具演变发展历史，是由粗放到精致，由大型到小型，由贵重金属到普通材料的。

附二：

宋代以来国人对沉香气味爱好的嬗变

宋代以来，国人对沉香气味的爱好几经嬗变。其中因素很多，但主要是资源因素所致，亦不乏政治和文化影响。

一、崖香风行两百年

北宋早期至南宋乾道年间的两百多年，国人推崇的是海南崖香，认为它冠绝天下，一片万钱。宋朝是个崇文抑武的朝代，文人士大夫的爱好往往决定着整个社会风尚。海南崖香气味清雅蕴藉，正好与文人追求的蕴藉含蓄之道相吻合，而舶来香的张扬霸气则与之相悖，所以崖香受到追捧。当时的文人士大夫认为崖香的香气和韵味是其他任何产区的沉香所无法比拟的，是最高级别的香材，整个社会竞相追求，拥有崖香成为当时人们身份和地位的象征。

宋真宗时的宰相丁谓因撰写《天香传》，成为为沉香立传的第一人。他熟悉宫廷用香，因获罪流放而亲自到崖香产地——海南考察。这些独特的人生经历，使他对中国香学文化的认识达到一定高度。在《天香传》中他评价崖香：

文彩致密，光彩射人，斤斧之迹，一无所及，置器以

明·铜鎏金錾刻花卉纹香瓶

验，如石投水，此宝香也，千百一而已矣！夫如是，自非一气粹和之凝结，百神祥异之含育，则何以群木之中，独禀灵气，首出庶物，得奉高天也？

纹理细密坚实、结香如石、入水即沉的崖香，被他称为“宝香”，是凝聚天地精华的圣物。

在《天香传》里他还拿崖香同“与黄金同价”的占城所产的沉香相比：

然视其（占城沉香）炉烟蓊郁不举，干而轻，瘠而焦，非妙也。遂以海北岸者（海南崖香），即席而焚之，其烟杳杳，若引东溟，浓腴湒湒，如练凝漆，芳馨之气，持久益佳。

一代文豪苏轼，一生屡遭贬谪。崖香的清馥之气一直陪伴着他，抚慰着他那颗苦难而高傲的心灵。他在脍炙人口的《沉香山子赋》中，盛赞崖香，贬低占城香：

矧儋崖之异产，实超然而不群。既金坚而玉润，亦鹤骨而龙筋。惟膏液之内足，故把握而兼斤。顾占城之枯朽，宜爨釜而燎蚊。

自称“如我有香癖”的黄庭坚，是宋代首屈一指的香学大师，对香的品鉴和写香的诗文在宋代独树一帜。他须臾不可离香，制香非海南崖香不用。

蔡京之子蔡绦《铁围山丛谈》（卷五）“水沉”条云：“（沉香）产占城国则不若真腊国，真腊国则不若海南，诸黎洞又皆不若万安、吉阳两军之间黎母山。至是冠绝天下之香，无能及之矣。”

叶廷珪（生卒年不详）《南蕃香录》（卷一）云：

（蓬莱香）出海南山西。其初连木，状如粟棘房，土人谓棘香。刀刳去木而出其香，则坚致而光泽。士大夫曰：蓬莱香，气清而长。

赵汝适（1170—1231）在《诸蕃志》（卷下）中也高度评价海南崖香：“土产沉水、蓬莱诸香，为《香谱》第一。笺、沉等香，味清且长，琼出诸蕃之右，虽占城、真腊亦居其次。”

南宋词人范成大于乾道年间担任静江知府兼广西经略安抚使，以亲身所见写成《桂海虞衡志》，专列“志香”一章，记载南方产香种类，其中以海南崖香最佳。

陈敬《陈氏香谱》卷一引陈正敏云：“水沉出南海，……香气清婉耳。”

此外，洪刍、周去非、叶置等香学大家都对海南崖香赞誉有加。包括有宋一朝的所有香谱、香学论著都是推崇海南崖香的。

北宋中期到南宋是中国香学文化发展的高峰时期，也是中国香学的成熟时期。从皇室贵族、文人士大夫到社会大众无不爱香成风，众多的香学大师和香学著作星光闪烁，这些都促进了中国香学文化的形成和完善。中国香学在此时已成为既有理论支撑、又有制作品闻方法和心灵感悟的

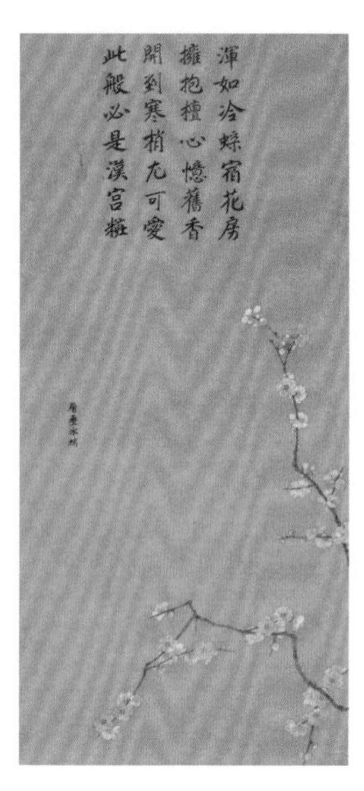

宋·马麟《层叠冰绡图》

完整体系。同时，也奠定了崖香不可替代的崇高地位。所以，研究中国香学文化不能不研究宋代，不能不研究崖香。

二、登流眉沉香流行两世纪

崖香是香中上品，这是北宋的香学大家和爱香之人的共识。但这种情况在12世纪中叶以后发生了改变，南宋乾道年间，海外舶香“登流眉”沉香开始登场，并且流行开来。登流眉是泰国南部位于马来半岛的古国，亦称丁流眉、丹流眉、登楼眉，曾一度为真腊国属国。《宋史·外国列传》记载，咸平四年（1001）该国遣使与中国建立友好关系，此后长期与中国通商交流，是历史上著名的沉香产地。

南宋周去非（1134—1189）《岭外代答·沉水香条》记载：“顷时，（海南沉香）香价与白金等，故客不贩，而宦游者亦不能多买。中州但用广州舶上蕃香耳。唯登流眉者，可相颉颃。”叶廷珪《南蕃香录》（卷一）说海南崖香：“品虽侔于真腊，然地之所产者少，而官于彼者乃得之，商舶罕获焉。故值常倍于真腊所产者。”这些记载表明当时海南崖香产量稀少，只有当地的官员能够得到，商船上的香贩很难获得，加上价高，已无获利空间。12世纪下半叶，广州进口大量沉香，成为中州用香的主要来源。其中“登流眉”沉香被认为可与崖香品质相媲美。范成大在《桂海虞衡志·志香》中也有记载:“中州人士但用广州舶上占城、真腊等香,近年又贵丁流眉来者。予试之,乃不及海南中、下品。”在这里范成大明确指出,“登流眉”沉香受到中国消费市场的欢迎是“近年”的事,结合范书的成书时间,这个“近年”也就是乾道年间(1170年前后)。尽管范成大本人认为“登流眉”沉香不及海南崖香品质好,但在民间却大为流行。有些香学专家甚至认为它气味馨郁,可与海南崖香相提并论。《岭外代答》卷七“沉水香”条云:

沉香来自诸蕃国者,真腊为上,占城次之。真腊种类固多,以登流眉所产香,气味馨郁,胜于诸蕃。若三佛齐等国所产,则为下岸香矣。以婆罗蛮香为差胜。下岸香味皆腥烈,不甚贵重,沉水者,但可入药饵。

南宋叶置(生卒年不详)的《垣斋笔衡》则更为明确地说:

范致能平生酷爱水沉香,有精鉴。尝谓广舶所贩之(为)中、下品(远不及崖香)。……大率沉水,以万安东峒为第一品,如范致能之所详。在海外,则登流眉片沉,可与黎东(即万安东峒)之香相伯仲。

登流眉有绝品,乃千年枯木所结,如石杵、如拳、如肘、如凤、如孔雀、如龟蛇、如云气、如神仙人物。焚一片则盈屋香雾,越三日不散。彼人自谓之无价宝,世罕有之。多归两广帅府及大贵势之家。

明·铜鎏金八宝纹香炉

《桯斋笔衡》中提到洪刍、叶廷珪、范成大三人，他们的香学活动先后有别。洪刍的《洪氏香谱》成书于12世纪初，叶廷珪的《南蕃香录》撰于12世纪中叶，范成大的《桂海虞衡志》成书晚于叶廷珪的《南蕃香录》二十年。《桂海虞衡志》应该是最早提到“登流眉”沉香进口中国的文献。在此之前，《洪氏香谱》没有提及；既熟悉市舶事务又留意香料的叶廷珪在《南蕃香录》中也完全没有记载。因此，叶置的观点所反映的时代应为12世纪末或13世纪初。可以推断，“登流眉”沉香进口或者说大量进口发生于南宋乾道年间（1170年前后）。当时的人们将“登流眉”沉香与海南崖香视为不相上下的产品。叶置仔细描写了登流眉绝品发香雾之烈和长久，说其全部进入高官富贵之家，民间极少流通。至于“绝品”之外的“登流眉”沉香，应该是民间香料市场的“宠儿”吧。

此后“登流眉”沉香不断进入中国。元代王元恭的《至正四明续志》（卷五）记载：至正年间，明州（宁波）的进口商品中仍有“登楼眉香”一项。可见这种沉香曾在中国社会流行近二百年。

三、占城奇楠长盛不衰

到明代初期，“登流眉”沉香已经不再领风骚。中国封建社会的上层仍然爱用沉香，但以产于占城的奇楠香为贵，登流眉香几乎不被提及。明代初期陈懋仁在其所著《泉南杂志·泉州市舶岁课》中记载：

香之所产，以占城、宾达侬为上。沉香在三佛齐名“药沉”，真腊名“香沉”，实则皆不及占城。

勃泥有梅花脑、金脚脑，又有水札脑。

登流眉有蔷薇水。

看来到了此时，登流眉仅以蔷薇水著称，不再如宋元时期以沉香著称。

占城是中南半岛的古国，其辖境包括现在越南的广南（红土沉香产区）、广义、平定、富安、庆和（芽庄沉香产区）、宁顺、平顺一带，和老挝的占巴塞省（也是沉香的著名产区）。其实，占城沉香在汉唐时期已经开始进入中国，且价格奇高，《天香传》里就称其“价与黄金同”。《宋会要辑稿·蕃夷》记载，从北宋初到南宋乾道年间，占城二十八次以沉香等香料朝贡。

书中记载：乾道三年十月一日，福建路市舶司言，本土纲首陈应等昨至占城蕃，蕃首称欲遣使入贡，并呈所拟朝贡物品清单，其中有“加南香三百一斤”。元代汪大渊（1311—？）《岛夷志略》“占城”条中也有“茄蓝木”的记载。

可以想象，如此数量的占城沉香（包括奇楠）源源不

明·押经炉

断地进入中国，香学大家和社会大众不会熟视无睹，之所以没有被视为上品香材，只能说明它不及海南崖香、“登流眉”沉香品质优异而已。宋代的香学大师，如丁谓、苏轼、黄庭坚、蔡绦、赵汝适、范成大、陈敬等均有占城不如真腊、真腊不如海南的论述。但沉香资源毕竟是一种自然资源，无节制地开采挖掘会使资源枯竭。“登流眉”沉香的登场，宣告了海南崖香资源的枯竭；同样，占城奇楠的登场，也宣告了“登流眉”沉香资源的枯竭。从明代起，国人用香推崇占城奇楠，并不完全是因为它品质优异，而是求上（崖香、登流眉香）不得，只能退而求其次了。

明末清初徐树丕《识小录》卷三“伽南香”条载：

伽南香一名奇楠，本草不载，惟占城有之。有坚软浅深不同。其木最大，枝柯窍露，大蚁穴之蚁，食蜜归遗穴其中。木受蜜气而坚润，则香成矣。香成则木本渐坏，其傍草树咸枯。香本未死，蜜气复老，谓之生结，上也。木死本存，蜜气凝于枯根，润若饧片，谓之糖结，其次。其称虎班结、金丝结者，岁月既浅，木蜜之气尚未融化，木性多而香味少，斯为下品。生结红而坚，糖结黑而软。生结国人最重，不以入中国，入中国者，乃糖结。试者爪掐之即入，爪起便合，带之香可芬数室，价倍白银。

次一等奇楠——占城糖结奇楠，进入中国即价倍白银，可见明代占城奇楠的贵重程度。这种观念一直延续到

清·原囊套奇楠香扳指

清代甚至是现在，同时也向外延伸到日本香道。

清代时，海南崖香的生态可能有所恢复，时称海南奇楠为“土伽楠”，而称舶来香越南奇楠为“奇楠”或“伽楠”。清代初期海南崖香已恢复上贡，康熙七年（1668），时任崖州知州的张擢士觉察到采办沉香之艰难，并针对赋贡征收之流弊，上书朝廷请免沉香之贡：

琼郡半属生黎，山大林深，载产香料。伏思沉香乃天地灵秀之气，千百年而一结。……奉文采办，各以获取迟速为考成殿最，……既诸黎亦莫不知寸香可获寸金，由此而沉香之种料尽矣。……倘由此年复一年，将虑上缺御供，下累残黎，区区末吏又不足惜矣。（《崖州志》卷十）

明清时期产量稀少的崖香，价值也很昂贵。《识小录》记载：“琼州亦有土伽楠，白质黑点，即所谓鹧鸪斑香，入手终日馥郁，其价亦值每斤金半斤。”明代晚期一两黄金可兑换八两白银，前面说占城奇楠“价倍白银”，如此换算崖香的价格是占城奇楠的两倍，可见崖香的珍贵。

记载明代嘉靖时权臣严嵩抄家物品清单的《天水冰山录》里有“香品”一节，上列严嵩家藏香品：檀沉速降各香二百九十一根，共重五千零五十八斤一十两；奇楠香三块；沉香山四座。

从数量的对比上就能看到奇楠的稀少珍贵。

清代百科全书式的文学名著《红楼梦》对沉香亦多有

描写，第十八回元春省亲时，只赏赐贾母伽楠香念珠一串，其余人员无此殊荣，亦可见当时奇楠之珍贵。

日本香道中的六国五味，也以伽罗（即奇楠，产于越南中部，为最上等的沉香）最为珍贵。

直到现在，香界的朋友，尤其是台湾地区香界的朋友还是以越南芽庄奇楠为最上品的香材，这实际是明初以来推崇占城沉香的遗风。台湾地区香学大师刘良佑在《灵台沉香》《香学会典》中，写他亲自到越南访求奇楠香，其时之市价，极品奇楠每千克值七万美金。现在则不知翻了多少倍，上万元人民币一克的交易记录时有发生。

“江山代有才人出，各领风骚数百年。”经过明清四五百年的休养生息，海南崖香在二十世纪中叶后又产出了不少奇楠上品。据香港地区石德义先生讲述，他曾长期向日本香界提供海南上品崖香，二十世纪八十年代每年达到几百斤，后因产量渐少、营销成本过大而作罢。九十年代以来，北京崖香收藏大家张晓武先生深入崖香产区的黎族山寨访香采风，收获颇丰。他手头的崖香数量巨大、质量上乘，而且他还收藏了为数不少的崖香老工艺品，弥足珍贵，令人爱不释手。同时，他广泛搜集整理崖香典籍资料，研究品鉴崖香，对崖香的认识令人钦佩。他为当代香界重新认识崖香和中国香学的恢复推广，做出了巨大贡献。

四、用香风尚更替的历史原因

（一）政治和文化方面的原因

宋王朝对文化的重视、对文人的优待是任何朝代都无法比拟的，这个朝代的文人士大夫引领社会生活的潮流，左右世风时尚，处在主流社会的中心地位。宋室南渡之后，他们渐渐离开社会生活的主导地位，受到皇室优惠待遇的官宦之后和因海舶贸易兴盛、城市商业发达产生的大量新兴富贵群体成为引导社会风尚的主体。为了显示富贵，迎合当时偏安一隅的南宋王朝上下弥漫的奢华之风，新贵们也附庸风雅，大量用香。崖香的清雅悠长不足以显示奢华和富贵，只有“焚一片则盈屋香雾越三日不散”的“登流眉”沉香能够表述他们的精神诉求。

同时，在南宋建立后的一百多年时间里，一直未能摆脱金人和蒙古人的军事威胁。狭窄的国土和连年不断的战争，使主流社会的人们失去了那份从容生活的心境，繁华掩饰不了弥漫于整个社会的恐慌和浮躁。美妙的崖香是需要用学识素养和悠然的心境去理解的，但这些在新贵们的身上是难以存在的、物美价高量少的海南崖香此时也只能“曲高和寡”，而浓郁香味的舶来香便成为他们的喜爱之物。

清・沉香笔筒

（二）经济方面的原因

北宋前期，海南崖香采收有时，资源相对丰富，商舶贩之有利可图，故进入内地的崖香足以供应社会用香之需。但到南宋乾道年间，崖香价高量少，商舶难以获得，当然也就无人去贩运经营，香料市场肯定无崖香可以买卖使用，大部分用香之人只能转而寻求替代品，“登流眉”沉香则“应运而生”。那时的香文化大家也随着社会用香风尚的转变，开始赞扬“登流眉”沉香，说它气味馨郁，可与崖香相伯仲。

（三）资源方面的原因

用香风尚改变的主要原因还是资源因素。北宋前期，海南崖香的生态环境相对较好，沉香资源处于良性循环之中。丁谓于乾兴元年（1022）七月被贬为崖州司户参军时，海南崖香的生态环境还是非常好的。他在《天香传》里记载：“然取之有时，售之有主，盖黎人皆力耕治业，不以采香专利。闽越海贾惟以余杭船即香市，每岁冬季黎峒待此船至，方入山寻采，州人从而贾贩，尽归船商，故非时不有也。”他初到海南时，“素闻海南出香至多，始命市于闾里间，十无一假”。黎人对采香的节制，使沉香资源处于良性循环之中。并且当时人们认为“生结香者，取不候其成，非自然者也。生结沉香，品与栈香等。生结栈香，品与黄熟等。生结黄熟，品之下也”。对生结香的不重视，也促进了沉香的熟化和自然生成。

但这种状况，七十年后到了苏轼被贬谪到海南时已经发生了很大变化。当时采挖崖香者和商贩贪得无厌，重金贿赂黎人为之砍伐，海南崖香资源受到严重破坏。面对这种竭泽而渔、杀鸡取卵的疯狂之举，苏东坡曾写诗予以抨击。他在《和陶拟古九首》（其六）中写道：

沉香作庭燎，甲煎纷相和。岂若炷微火，萦烟袅清歌。贪人无饥饱，胡椒亦求多。朱刘两狂子，陨坠如风花。本欲竭泽鱼，奈此明年何。

加之每年的皇室岁贡，使海南崖香需求量大增，并常致患海南。《续资治通鉴长编》（卷三一〇）就记录宋神宗时，官逼民贡，买香层层加码，官员借机私卖，民不堪苦的事实。这些都使海南的崖香资源遭到毁灭性的破坏。至此，上品崖香已寥寥无几，大部分用香之人无法获得，只能转而使用较为易得的“登流眉”沉香。

可以说，海南崖香因为丁谓、苏轼、黄庭坚、范成大这些香学大家的肯定而扬名天下，为国人所重，但也正因为这些原因，使它遭遇了灭顶之灾。真是成败萧何啊！

“登流眉”沉香和占城奇楠的更替也应该是资源的原因，从南宋乾道年间到明代初期的两百年间，“登流眉”沉香大量输入中国，二百年后资源也已枯竭，占城奇楠登上中国香学舞台已属必然。

纵观宋代以来国人对沉香气味爱好的三次嬗变，让人慨叹古人对天然沉香研究之深刻、喜爱之痴迷、用香之讲究，当代的人们是无法望其项背的。但同时，也让我们深深感到保护天然沉香的重要意义。吸纳天地精华、钟灵毓秀的天然沉香一个生长周期需要二三百年甚至更长的时间，我们有责任珍惜它、保护它，不要让这美妙的精灵在我们这一代消失，要让这上苍送给人类的美好礼物永远生息繁衍，使它的香气飘逸盘桓千秋万代。

香识

真实准确地认识香料。

古者以芸为香，以兰为芬，以郁鬯为祼，以脂萧为焚，以椒为涂，以蕙为熏。杜衡带屈，菖蒲荐文。麝多忌而本膻，苏合若芗而实荤。嗟吾知之几何，为六入之所分。方根尘之起灭，常颠倒其天君。每求似于仿佛，或鼻劳而妄闻。独沉水为近正，可以配薝卜而并云。矧儋崖之异产，实超然而不群。既金坚而玉润，亦鹤骨而龙筋。惟膏液之内足，故把握而兼斤。顾占城之枯朽，宜爨釜而燎蚊。宛彼小山，了然可欣。如太华之倚天，象小孤之插云。往寿子之生朝，以写我之老勤。子方面壁以终日，岂亦归田而自耘。幸置此于几席，养幽芳于帨帉。无一往之发烈，有无穷之氤氲。盖非独以饮东坡之寿，亦所以食黎人之芹也。

苏轼《沉香山子赋》

第一节　主要香材

香材，或称之为香料，可分为主要香材和辅助香材两大类。可以单独品闻，也可以在合香中作为主体发香成分的香材，称之为主要香材，一般说来就是沉香、奇楠香、檀香这三种香材。

一、沉香

沉香是一种混合了树脂、树胶、挥发油、木材等多种成分的固体芳香凝聚物。它不是一种原生就有香味的木材，而是沉香树在特定条件下形成的新的物质。

瑞香科沉香属的树木，在受到风雨雷电、地质灾害、动物、昆虫、人为等原因伤害后，分泌出树脂等物质修复伤口部位，期间感染黄绿墨耳菌等真菌，树木薄壁组织细胞内贮存的淀粉等物质发生一系列化学变化，产生苄基丙酮等沉香类物质，在真菌的作用下，这些沉香类物质（中间产物）逐渐转化为沉香物质。转化、积累、醇化时间越长，所得产物中的2-（2-苯乙基）色酮及倍半萜类（如沉

沉香结香机理

对于沉香结香机理的研究，目前主要存在以下几种假说

一、病理学假说

20世纪30年代，国外就开展了大量接菌结香研究。研究认为，沉香的形成可能是由于树干损伤后被一种或数种真菌侵入寄生，在真菌体内酶的作用下，使木薄壁细胞贮存的淀粉发生一系列变化，而形成香脂，再经多年沉积而得。

二、创伤病理假说

有些研究者认为沉香形成的原因，创伤是其主要作用，而真菌感染为第二作用。Rahman和Basak（1980）采用一系列从印度沉香木块分离得到的真菌进行实验，并认为这些接种试验表明了沉香的形成是被开放性的伤口引起，并非由于特殊的真菌产生。Rao等（1992）发现芳香油脂主要集中于韧皮部，并存于病树有隔膜真菌的菌丝中，而正常健全树体少见有芳香油脂出现，因此认为其形成的原因极可能是由于一些生理的阻碍（如创伤、昆虫或真菌的侵染等），经其联合形式而形成沉香。

香螺旋醇和白木香醛等）芳香化合物种类越多、数量越大，沉香的品质就会越好。因为比重较大入水即沉，故名沉香。但并不是所有的沉香都可以沉水，大部分沉香因结香时间或其他原因比重较轻不能沉水。

沉香的成因复杂，包含了众多的特定条件和偶然因素。不同的产地、树种、结香年限、树木存活状态、结香环境，以及许多未知原因，都会造成沉香品质优劣差异。

沉香属植物约有23种，主要分布在中国的华南及西南地区、越南、柬埔寨、泰国、缅甸、老挝、印度东北部、不丹、菲律宾、马来西亚、印度尼西亚、文莱、巴布亚新几内亚等国家和地区。沉香的分布地区虽较广泛，但在野外的分布密度极低，能见到的野生沉香数量稀少。长期大规模无节制地滥砍滥伐，生态资源破坏日益加剧，造成野生沉香植物资源非常稀缺。

历史上，我国的白木香（国产沉香）资源十分丰富，其野生种群主要分布在北纬24° 以南、海拔低于1000米的山区和丘陵地带。但随着沉香价格的不断攀升所带来的掠夺式砍伐和移栽，各地的野生沉香种群已经极为稀少。

东汉杨孚的《交州异物志》云：

蜜香，欲取先断其根，经年，外皮烂，中心及节坚黑者，置水中则沉，是谓沉香；次有置水中不沉与水面平者，名栈香；其最小粗者，名曰椠香。

三、非病理假说

一些学者认为物理、化学伤害是沉香形成的主要原因，美国明尼苏达大学的Blanchette 等（1991）的研究证实，所有对沉香属植物木质部的伤害均能够使其产生沉香类物质，而且对活细胞的伤害强度越大，所形成沉香木的面积越大。此外，Blanchette 等（1991）还成功筛选到了对木质部活细胞起伤害作用的化学物质，如氯化钠、亚硫酸氢钠、氯化亚铁等，这些物质能够显著增加沉香树脂的形成量。采用气相色谱分析氯化钠处理后 12 个月的样品，结果显示样品含有沉香中倍半萜类成分的质量分数为 1.5 %，且达到市售中档沉香水平。沉香的形成，也可以说是由该树对于创伤的防卫性反应。Nobuchi 和 Siriatanadilok 报告（1991），沉香的形成与沉香木边材创伤后的活性薄壁组织细胞改变有关，并推断创伤是可能形成沉香过程的唯一重要因素。然而，沉香木的创伤亦不能保证一定会有沉香形成，因此仍需进一步研究调查创伤在沉香形成过程中的角色。

四、防御反应诱导结香假说

Zhao 等（2005）提出了激发子（elicitor）能够激活植物的信号传递，调节植物次生代谢途径，从而诱导白木香悬浮细胞结香。张争等（2010）认为伤害或真菌侵染均是作为激发子诱导白木香产生防御反应、产生具有抑菌活性的防御物质（药材沉香的主要化学成分），这些防御物质与细胞其他组分复合形成的侵填体堵塞了次生木质部的导管和维管束，以抵御外界物理、化学伤害或真菌侵染这是文献中最早关于沉香的记载。

沉香在常温下，香味较淡弱，当温度达到35℃左右时，开始散发香味。单独一品沉香加温熏闻，就能发出花香、蜜韵、果香、奶香、清凉、苦、酸、咸、药味、焦味等复合气味。它的复合气味来自结构复杂的致香成分，目前仍无法人工合成。沉香的香气分子非常稳定，不易挥发，使他能够长期保持香味。沉香的香气还有一个特点就是穿透力很强，能够在较远的距离闻到。同时，它的气味不像一般花果香气使人产生轻飘飘的感觉，一旦出现就能吸引人的注意力并使之进入沉静，营造一种神秘宁静的空间感觉，而且常用无碍。这些优异的特质使它备受青睐。

（一）沉香的分类

从东汉杨孚的《交州异物志》起，人们开始对沉香分类，西晋的嵇含把沉香分为八类：蜜香、沉香、鸡骨香、黄熟香、栈香、青桂香、马蹄香、鸡舌香，后世香学名家论香，皆以此为宗，现在业内一般从以下几个方面分类：

1. 按集散地和产地划分，可分为三大体系

莞香系（国产沉香），包括海南、广东、广西、云南、香港、澳门等地。此外，在台湾、福建和四川金沙江干热河谷等地区有部分人工栽培的沉香。产香树木以白木香（莞香）树种为主。

对白木香的进一步损伤。

五、逆境胁迫微生物转化假说

上述假说的提出均为沉香产香机理的研究提供了珍贵的线索，在此基础上，中国热带农业科学院热带生物技术研究所沉香研究团队提出沉香的产香机理为"逆境胁迫／微生物转化"。上述的假说中，都提示了沉香的形成是在一种逆境状态下产生的，造成这种逆境的原因可以是物理创伤（火烧、雷劈、打洞、虫咬等）及化学伤害，也可以是微生物感染。但这些逆境胁迫只是诱导了沉香形成的开始，在这个过程中虽然也发现了一些沉香类物质，但这些沉香类物质还不是沉香的最终产物，只是一些中间产物。沉香物质主要为2-（2-苯乙基）色酮类及倍半萜类化合物，其最终形成尚需要时间的积累，而在这个积累过程中，微生物扮演着一个非常重要的角色，就是将上述的沉香类物质（中间产物）逐渐转化为沉香物质。转化时间越长，转化的效果越好；所得产物中的2-（2-苯乙基）色酮及倍半萜类化合物（如沉香螺旋醇和白木香醛）种类越多，且含量越高。

——摘自戴好富《沉香使用栽培和人工结香技术》

惠安系（最早以越南的惠安为集散地），包括越南、柬埔寨、老挝、缅甸等国家所产沉香的统称。产香树木以蜜香树种为主。

星洲系（以新加坡为集散地），包括新加坡、马来西亚、印度尼西亚、泰国、文莱、巴布亚新几内亚等国家所产沉香的统称。产香树木以鹰木香树种为主。

莞香系沉香最具代表性的是海南所产沉香，又称崖香，它香气清新典雅，洁净高扬，花香蜜韵齐备，发香持久，是中国香学文化最为推崇的香材。总体来说，中国产区的沉香都具有气味典雅、清新甜美、香气洁净、花香幽远的特点。

惠安系气味清新浑厚，香韵特点是气味具有凉、甜双重性，有果香和花香，穿透力强，但香味稍欠典雅和持久，略有脂粉气。

星洲系味道浓郁醇烈，或甜或凉，或草味药味，些许花香，但大都有浊味。该产区的香材密度大，多沉水。生沉与熟沉都可用来雕刻。这个板块所属马来西亚西部地区的味道更接近惠安系，近几年来，市面上不少名为越南、柬埔寨菩萨沉香的手串，大都是西马沉香。

2. 按取香时树木的生存状态划分

生结：树木在存活状态下形成的香结。刀斧斫砍、蛇虫啮噬、风雨雷电等外力使沉香树受伤，伤口分泌树脂防

海南澄迈的两棵野生沉香大树，右边一棵树身最粗处周长 3.3 米

护，积聚形成沉香。它是在沉香树存活状态下取得的，故称生结或生香。生结沉香一般都辛辣麻凉，穿透力较强。

熟结：与生结相反，熟结是在沉香树本体自然死亡后取出的香。熟结沉香经过大自然漫长的凝结醇化而成，油脂含量丰富，香气醇厚圆润。

生结和熟结沉香，没有绝对的好坏优劣之分，关键看结香过程的完成状况。一般来说沉水的会优于不沉水的。

3. 按结香所处位置的状况划分

倒架：又称倒搁。沉香树被雷击或因其他自然灾害倒地受伤结香，但必须是倒地而且存活的树才有可能结香。

目前市面上所谓倒架沉香，几乎为人工所为。香农找到野生沉香树时，先以开香门的方式取得沉香，之后砍树仆地，使之继续结香，然后取得沉香，称之为倒架。

土沉：沉香木倒伏后被土掩埋，受微生物分解腐朽，剩余未腐朽的结香部分，称之为“土沉”。

水沉：沉香木倒伏后，陷埋于江河、湖泊、池塘、沼

海南紫奇楠香

泽等水体之中，经生物分解，再从水中捞起的结香部分，称为“水沉”。

蚁沉：活体树经蚂蚁啮噬后结成沉香，一般是蚁封（蚂蚁窝）正好位于结香的沉香树根。

活沉：亦称为“生结”。活体树经砍伐剥离直接取出的沉香。

白木：树龄十年以下，稍具香气者为“白木”。

4. 按沉香的自身状态划分

吊口：沉香树身被砍伤后所结的沉香。结香形状呈倒垂的山峰状。

皮油：古称“青桂香”。沉香树皮分泌出油脂形成的沉香，因是树皮结香，故呈薄片状。

板头：指沉香树整棵被锯砍掉或被风吹断，树桩长时间受风雨侵蚀，在断口形成的沉香。

包头：沉香树枝干折断的断口结香，且断口周围已被新生树皮和木质完全或大部分包裹。

板头和包头，又分“老头”“新头”。“老头”亦称“老顶”，指树身的断口经风雨侵蚀时间较长，断口处的木纤维已完全腐朽脱落，呈褐色或黑色质地坚硬的板头和包头（俗称“铁头”）。“新头”指断口处风雨侵蚀时间较短，断口处的木纤维尚未腐朽或未完全腐朽脱落，颜色呈黄白色，质地松软的板头和包头。

虫漏：或称“虫眼”。由蛀虫、白蚁等虫子啃蚀，在虫洞外围结成的沉香。

壳子：俗称“耳朵”。沉香树枝受风吹或其他原因断落，断口经风雨侵蚀，分泌油脂而形成的沉香。以其形状与人耳朵相似而名之。

水格：枯死的沉香树经风雨侵蚀或浸泡，油脂沉淀而形成的沉香。

地下格：亦称“土沉”。枯死的沉香树埋于地下所形成的沉香，多为树头树根，一般颜色较浅。

（二）各产区的沉香

不同产区的沉香具有不同的色泽，形状，以及不同的气味表述特点。本书仅从产香国家、产香地区两个层级予以介绍。

1. 中国沉香

中国是沉香的原产地之一，最主要的品种是白木香，或称莞香。唐宋时期，在两广、海南地区有大量沉香野生种群存在。宋代寇宗奭（生卒年不详）《本草衍义》（卷十三）中有写白木香的一段文字：

岭南诸郡悉有，傍海处尤多。交干连枝，岗岭相接，千里不绝。叶如冬青，大者数抱，木性虚柔。山民以构茅庐，或为桥梁，为饭甑，为狗槽。有香者，百无一二。

海南虫漏沉香

海南树心黑奇楠香

根据植物学研究和以往的典籍材料记载，中国至少有六种常绿乔木型沉香树种。明周嘉胄《香乘·黄熟香》记载："南粤土人种香树，……树矮枝繁，其香在根……"这种沉香树种明末冒辟疆在《影梅庵忆语》中亦有记载："近南粤东莞茶园村，土人种黄熟，如江南之艺茶，树矮枝繁，其香在根。"这种矮化的园艺品种已经消失。

现在，中国的沉香树主要是白木香和云南沉香两个植物学品种。近二十多年的人工种植，可能有惠安系蜜香树和其他品种存在。

1.1 海南沉香

海南岛又称琼崖、崖州、琼岛，地处中国大陆南端，与雷州半岛隔海相望。因地处琼州海峡之南而得名，为海南省主岛。岛上四时花开，长夏无冬，为典型的热带海洋气候。

海南树心黄奇楠香

海南沉香是中国香学研究的本位香材，为中国古代文人士大夫所推崇，古称"崖香"。宋代范成大的《桂海虞衡志》、周去非的《岭外代答》、明代周嘉胄的《香乘》都对其赞誉有加，描述备至。均称：占城不若真腊，真腊不若海南黎峒，黎峒又以万安黎母山东峒者冠绝天下。谓之，海南沉香一片万钱。

海南崖香品质上乘，香气清婉。少有大块香材，大多是像栗角、附子、芝菌、竹叶一样的小块。质感较重，相

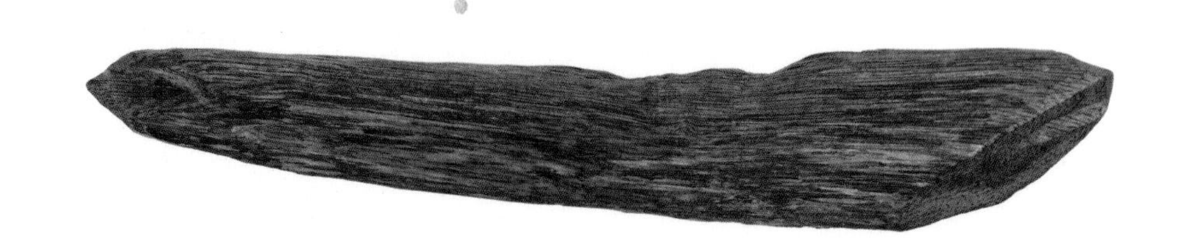

海南紫奇楠香

对压手，色偏黑，油脂发亮。苏东坡在《沉香山子赋》中描写海南崖香：金坚玉润，鹤骨龙筋，膏液内足，把握兼斤。崖香清闻时，清香甘甜，蜜韵凉意迷人。焚熏少许，便芬芳弥室，而且香气长久，毫无焦味。范成大在《桂海虞衡志·志香》中说：

环岛四郡界皆有之，悉冠诸蕃所出，又以出万安者为最胜。说者谓万安山在岛正东，钟朝阳之气，香尤酝藉丰美。大抵海南香气皆清淑，如莲花、梅英、鹅梨、蜜脾之类，焚一博投许，氛翳弥室。翻之四面悉香，至煤烬气亦不焦，此海南香之辨也。

崖香上品都是原始森林中的野生香，结香年份不够的生香自然成色不好，木质和树脂含量大，可能会香气迷人，但发香时间相对较短，且木味较重，香韵较为单薄。熟香结香时间较长，熟化程度高，香气蕴藉纯净，甜美诱人，发香时间也长。有些香块经几十年、上百年甚至更长时间的结香积累，已经看不到木纹，如油块、铁棍一般，坚硬无比，敲之有金石之声。大部分海南崖香在香材表面缝隙、凹处用放大镜都能看到发丝一样的白色菌丝。清代屈大均（1630—1696）《广东新语·香语》中记载海南崖香：“树朽香坚，色黑而味辛，微间白疵如针锐。”这里的“白疵”便是崖香凹处缝隙中的白色菌丝。

海南奇楠香纹理细腻，香腺间隔细小致密，清闻花香

海南尖峰岭热带雨林国家森林公园一景

海南绿奇楠香

蜜韵，凉意袭人。熏闻则初香高扬迷人，穿透力强，凉意十足，香气直接上冲百会，直入脑海；本香时间长久，蜜韵明显，变化较多，且香气饱满灵动；尾香有荷香奶韵。在香气演绎变化当中起伏较大，富有激情，饱满厚实。海南奇楠香的洁净细腻和初香高扬是其他任何产区的奇楠香所无法比拟的。

按香腺的颜色，海南奇楠香可分为绿奇、黑奇、黄奇、紫奇、白奇五种。绿奇较多，黄奇次之，再次紫奇，白奇少见，黑奇绝少。绿奇为灰绿色香腺，初香清越，本香甜凉，尾香转为乳香味；黄奇发香较为“霸气”，香腺为土黄色，有深棕色香脂衬线，初香短而浓郁，本香甜淡，尾香亦转为乳香味；紫奇初香蜜韵，本香甜美有凉意，尾香有荷香乳意；白奇则白黄如牛油色，其中有细密的黄褐色香脂衬线，初香如悠远花草之香，极为优美，本香甜凉浓郁，尾香荷韵迷人而持久；黑奇则典雅至极，初香清凉爽美，本香有一种雅致的药香味，尾香亦有乳香荷韵。

海南软丝奇楠香

海南的一些顶级奇楠香可称之为“奇香”，其韵味雅致美妙，难以用文字形容，有的兰香浓郁，高雅如贵夫人；有的甘甜妩媚，令人沉迷不已；有的气韵清新如雪，使人心神俱明；有的空灵隽永，如诗如画……这些奇香是大自然遗落在人世间的精灵，百年难遇，每一块都珍贵无比。

海南崖香产区的黎族人家，老人手中大多有好香在

香港虎斑奇楠香

握，家中人头痛发热或其他小病，削末冲服即可治愈，被视为传家之宝，遇有重要事情方才出手。此等机会十分难遇，唯有缘者能幸而得之。

1.2 香港沉香

香港沉香也属白木香树种结香。香港自古就为沉香的集散地，原为渔村的香港也因此而得名。

香港历史上属于东莞县治，故过去无港香之名，只把此地所产归入东莞。清中期以来，由于特殊原因，几乎与内地隔绝。近二十年来，其地所产沉香方为人知。香港沉香的品级仅次于海南崖香。清新、花香、蜜甜之韵不次于海南，唯穿透力略弱。

香港属海岛型气候，温度、湿度较高，菌种丰富，具备出产高级沉香的条件。顶级的香港沉香完全可以与海南沉香颉颃，只不过海南沉香气味更加浓郁多变，香港沉香略显清新温和。香港的树芯油生结香、熟结香均有达到奇楠香级别的香材，蜜糖味十足，凉意辛辣俱备，发香持久，香韵美妙，值得珍藏。

1.3 广东沉香

广东沉香的品种主要有两种：一是白木香，还有一种原产于中国南部的Aquilaria grandiflorm。也有人考证说广东的沉香树种是唐代由国外传入的。广东从宋代起就开始人工种植沉香。

历史上广东沉香称为莞香，其中，东莞、中山、惠州有高品级的沉香和奇楠香出产。高州、化州、窦州、雷州等地所产品级略差，古人评价不高。近年来，在这些地区时有野生沉香树发现。

莞香在宋代时已在广东各地普遍种植，其中尤以东莞为多。据清末史学家陈伯陶（1855—1930）编著的《东莞县志》（卷三十）记载：“莞香至明代时始重于世。”因东莞一带的土壤特别适合白木香生长，因此出产的香材品质优良，闻名全国，在清朝一度成为贡品。

冒辟疆《影梅庵忆语》记载：

近南粤东莞茶园村，土人种黄熟，如江南之艺茶，树矮枝繁，其香在根，自吴门解人剔根切白，而香之松朽尽削，油尖铁面尽出。余与姬客半塘时，知金平叔最精于此，重价数购之。块者净润，长曲者如枝如虬，皆就其根之有结处，随纹镂出，黄云紫绣，半杂鹧鸪，可拭可玩。……细拨活灰一寸，灰上隔砂选香蒸之，历半夜，一香凝然，不焦不竭，郁勃氤氲，纯是糖结。热香间有梅英半舒，荷鹅梨蜜脾之气，静参鼻观。

按周嘉胄《香乘·黄熟香》记载，明代时，广东东莞一带已经出现大量沉香种植园。在东莞寮步镇形成了广东乃至全国最大的香市，成为莞香集散地。外销的莞香在寮步集中，再运到九龙的尖沙咀，通过专供运香的码头，用

惠州绿奇楠香

小船运往广州，远销当时的苏杭和京师一带，甚至更远到南洋及阿拉伯国家。

1996年以后，在广东惠州、深圳、香港发现数量不在少数的奇楠香。大多为树芯树根结香，质地黏软，香气甜美，凉麻之气十足，非常接近古人描述的奇楠香形状质地，业界一般称为“惠州绿奇”。

莞香清新甜美，香气表述相对平和少变，穿透力也无法与海南沉香相比，且大都结油状态略差，发香时间不够持久。

近年来，随着沉香热的兴起，在广东各地出现了大量的人工种植沉香，但树苗来源各异，再统称莞香已是勉强。

1.4 广西沉香

广西与广东的沉香品种同属白木香。广西自古就出产沉香，与广东一样同属海北香系。宋代蔡绦的《铁围山丛谈》（卷五）对广西沉香有着深入详细的描述：“时时择其高胜。爇一炷，其香味浅短，乃更作，花气百和旖旎。”

云南沉香

广西沉香清闻大都有淡淡的红糖味，微有凉气。熏闻时，甘甜有水果味。但近年亦有麻凉十足、花香迷人的上好奇楠香出现。古人对广西沉香评价不高的结论，看来亦需修改。

1.5 云南沉香

云南沉香品级不高，清闻大都有淡甜味，熏闻有甘

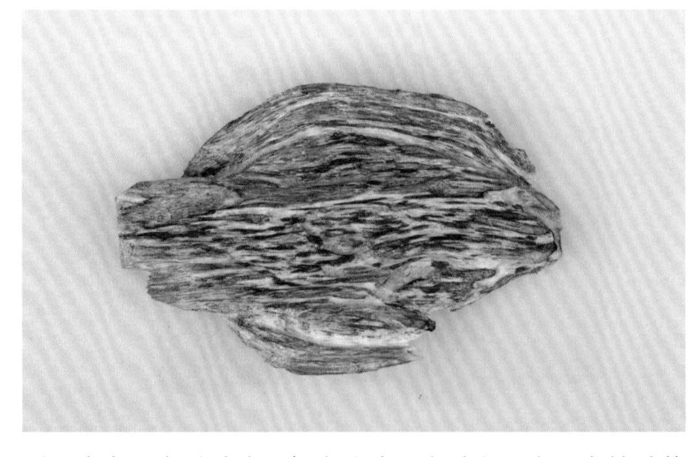

广西虎斑结绿奇楠香

甜、凉意和水果香味，但有浊味。有香友云有黑奇楠香佳品产出，香味典雅有致，但寻找多年并未发现，或为谬传。

1.6 台湾及其他地方的沉香

台湾、福建、贵州等地也是白木香的原产地，根据史料记载，这些地方曾经产香，但现在基本为人工种植，偶然有老香树发现，但数目寥寥。相信假以时日，或许会有上好沉香出现。

2. 越南沉香

越南历史上一直是产香大国。两千多年前，越南沉香就出现在中国晋代嵇含（263—306）的《南方草木状》（卷中）一书中，被称为蜜香树。现在越南主要有两个品种的沉香树：Agallocha、Crassna。后者是各人工产区普遍种植的品种。越南目前沉香贸易比较繁荣，但大多为人工香，或是从马来西亚、印度尼西亚进口转卖。野生沉香资源基本枯竭，能够达到品香级别的更是少之又少，在偏远地区或原始森林中偶尔能采到，已属罕见。

越南几乎全境产香，但北部沉香质量不是太高，优质沉香产区主要在中南部。越南沉香不管是生香还是熟香，通体颜色一致，偏黄色，甜味和凉意在东南亚沉香中最佳。

2.1 惠安沉香

惠安在越南中部，历史上越南沉香大都在惠安集散，因此称为惠安沉香。

芽庄生结白奇楠香

惠安沉香大都为黄褐色、褐色和黑色片状、块状，清闻香甜微有凉意。熏闻有焦糖的甜香、凉意，气味较浑厚，含少许似花非花之香味。

近年来，从中东地区、日本回流的一些老沉香，多称为“老惠安沉香”，具体产区实则不可考究。多带有收藏地区起居生活气息，杂味重染，作为品香之材实非上选。

2.2 芽庄沉香

芽庄位于越南南部，是越南沿海风景优美的城市、海滩度假胜地。越南沉香的最佳产区为庆和、林同、宁顺三省，三地所产沉香均以芽庄沉香的名义售出。

芽庄沉香是越南沉香中的上品。芽庄生结沉香，清闻甜美，微有奶香；熏闻清凉，蜜韵花香。熟香土沉，清闻清香甘甜，熏闻甜香浓郁，清凉怡人。为香学爱好者津津乐道的“奇肉”“奇皮”，更是以其独特的韵味令人着迷，这实际是一种熟化程度非常高的土沉，没有结油的木质部分已经全部腐烂，熏闻时发出一种像刚切开的哈密瓜或西瓜的那种甜凉味，清新美妙。用它做成的线香香味甜凉，发烟浓润。

越南奇楠香老香材

芽庄奇楠香更是香中上品，很受台湾香友、日本香道爱好者追捧。芽庄绿奇，清闻凉甜，气感很强，辛辣熏眼。质量上乘者，手握有冰凉之感，业内称之为冰绿奇楠香。熏闻时，初香花香蜜韵，凉意逼人；本香浓郁有辛辣

越南红土沉香

味；尾香微有奶香。芽庄紫奇，清闻甜凉，凉气窜动，微有奶韵。熏闻时，初香清香甘甜，齿痕生津；本香甜凉微辛，稍有药味；尾香有奶香。顶级的奇楠香要数白奇楠香了。白奇楠香外面抱木的树皮是金色纤维，里面则油脂密集，呈褐色或深褐色，在灯光下有墨绿闪光的感觉，其油线细密，放大镜下能看到纤维中间有金黄色油脂腺紧密地结合在一起，用刀削之，黏软起卷。尝之舌麻，满口生津，有气流升腾之感。熏闻香味细腻，凉气窜动，花香蜜韵齐发，美不胜收。

2.3 红土沉香

红土沉香是一种熟化程度非常高的沉香，产于红色土壤的山林中。这种沉香在土中经历了漫长的熟化过程，嗅觉品质得到提高，香味更加丰富多姿，醇厚悠远。同时在质地上也启动了结晶化进程，具有更单纯饱和的色彩和光润坚实的质感，是沉香完全熟化的状态。由于长期熟化，木质部分已经腐烂解体，绝大部分成为结油的小块物体，大体量者稀少。

不同产区的红土沉香，由于土壤颜色略有差异，会产生微妙的色彩变化，气味有所不同。金红色的红土沉香产于南部大勒地区，气味芳香馥郁，现已罕见。产于芽庄的红土沉香肉质褐红，外皮有明显的黑色调，气味甜凉美妙。产于中部内陆山区的富森红土沉香，代表越南红土沉香的

柬埔寨菩萨奇楠香

最高级别，外表有着金黄的色调，常温下便有很香甜的味道，清凉透顶，有一种很强烈的薄荷凉味。上炉则香气醇厚，爆发力强，甘甜悠远，奶香明显，沁人心脾。

红土沉香的香气大都浓烈，甜意中略带些许辛辣，尾韵有杏仁气味，香味浓厚丰富。既可用来单品，也可做成合香（线香）。市面上，越南沉香除了芽庄奇楠香之外，便数红土沉香的价格最高。

3. 柬埔寨沉香

柬埔寨旧称高棉，古称真腊，位于东南亚中南半岛东南部，自古就是沉香的著名产地。宋代叶廷珪（生卒年不详）《南蕃香录》（卷一）给予柬埔寨沉香以很高的评价，称：

真腊者为上，占城次之，渤泥最下。真腊之香分三品，绿洋极佳，三泺次之，勃罗间差弱。……绿洋、三泺、勃罗间皆真腊属国。

柬埔寨沉香在中东广受欢迎，为阿拉伯地区的传统供香地，阿拉伯人将柬埔寨称为“沉香之国”。“高棉”就是阿拉伯语“沉香之国”的音译。柬埔寨沉香表面有棕黑色的丝状细纹，切开的横断面呈黄白色。基本可以分为三大类：第一类生结香，外观褐白相间，有点像麻雀羽毛，称为“麻雀斑”，好的生香香味浓郁，甜中略有花香，含油量高，沉水，是东南亚沉水生结中价格最高的。第二类

老挝沉香

市场称之为“壳子香”，由于采香人长年累月在沉香树上采香，树的伤口就会结出非常硬的皮壳香来，较厚的断面可以看到垂直的香脂纹线。上等的“壳子香”带有浓郁的花香，可以入品；但次等的质量较差，只能打粉配香或提炼沉香油了。第三类是熟香，品级较高。上品熟香气韵优雅醇厚，带有玫瑰花的甜香。次一些的则发香甜酸宜人。此类香中少见大块，气味美妙的极品多是手掌大小且罕见。

柬埔寨沉香中最为出名的还是菩萨奇楠香，产于柬埔寨中西部洞里萨湖旁边的菩萨热带雨林中。因热带雨林急速减少，真正的菩萨奇楠香已经非常难得。菩萨奇楠香清闻有水果的酸甜味和微微凉意，切削时绵糯黏刀。熏闻时甜香带辛，酸凉窜动，爆发力较强，有咸味和花香，闻之满口生津，是不可多得的品香佳材。

4. 老挝沉香

老挝是中南半岛唯一的内陆国家，境内80%以上都是高原和山地。老挝沉香主要有两个品种，即北部接近中国的白木香品种和南部的Aquilaria crassna品种。

老挝沉香

老挝沉香在市场上一直不被重视，其实老挝还是有顶级沉香的。老挝沉香的外观大都为黄底褐斑和褐底黄斑，一般结油较重，发香甜凉，但大都有腥浊之味。

老挝的熟香中有品级很好的紫奇，一般呈棕黑色，结

金三角蜜奇楠香

油饱满。清闻甜香怡人，凉气十足。熏闻时初香甜美，清香如糖果味；本香浓烈，如甘醇的葡萄酒；尾香出烟，气尤冷冽，凉意窜动，可入极品。

5. 泰国沉香

泰国紫奇楠香

泰国位于东南亚中南半岛的中央，古称登流眉、六坤，是历史上著名的沉香产地。宋代范成大的《桂海衡虞志 · 志香》有比较各国沉香的一段话：

上品出海南黎峒，亦名土沉香，少大块。……环岛四郡界皆有之，悉冠诸蕃所出。又以出万安者为最胜。……中州人士但用广州舶上占城、真腊等香。近年又贵丁流眉来者。予试之，乃不及海南中、下品。

明代的王圻（1530—1615）在《稗史汇编 · 植物》中说："在海外则登流眉片沉可与黎峒之香相伯仲。"又说："登流眉有绝品。……焚一片则盈室香雾，越三日不散。"

泰国沉香香味浓郁，凉意较大，气韵跳动有活力。清闻时，凉甜清新。熏闻时，甘甜醇美，凉气窜动，但大都有隐隐的浊味，洁净程度不够。

6. 缅甸沉香

缅甸位于东南亚中南半岛的西部，古称蒲甘。缅甸目前尚有未被开采的热带雨林，应该是东南亚沉香的最后一块"宝地"。缅甸沉香尤其是缅甸虫漏，甜凉沁人心脾，味浓传远。惜略杂腥味，影响品质。

缅甸奇楠香，清闻甘甜凉美；熏闻凉甜，有酸味、红酒气味，微咸，杂有些许浊味。一般都香韵浑厚艳丽，发香时间较长。

7. 印度沉香

印度位于南亚，是具有数千年悠久历史的文明古国。沉香出现在印度的文献上，至少有两千五百年的历史，在各种佛教典籍上处处可见有关沉香的记载。历史上印度曾经是沉香的主要输出国，但现在要获得一块上好的印度沉香已经非常不容易。印度目前几乎都是人工种植沉香，主要用以提取沉香油，很少有可用作品香之沉香。

印度沉香之中的上品香叫“乌沉香”，结油程度非常高，坚实致密，入水即沉，香味浓郁，凉甜有金属的味道，略有面粉香味和蜜韵。

8. 马来西亚沉香

马来西亚也是沉香的传统产地，业内人士根据其地理位置和所产沉香质地差异将其分为西马、东马。西马位于中南半岛南端的马来半岛，北接泰国。东马则指位于婆罗洲北部的沙巴和沙捞越两州。宋叶廷珪《南蕃香录》（卷一）说：“蕃香一名蕃沉，出勃泥、三佛齐，气旷而烈，价似真腊绿洋减三分之二，视占城减半矣！”勃泥就是婆罗洲，今天称加里曼丹。三佛齐则包含了今天马来西亚的大部分国土。

西马沉香

东马沉香

8.1 西马沉香

西马所产香料略带惠安系的特征。西马产区较大，味道略有差异。接近北部的产区，略带酸韵，味道浓郁，品之有类似李子干的香韵。接近南部的西马产区，香料略带花香气味，甘甜而清凉。

西马沉香的油线细腻，能达到沉水级的香较少。接近北部的西马沉香颜色略带土黄，接近南部的则黑白分明。西马沉香混合热带雨林神秘的馨香和古婆罗洲沙滩的浪漫韵味，加之价格相对较低，不失为香学初入门者首选之香材。

西马有些沉香接近奇楠香级别，块大味重。清闻甘甜凉意，有涩感。熏闻脂粉香味和干果香味较明显，咸凉多味，尾香有杂味。

8.2 东马沉香

东马地理位置连接加里曼丹岛，沉香的气味同加里曼丹所产非常接近。外观乌黑，香味张扬霸气，中东阿拉伯人喜欢东马沉香的香味。

东马接近文莱国一带的沉香味道甘凉带甜，与文莱香料的香味非常接近，常被业内人士拿去以文莱香的名义出售。

大部分东马产的沉香香韵都是凉而略带一点草药味，比较清香，但略有腥杂之味。

文莱沉香

东马沉香同加里曼丹沉香一样油线丰富，金黄色木质皮色和黑色油线交织，纹理细腻，润美诱人，特别适合雕刻艺术品。

东马亦有品级高的香材，清闻甘甜凉意。熏闻时，凉甜怡人，有青草气息，略带苦腥之味。

9. 文莱沉香

文莱是位于婆罗洲北部的一个小岛，夹在马来西亚沙巴和沙捞越两州之间，古称婆利、勃泥。文莱土壤中钾元素丰富，出产的沉香香韵醇厚，凉意绵绵，被业内人士奉为上品，较东马沉香的价格要高出许多，为星洲系品级最高的沉香。

文莱沉香的油脂颜色发黑，而且油脂腺以外经常会有油脂成片出现。香韵变化有致，清闻甘凉，有乳香味，尾韵醇厚绵长。

文莱有级别非常高的沉香。清闻花香蜜韵，清新窜凉。熏闻清甜雅致，凉气冷冽，直冲百会，堪称上品。

10. 菲律宾沉香

菲律宾位于西太平洋，是由七千一百多个岛屿构成的岛国，古称麻逸、吕宋。菲律宾沉香结油程度一般都较高，沉水。香味浓郁，富有热带雨林气息。清闻有凉甜味，辛香。熏闻辛辣味加重，微呛，有水果的淡甜、咸味和浊味。

11. 印尼沉香

印尼是印度尼西亚的简称，位于南洋群岛，是世界上最大的群岛之国。印尼国土面积的65%都被热带雨林覆盖，

加里曼丹沉香

为传统香料生产之地。唐宋时期，渤泥（婆罗洲）、阇婆（爪哇）、三佛齐（苏门答腊）这些印尼古国就有各种香料输入中国，包括龙脑香、檀香、沉香、丁香等。现在仍然是沉香的输出大国。

中国古代对印尼沉香的评价不是很高，一般把中南半岛所产沉香称为“上岸香”，印尼所产称为“下岸香”，认为其质量较次。宋代周去非《岭外代答·香门》云：

沉香来自诸蕃国者，真腊为上，占城次之。真腊种类固多，以登流眉所产香，气味馨郁，胜于诸蕃。若三佛齐等国所产，则为下岸香矣。以婆罗蛮香为差胜。下岸香味皆腥烈，不甚贵重。沉水者但可入药饵。

11.1 加里曼丹沉香

加里曼丹是印尼沉香的最大产区，产香历史悠久。此地出产的沉香香味浓烈悠长，带有浓厚的香草气息，但一般都带有土腥和浊味。印尼境内的加里曼丹分为五个省，东西南北中各一省，五个省的沉香气味略有不同。西加里曼丹省出产的沉香味道和东马类似，凉味是第一感觉，细品会略带清香的草药味。东加里曼丹省和南加里曼丹省的沉香次之，凉味不重，但草药味略重。这两个省的沉香树结香率较高，大块香较多，气味也非常浓郁。北加里曼丹省接近达拉干岛，有部分沉香的味道非常好，气味柔和甜美，与达拉干沉香香味接近，唯一的区别是没有达拉干沉

加里曼丹黑油沉香

达拉干熟结沉香

香的乳香味和香味的阶段性变化。

加里曼丹的上品沉香清闻甘甜微凉，略带浊味。熏闻甜香浓郁，凉气窜动，但有酸味、药味和陈旧浊味。

11.2 达拉干沉香

达拉干位于加里曼丹岛的东北角，亦有音译为“打拉根”者，是印尼沉香的主要集散地。达拉干沉香韵味独特，香味中有丰富的层次感，奶香中略带清甜的凉意。上好的达拉干沉香外表油线有着奇特的油花状纹路，常温下奶香浓郁，有药味，其特有的甘甜幽柔使人感到温馨。

达拉干沉香

11.3 苏门答腊沉香

苏门答腊在马来语为“福地”的意思，古称三佛齐，是传统的产香地，我国唐宋时的古籍多有记载。自唐及明代均遣使朝贡。苏门答腊沉香质坚块大，甘甜微凉，香味浓烈，有浊腥之味，熏之愈烈。

11.4 伊利安沉香

伊利安位于印尼东部。这个产区包括加雅布拉、马拉OK、索隆等。伊利安沉香大都在加雅布拉集散。

伊利安土沉多以黄油出现，呈黄褐色外观。品闻时略带药味，香韵变化不大。水沉颜色深沉，带灰黑色油脂，香味浓烈，多数沉水，品质不错，是雕刻工艺品的良材。

伊利安沉香大都甜韵淡雅，略有苦涩和沼泽的浊腥之气，品级不算太高。

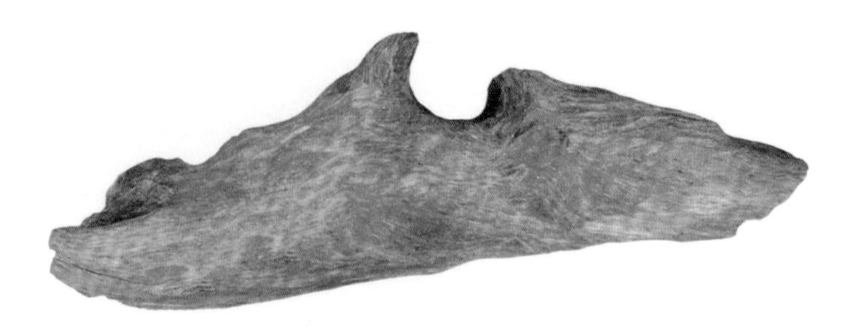

巴布亚沉香

12. 巴布亚沉香

巴布亚位于南洋群岛的新几内亚岛，与印尼的伊利安省相邻，但属于大洋洲国家。巴布亚沉香产量较低，品级不高，浊味较重，少有气味芳馨者。

沉香的选购、鉴别及评级标准

选购香材时，要从香味、结油状态、大小、价格四个因素去考虑。任何情况下，香气永远是第一位的。选购时一定要试品，明火熏闻、电炉熏闻、隔火熏闻均可，只有加温品闻才能知道香材品位的高低。在同一级别的香味下，结油状态决定香材价格的高低。结油状态可以说代表了香材熟化的程度和发香时间的长短。结油程度高，说明香材熟化程度高，结香时间久，发香时间长。反之，则不然。香材的大小同价格有关系，同一品级的香材，越大的块单位重量价格就越高。

同时，要注意香材钩刮是否干净、水分含量高低，尽量选购钩刮干净、水分含量低的香材。

通过正规的渠道和商家选购香材，可能价格高些，但不会上当受骗。同时，尽量多在专门的展览展销会上看看，仔细观察展品，多看实物，接触香材，积累知识和经验，不断提高香材的认识水平。向高手和有经验的香友包括香农学习，虚心请教，吸取他们的经验。还要认真学习当代香学大师和前贤的香学著作，才能不断提高鉴别水平。

香材的等级高低，不是看含油量的多少，也不是按比重来分。其品级的高低，是以气味优美与否、浓淡和变化来分级的。香材的等级从高到低依次分为：极品、顶级、甲级、乙级、丙级、丁级六品，丁级以下不入品。对于一些气味特别优美的罕见香材，则称之为“奇香”或者“逸品”。

评级标准的参照物是同类顶级香材。若香材无香气可品，或只有木味者，视为不入品；有香味但不是很明显者，为丁级；香味明显清晰但气息浅短者，为丙级；香味气息深长润厚者，为乙级；香味浓烈稳定且能持续25分钟左右者，为甲级；甲级香上炉10分钟内，不论其底香种类为何，若能出现乳香奶韵则为顶级；所谓极品者，气味不但浓郁稀有，乳香奶韵醇厚，且在稳定的温度下，香气在长约40分钟甚至更长的时间内，有明显不同的数种转折变化，凉气穿透力足够。香味出现转折变化不少于三种时，则可称之为奇楠香。

二、奇楠香

奇楠香与沉香都生成于沉香树，但内涵的芳香物质种类、数量和构成比例又有明显区别。

奇楠香在旧时被认为是顶级沉香，也称为伽楠、伽南香、伽兰木、茄楠、奇南、伽罗等。《武林旧事》中载有

“禁中纳凉”事云：“纱厨先后皆悬伽木兰、真腊龙涎等香珠数百斛。”《陈氏香谱》（卷一）也称“伽兰木”。元人称“茄蓝木”（汪大渊［1311—？］《岛夷志略·占城》）。明人则称奇楠香（张燮［1574—1640］《东西洋考》卷一“交趾”条）、或伽南香（文震亨《长物志》卷十二）。至于海南出产的奇楠香，古人则称之为土伽楠（张渠［1686—1740］《粤东见闻录》卷十九）。

现在，一般认为奇楠香是沉香的一个特别种类。奇楠香质地软黏，尝之舌麻，香气较一般沉香复合多变，穿透力强，甜凉明显，发香持久，有明显的初香、本香、尾香之分。据老香农讲，结奇楠香的树一般树叶发黄，叶片小而厚，树干的形状和树皮颜色都会有变化。这种树是否为沉香树的亚种，或是感染真菌的种类不同所致，抑或是树的基因突变，有待科学研究的进一步证明。

根据奇楠香油腺颜色的不同，可以把奇楠香分为白奇、绿奇、黄奇、紫奇、黑奇五个类型。依据奇楠香品质的高低，又可以把奇楠香分成以下四个级别：

生结：结奇楠香的沉香树未枯死，浸渍蚂蚁、野蜂、蛀虫等动物蜜露还鲜美的时候所采取的奇楠香，称之为生结，品质最好。

糖结：沉香树已经枯萎，但气息尚存，蜜露凝于枯萎的根部，像麦芽熬成的糖片绵润异常，称之为糖结，品质次于生结。

虎皮结：结香的时间较短，沉香树的蜜露尚未融化吸收，木质纤维较多，香气较短，次于糖结。依香名推论，应是黄色的质地上有黑色条纹状结油如虎皮，如是黄色的质地上结油如金丝则称为金丝结。

兰花结：次等级的奇楠香。结油颜色微绿而黑，结油的时间更短于虎皮结，发香时间也更短。

（一）正名

奇楠香，梵语tagara的音译。又称茄蓝木、茄楠、加南木、茄蓝、伽罗、迦楠、棋楠等。南宋之前，奇楠香并未从沉香中单列出来。奇楠香之名最早出现于南宋，它是宋人对沉香深入研究的产物，也是香学文化达到巅峰状态的重要标志。《宋会要辑稿·蕃夷道释七·历代朝贡》记载：

（南宋孝宗乾道三年十月一日），蕃首邹亚娜开具进奉物数：白乳香二万四百三十五斤、混杂乳香八万二百九十五斤、象牙七千七百九十五斤、附子沉香二百三十七斤、沉香九百九十斤、沉香头九十二斤八两、笺香头二百五十五斤、加南木笺香三百一斤、黄熟香一千七百八十斤。

南宋末年周密的《武林旧事·禁中纳凉》记载：“纱厨先后皆悬挂伽兰木，真腊龙涎等香珠百斛。”（以此产生的凉气来避暑）宋末元初陈敬的《新纂香谱》（卷一）中有

“迦阑木”条，云：“伽阑木，一作伽蓝木。今按：此香本出伽阑国，亦占香之种也。或云生南海补陀岩，盖香中之至宝，其价与金等。”

今用奇楠香之名，盖出于以下考虑：奇者，发香奇异神秘，流转变幻无常，美妙至极；异于诸香，高于诸香；奇香、奇珍之谓也。楠，古人屡用之冠名，且能表明与树与木有关，沿用之。

奇楠香蕴含天地之精华，香气美妙，且变化莫测，是香中极品。明代屠隆在其所著《考槃余事·香笺》中，将奇楠香推到至高无上的境地，“品其最优者，伽楠止矣”。周嘉胄的《香乘》（卷四）亦说奇楠香“真者价倍黄金，然绝不可得。倘佩少许，才一登座，满堂馥郁，佩者去后香犹不散”。明代田艺蘅（1524—？）在其所著《留青日札》（卷四）中记载严嵩抄家单香药部分：“洪熙宣德古渊水熊胆空青蔷薇共十三罐。矿砂三百八十五两。朱砂二百五十五斤六两。檀沉降速等香二百九十一根，重五千五十八斤十两。奇南香三块。沉香山四座。”以严嵩地位之高、贪欲之大，仅藏奇楠香三块，其珍罕可见一斑。

自宋而下，直至当今，奇楠香都是香中的无上珍品，稀少难求，“一片万金”。每一个爱香之人莫不梦寐向往，珍爱宝之。

海南虎斑紫奇楠香

（二）属性

奇楠香是沉香的一个特殊品种。它与沉香都生成于沉香树，外部形态、纹理特征和相当一部分理化指标都相同或相似。但奇楠香的致香类化合物含量明显高于沉香，且微量致香物种类多于沉香，脂肪酸含量大大低于沉香。现代科学研究表明，奇楠香的油脂含量明显较高，乙醚提取物得率高达34% ~ 45%，而普通沉香的乙醚提取物得率仅为1.3% ~ 9.7%。沉香所含的芳香类化学成分明显少于奇楠香，香味亦较奇楠香为淡。奇楠香中两个色酮类成分2-（2-苯乙基）色酮与2-［2-（4-甲氧基苯乙基）］色酮的相对含量之和高达37.30% ~ 84.71%，而沉香中这两个色酮类成分的含量仅为0.16% ~ 13.30%。奇楠香中脂肪酸含量很低，而沉香则相对较高。正因为如此，奇楠香的香气、韵味比沉香更为丰富、多变、持久，具有更强的穿透力。

目前，在业界有一个较为统一的认识：奇楠香是沉香中一个特殊品种，由于某些未知和不完全了解的特殊原因，造成了奇楠香具有与沉香不同的芳香有机化合物组成形式和比例，从而形成与沉香不同的香味和气韵。现代科学研究表明，参与奇楠香结香的菌种有二十多种，沉香只有十余种；奇楠香发香物质的含量比沉香要高出许多。

（三）古人关于奇楠香的论述

明代周嘉胄《香乘》有“奇蓝香上古无闻，近入中国，故命名有作奇南、茄蓝、伽南、棋楠等，不一而用，皆无的据”之说。“上古无闻”应该是以前没有文献记载奇楠香之名，即没有把奇楠香从沉香中单列出来，它的发香特色没有被完全认识。北宋时期的医学家寇宗奭在其所著《本草衍义》中描述一种高品级沉香说：“削之自卷，咀之柔韧者，谓之白蜡沉，尤难得也。”削之打卷，嚼之黏软，正是奇楠香的特征，但那个时候尚无奇楠香之称，只能是有实无名了。《香乘》（卷二十八）载北宋晚期香学大家颜博文《颜氏香史序》云：“焚香之法不见于三代，汉唐衣冠之儒稍用之。然返魂飞气，出于道家；旃檀伽罗，盛于缁庐。”后世的奇楠香之名应演变于此。“缁庐”为寺庙别称，说明奇楠香之名与佛家有关。

从文献资料来看，至晚在南宋中期，奇楠香开始从沉香中分离出来。可能随着香具的改进、用香水平的提高，人们对奇楠香有了相对明确的认识，知道它与沉香虽出同类但香气表述明显高于沉香，需要把它单列出一类来。真

惠州绿奇楠香

正对奇楠香有较为准确的认识，并且从不同方面予以表述，是从明代中晚期开始的。受彼时香学发展水平、时空、信息传播等因素的限制，古人对奇楠香的记载描述往往各执一词，犹如盲人摸象，仅表所及，多有偏颇和臆说，人云亦云者亦多，诸多的穿凿附会。合理利用古人关于奇楠香的资料，结合现代香学发展成果，最大限度地缩短我们认识奇楠香真相的距离，应为我辈爱香之人义不容辞的职责。

1. 古人关于奇楠香成因的两类说法

1.1 浸润石蜜说

明代黄衷（1474—1553）《海语》卷三“伽南香”条云：

香品杂出海上诸山，盖香木枝柯窍露者，木死而本存者，气性皆温，故为大蚁所穴，蚁食石蜜，归而遗于香中，岁久渐渍。木受蜜气，结而坚润，则香成矣。其香木未死，蜜气复老者，谓之生结，上也；木死本存，蜜气融于枯根，润若饧片，谓之糖结，次也；称其虎斑、金丝结者，岁月既浅，木蜜之气尚未融化，木性多而香味少，斯为下耳。

明代张岱（1597—1689）《夜航船》（卷十二）云：

奇楠香一作伽南。其木最大，枝朽窍露，大蚁穴之。蚁食石蜜，归遗于中，木受蜜气，结而成香，红而坚者谓之生结，黑而软者谓之糖结。木性多而香味薄者，谓之虎斑结、金丝结。

明末清初徐树丕（生卒年不详）《识小录》卷三“伽

海南树心黄奇楠香

南香”条载：

伽南香一名奇楠香，本草不载，惟占城有之。有坚软浅深不同。其木最大者，枝朽窍露，大蚁穴之，食蜜归遗其中。木受蜜气而坚润，则香成矣。香成则木本渐坏，其旁草树咸枯。

明末慎懋官（生卒年不详）《华夷续考·花木续考》载：

奇楠香品，杂出海上诸山，盖香木枝朽窍露者，木虽死而本存者，气性皆温，故为大蛇所穴，蛇食蜜，归而遗渍于香中，岁久渐浸，木受蜜结而坚润，则香成矣。……率多巧合，颇若天成。

清代李调元（1734—1803）《粤东笔记·伽楠》载：

伽楠，杂出海上诸山。凡香木之枝朽窍露者，木立死而本存，气性皆温，故为大蚁所穴。大蚁所食石蜜，遗渍香中。岁久，渐浸。木受石蜜气多，凝而坚润，则伽楠成。

以上记载，总述之，把奇楠香的成因归结为长年累月的石蜜浸润，有几个要素：沉香树大，树朽窍露，树死本存，有大蚁或大蛇穴居之，食石蜜归而遗之。蜜浸渍日久，遂成奇楠香。这种观点在古人关于奇楠香的成因说中居多。

1.2 树种说

明末清初成书的卢之颐（1599—1664）《本草乘雅半偈·别录·上品·沉香》云：

奇楠香与沉同类，因树分牝牡，则阴阳形质，臭味情

海南树心白奇楠香

性，各各差别，其成沉之本为牝为阴，故味苦浓，性通利，臭含藏，燃之臭转胜，阴体而阳用，藏精而起亟也；成楠之本为牡为阳，故味辛辣，臭显发，性禁止，能闭二便，阳体而阴用，卫外而为固也，至若等分黄栈品成四结状肖四十有二则一矣。第牝多而牡少，独奇楠香世称至贵，亦得固之以论高下。

清代李调元《粤东笔记·伽楠》亦有沉香、奇楠香牝牡阴阳之说：

伽楠本与沉香同类，而分阴阳。或谓沉，牝也，味苦而性利。其香含藏，烧乃芳烈，阴体阳用也。伽楠，牡也，味辛而气甜。其香勃发，而性能闭二便，阳体阴用也。

从植物学的角度来看，可能存在沉香树的变种或亚种。牝牡之说其实已经指出结沉香、结奇楠香的树种不同，而以阴阳雌雄去解释。近十几年来，广东、海南、广西等地都在大量人工种植奇楠香树，香农们用沉香树作为砧木，嫁接奇楠香树芽条，取得成功，已大量推广种植，并且成功结出奇楠香。这个事实肯定了树种说的论点，但也不能完全否定其他结香方式的存在。当然，由于生长环境和结香年份等等原因，目前尚无上好奇楠香产出。相信若干年后，会有上好的奇楠香产出。

1.3 植物学命名注册的奇楠香

1870年法国植物学专家Pierre在越南富国岛及柬埔寨

山区发现了类似沉香的新品种，向法国植物学会申请命名注册，并被赋予国际学名“Aquilaria crassna Pierre”，正式公布归列“瑞香科”“沉香属”“奇楠香种”。这是以现代植物学的观点认定的奇楠香，并且是单一品种的奇楠香。

这种确定奇楠香的说法，前几年甚为流行。但现在看来，只是植物学意义上的一种分类，和大家公认的奇楠香并不一样，似乎不是对香材质量的一种认定。

2. 古人对奇楠香级别、形态、特征的论述

明代陈让（生卒年不详）《海外逸说》中记载：

伽南与沉香并生，沉香质坚雕剔之如刀刮竹，伽南质软，指刻之如锥画沙，味辣有脂嚼之粘牙。上者曰莺哥绿色如莺毛最难得；次曰兰花结色嫩绿而黑；又次曰金丝结色微黄；再次曰糖结，黄色是者也；下曰铁结色黑而微坚，皆有膏腻。

《识小录》卷三“伽南香”条载：

香木未死，蜜气复老，谓之生结，上也。木死本存，蜜气凝于枯根，润若饧片，谓之糖结。其次，称虎斑结、金丝结者，岁月既浅，木蜜之气尚未融化，木性多而香味少，斯为下品。生结红而坚，糖结黑而软。生结国（占城国）人最重，不以入中国，入中国者，乃糖结。试者爪掐之即入，爪起便合，带之香可芬数室，价倍白银。

明末清初卢之颐（1599—1664）的《本草乘雅半偈》说：

奇楠香原属沉香同类。等分黄、栈，品成四结，世称至贵。即黄、栈二等，亦得因之以论高下。沉本黄熟，固坎端棕透，浅而材白，臭而易散；奇本黄熟，不唯棕透，而黄质邃理，犹如熟色，远胜生香，炙经旬，尚袭袭难过也。栈即奇楠香液重者，曰金丝。其熟结、生结、虫漏、脱落四品，虽统称奇楠香结，而四品之中，又个分别油结、糖结、蜜结、绿结、金丝结、为熟、为生、为漏、为落，井然成秩耳。大都沉香所重在质，故通体作香，入水便沉，奇楠香虽结同四品，不唯味极辛辣，著舌便木。顾四结中，每必抱木，曰油、曰糖、曰蜜、曰绿、曰金丝，色相生成，亦迥别也。

明清之际慎懋官（生卒年不详）《华夷续考·花木续考》说：

其香有虎皮结、金丝结、蜜结等，色墨绿而润。倘佩少许，才一登座满堂馥郁，佩者去后香犹不散，真者价倍黄金。

明末清初屈大均（1630—1696）《粤海香语·木部》则曰：

伽楠，杂出海上诸山。其香木未死蜜气未老者，谓之生结，上也。木死本存，蜜气膏于枯根，润若饧片者，谓之糖结，次也。岁月既浅，木蜜之气未融，木性多而香味少，谓之虎斑金丝结，又次之。其色如鸭头绿者，名绿结。掐之痕生，释之痕合，接之可圆，放之仍方，锯则细屑成团，又名油结，上之上也。

清代《崖州志·舆地·沉香》对奇楠香进行了解释和分类：

伽楠一名琪楠，有疤结、类结之分。疤结者，每结一件，皆有疤痕；类结者，其树久为风雨所折，从此而类。其实均以色绿而彩，性软而润，味香而清。掐之有油，如缎色。或有全黑带绿而沉水者，或有黑绿带速而不沉者。有纯白色者，有纯黄色者，带之，可以避瘴气，治胸腹诸症，实为香中之极品也。

伽楠与沉香并生，沉香质坚，伽楠软，味辣有脂，嚼之粘齿麻舌，其气上升，故老人佩之少便溺。上者莺歌绿，色如莺毛。次兰花结，色微绿而黑。又次金丝结，色微黄。再次曰糖结，纯黄。下者曰铁结，色黑而微坚，名虽数种，各有膏腻。

从上面的论述和记载来看，明代时候认为生结为上，糖结其次，虎斑金丝者最次。但这个“生结”并不等同于今天的“生结”，而是指“香木未死蜜气未老者，谓之生结”，糖结者，类似今天的熟结，且为软丝，“润若饧片者，谓之糖结”，古人评价它不如生结者，与今天的看法有出入。清代时则把“鸭头绿”“鹦哥绿”列为最上品。其实奇楠香的颜色丰富多彩，变换不同的角度，会有不同的色彩变化，所以有香友称奇楠香五彩斑斓。

莞香绿奇楠香

对奇楠香的质地，古人有较为统一的看法：软、粘、糯、有弹性。无论是“爪掐之即入，爪起便合”，还是“掐之痕生，释之痕合，挼之可圆，放之仍方，锯则细屑成团”，都是表述了这些特征。

对奇楠香的形态，古人有一个比较统一的认识是“每必抱木”。这里的抱木应理解为奇楠香的外表包裹着一层白木，其实就是树芯结香。我们看惠东绿奇、芽庄奇楠香等都有这个特征。但这个认识，现在看来并不全面。

同时，都认为奇楠香味辣有脂，嚼之黏齿麻舌，其气上升。

（四）奇楠香的产地

能达到奇楠香级别的香材，主要出产于中国产区、惠安系的部分地区。星洲产区目前未发现有达到奇楠香级别的香材。

中国产区包括海南、广东、香港、广西。其中以海南奇楠香、香港奇楠香、惠州绿奇为优。

惠安产区包括越南中南部、柬埔寨菩萨产区、缅甸和老挝部分产区、泰国部分产区。其中以越南芽庄、柬埔寨菩萨奇楠香、金三角奇楠香、缅甸蜜奇楠香最有名气。按古人记载和部分香友的传说，印度有很好的奇楠香，但未见实物，更没有确凿的证据证明，暂且存疑。

（五）奇楠香的成因

奇楠香的成因自古众说纷纭，明代慎懋官说“（奇楠香成香）率多巧合，颇若天成”。奇楠香复杂的结香机理，我们现在也难窥其“全豹”。根据现代科研成果，结合实物证据，推测奇楠香的成香因素如下：

与树种有关。目前出产奇楠香的中国产区、惠安产区中，发现奇楠香的树大多都属于白木香树、蜜香树的亚种（或称为变种），但在星洲产区的鹰香树中，至今没有发现真正意义上的奇楠香。树种的变异和环境有很大关系，有结奇楠香的树种，也就表明有结奇楠香的环境，因此，树种的因素可能是结奇楠香的主要因素。近十几年来，惠州、深圳等地接二连三地出现奇楠香，业内称之为惠东绿奇，品级颇高。据多数香农讲，只要是这种香树，就能结出奇楠香来，香的品质由树龄、环境、时间等因素决定。

可能与参与结香的菌种有关。目前已知参与沉香结香的菌种有十余种，参与奇楠香结香的有二十余种。更多的真菌参与结香可能会造成奇楠香内含有的物质更加丰富，微量致香化合物更多。同时，也完全会导致奇楠香内含发香化合物排列组合形式的不同。

惠州绿奇楠香

（六）奇楠香的命名和分类

1. 奇楠香的命名

遵照约定成俗的原则和市场交易习惯，奇楠香的命名应为：产地+生熟+油腺颜色，如：海南尖峰岭熟结白奇楠香、越南芽庄生结绿奇楠香等。这样的命名分类方法能够较为准确地说明香的产地、生熟、油腺颜色等特征，符合当下一般市场的运作习惯，便于交流。

2. 奇楠香的分类

奇楠香的分类，自古便众说纷纭。窃以为，简明扼要、符合一般交易习惯为好。

2.1 按油线颜色划分。这种划分并不是十分准确的，只能是大致而已。绿奇楠香的油脂颜色是灰绿色的；白奇楠香的油脂颜色是金黄色的，所谓白是指油脂外面轻轻包着的一层白木；黄奇楠香的油脂是棕黄色、灰黄色的；紫奇楠香的油脂是黄褐色的；黑奇楠香的油脂是棕黑色的。仔细观察，每块奇楠香的颜色都是复合多彩的，所以说奇楠香五彩，全不为过。

2.2 按结香部位分。按照奇楠香的结香部位来分，可分为树芯奇楠香、虎斑奇楠香、树根奇楠香、皮油奇楠香四类。

树芯奇楠香：结成于树的枝干、根的芯部，为传统意义上的奇楠香。

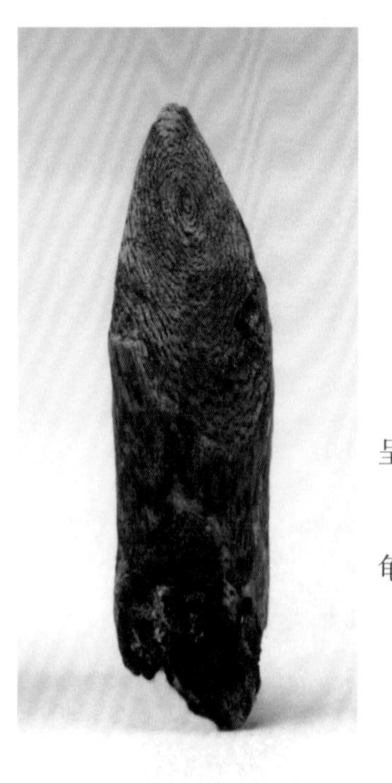

海南糖结绿奇楠香

虎斑奇楠香：由树皮结向枝干木质部分，勾掉树皮后，呈现类似虎豹斑纹的纹理，香气表述有明显的奇楠香特征。

树根奇楠香：纯树根表皮所结呈块状油脂形态，类似龟甲纹理，凉麻气重，穿透力亦强，有泥土或药味。

皮油奇楠香：纯属树皮所结，具有明显的奇楠香韵味。

（七）奇楠香的特点与鉴定

1. 奇楠香的特点

1.1 外观

沉香的油脂分泌多是由外及里，表面结油较多，油腺呈不规则的黑色。而奇楠香的油脂则是由里到外聚集的，外表看起来是木质纤维，切开则膏液内足，古人说奇楠香“每必抱木”也正是此意。奇楠香的油脂线一般细腻均匀，历历分明。

1.2 质感

一般沉香质地坚硬，奇楠香则较为柔软，有黏韧性，用刀切削，黏软打卷，如切皮革与年糕。碎屑团揉可成丸。清代汪昂（1615—1695）《本草备要·木部·伽楠香》说：“（奇楠香）咀之软，削之卷。”明代陈让（生卒年不详）《海外逸说》中记载：“伽与沉香并生，沉香质坚，雕剔之如刀割竹；伽质软，指刻之如锥画沙，味辣有脂，嚼之粘牙，其气上升，故老人佩之，少便溺焉。”奇楠香的软黏也

海南树芯紫奇楠香

是相对的，新出的一般较软，存放时间长则会因水分散发和油脂固化而逐渐变硬。一般生结奇楠香质地较软，熟结则稍硬一些。通常绿奇楠香最为软黏，紫奇楠香和黄奇楠香次之，黑奇楠香一般比较坚硬。

口受咀嚼奇楠香屑时，会有黏糯粘牙的感觉，瞬间舌尖麻凉辛辣、微苦，麻痹感呈现，继而回甘生津，多种复合香味回旋弥漫，整个口腔喉咙凉风习习。体感明显，如置身山林，十几分钟后浑身清爽，内心无名愉悦。

1.3 气韵

明代徐树丕《识小录》“伽南香”条记载：“木受蜜气而坚润，则香成矣。其旁草树咸枯。”海南的香农世代流传有“孤山独木出奇楠香”之说。奇楠香的气场能量巨大，完全吸收了它所在空间的能量，其他植物只好退避三舍了。奇楠香汲天地灵气，秉日月精华，融合植物、动物、微生物的能量，历经岁月沧海桑田，反复累积醇化升华，凝聚为强大的气场能量，实为香中极品。现代科研表明，参与奇楠香结香的菌种多达二十多种，而沉香只有十几种。沉香所含的芳香物质奇楠香都有，而奇楠香的某些芳香成分沉香则不具备。感受奇楠香，先要体验它的“气”，“气”是奇楠香的生命力，是奇楠香香气变幻的源泉，是香与人交流的媒介。清闻、熏闻都要注重“气”的体验和感悟。

奇楠香的香气中带有明显的清凉，且涌动升腾，经久不息，下可过喉咙达胸腹，上可穿鼻腔冲百会，瞬间弥漫全身，令人震撼而深感奇诡无常。高品级的沉香虽有凉气，上炉后随着发香的持续，会渐弱至消失，而奇楠香则始终凉意丰沛。

奇楠香麻感也是非常奇特的，清闻、熏闻都会有鼻尖甚至脸庞发麻的感觉。品级高的奇楠香，清闻时间长一些，整个头部都会有凉麻的感觉。体感好的香友，浑身忽热忽凉，如片刻春阳，片刻秋风。

奇楠香的气韵清越典雅，刚柔变幻，飘逸矫健，空灵曼妙。沉香香气浓郁者，如多肉无骨；香气清雅者，又有骨无肉。奇楠香骨肉均匀，体态俊朗，大有玉树临风之姿。香气浓郁者，扑面而来不会有混杂之感；香气细腻者，虽如游丝，亦是金丝铁线。

2. 奇楠香的鉴定

鉴别一款奇楠香，应该从“眼、耳、鼻、舌、身、意”六个方面去进行。也就是眼观、耳听、鼻嗅、口受、手触、意会。

2.1 眼观

用眼睛观察香材的颜色、结油状况、油脂颜色、熟化程度，用放大镜观察竖切、横切面油腺分布疏密及颜色。熏闻时，用放大镜观察熏香炉中香材油脂、颜色的变化等。奇楠香的油脂腺大都清晰匀称，来龙去脉清楚，在光线照射的情况下，变换角度会呈现不同的色彩，有幻彩之感。能看出香材的湿润和黏糯。放大镜下，奇楠香的油腺中繁星点点，有动感和生命力，熏品时感觉更为明显。而沉香的油腺则呈不规则状态，缺少细腻和韵味。

2.2 耳听

用手指、切香刀轻敲奇楠香，或者在桌子上提起放下，听香材发出的声音，感知香材的密度、结油状态、熟化程度。一般来说，沉香的发声相对清脆，奇楠香则会沉闷一些。这只是鉴定过程中的一个参考，要从整体去做判断。

2.3 鼻嗅

这是最重要的鉴定环节，也是感知一款香材是否达到奇楠香级别的主要方式。分清闻、熏闻两步进行。

清闻。接触一块香材，不使用任何加温措施，直接拿起香材嗅闻。一般沉香清闻时香味较淡，奇楠香可以闻到较强的香味，品级高的会有花香蜜韵。把奇楠香放在鼻下一寸左右一二分钟，就会感到一波又一波的气流冲击，凉气涌动，鼻子周围感到冰凉发麻。顶级奇楠香的气息可以上冲百会，且香味复合多变，一般沉香是不具备这种特质的。

熏闻。奇楠香的质量高低最终还是要由上炉的表现来决定。方便起见，一般用电子品香炉进行。同时打开三个品香炉，将温度分别设置为65℃、80℃、90℃，放入同一款香材碎末，反复品闻。时间充分，最好用炭团隔火熏香。

沉香熏闻时香味较为单一，只有粗细、高低、强弱之分。但奇楠香熏闻时，香气在不断变化，有明显的初香、本香、尾香之分。花香蜜韵，清凉上冲，口齿生津。奇楠香香气有很强的穿透力，熏闻时，可上达头顶百会，下至胸腹丹田，荡气回肠，令人陶醉。

三个电子品香炉或三炉隔火熏香同时熏闻，既可以确定是否为奇楠香，更能确定奇楠香级别的高低。温度越高，香气正常散发的时间越长久而不发焦，说明级别越高。

沉香可以明火点着品闻，但奇楠香不能使用明火熏闻，否则会发出腥膻味。

2.4 口受

气息是用鼻子感受的，而味道只能通过口腔和舌头去感受。切少许香材入口品尝。沉香入口干硬，有苦味，咀嚼有木质纤维感。奇楠香入口黏糯细软，微苦麻凉，舌尖会有酥麻感如虫叮咬，片刻馨香满口，有一种混合多种感觉的香气。因种类不同，会出现甘甜、苦香、微辣、酸咸等滋味。不久，口中香材消融无迹，略无渣滓，微张口，齿痕间香气窜动，上颚与喉咙气流涌动回环。

2.5 手触

用手触摸奇楠香会有黏糯之感，握住片刻会有麻凉的感觉。天热时握上好的奇楠香犹如抚冰握雪，阵阵凉爽之意氤氲身心。

手握香刀切削奇楠香，会打卷，能感到黏软、黏刀。沉香或坚硬或松虚，切削时一般不会打卷，只能是块状和碎末。

2.6 意会

这个环节是综合以上几项鉴别所产生的体验和感悟。通过眼耳鼻舌身的接触、观察、分析，香材信息充盈品鉴者的心灵，会使之产生奇妙的精神感应。一般好的沉香会使人舒适清爽，但奇楠香的气息就非常特殊了，它会使人心胸异常舒畅愉悦，浑身通透，双眼明亮，仿佛融入山林的清风，化为秋夜的月光，托身荷塘的露珠，无名的愉悦欢喜在周身荡漾。

鉴定奇楠香时，要认真对待每一块香材。不要轻易肯定，也不要轻易否定。每一块香材都是大自然的天工神物，都是有生命的物体，有着不同的美好。用心感受，用心感悟，才能认知它、理解它。

（八）奇楠香的品闻

奇楠香的级别高低、气味美好与否，主要还是要通过上炉发香的表现来确定。不论何地所产，只要是质软、粘糯、油脂含量高、杂质少、发香美妙、持久多变，便是上品奇楠香。

奇楠香与沉香的香气表述完全不同。常温下，沉香的气味很淡，而奇楠香则有明显的、有变化的香气。甚至零度以下，奇楠香也有明显的香气。上炉加温后，沉香的香味几乎稳定不变，只有粗细浓郁之分，没有明显的层次变化。沉香的最佳出香温度一般在90℃到120℃之间，奇楠香的最佳出香温度则为65℃到85℃之间。温度过高或是过低，都会影响奇楠香香气的完整表述。用明火烧奇楠香，会有腥膻味出来，破坏奇楠香的美好香气，绝对是焚琴煮鹤之举。奇楠香沁人心脾，有很强的穿透力，每隔10秒左右到一两分钟，香气都会有变化，有明显的头香、本香、尾香之区别，发香时间持久。

奇楠香上炉品闻时，要切薄、切碎、切松透，不能有厚的块状、片状香材，否则容易发焦，影响香气完整舒缓地表述。

握炉方式：用右手握住品香炉的颈部（或上三分之一处），放至左手掌心略靠前，左手握住炉的下部，右手五指并拢，掌心朝内靠近炉的外侧，小指与炉沿齐平（不可接触炉沿）；将炉平稳移至丹田（脐下三寸处），头部左转90度呼气尽，右转头使鼻孔与炉垂直，等香气入鼻时，缓缓深吸；转头向左90度呼气，同时将炉提至膻中穴（两乳中间），头部右转与炉垂直时，右手掌拇指侧略向内倾斜，缓缓深吸；将炉上升至颔下，头部左转90度呼气尽，头部右转与炉垂直时，右手掌继续向内倾斜，缓缓吸入香味。

第一次炉在丹田部位时，感受香的气韵；第二次炉在

海南紫奇楠香

第一品

膻中部位时，感受香的能量；第三次炉在颔下部位时，感受香的味道。每次品闻，均要清心静气，放下执着的心理，恭敬地等候香的来临，虔诚地与香交流对话。古代先贤们早就有“听雪”的表述，那要多干净的身体、多清洁的心灵啊！日本香道也有“听香”的说法，听香是被动的，心是散淡静寂的，而闻香是执着贪嗔的；听香的心是静的，闻香的心是动的，高下天壤。远品时，香气寂然而来，无色无形，涌动升腾，瞬间弥漫全身；近闻时，香气轰然扑鼻，飞花溅玉，莺飞草长，流转变幻，美不胜收。

第二品

吸收奇楠香的气场能量，可以提高人的生命能量，对整个身体乃至细胞都会产生强烈的激发作用，使疲惫的细胞恢复生命活力。奇楠香的灵性微妙通玄，深不可测。倘能分享她的神秘物质与能量，定能使我们的身体和灵魂洋溢弥漫快乐和欢喜，从而悟得清净自在，提升生命的大智慧。

见过一香友品奇楠香后所写香笺：“难以抹去的嗅觉记忆，植入脑海的美妙感受。那一刻，时间凝固了，空间消逝了。一缕馨香，冉冉升腾，在冥冥中飘逸，在心胸间徜徉。像雨后的田野一般清新，像丰收的果园一样芬芳，像寺庙的诵经声一般虔诚，像缀满星光的夜空一样深邃。忘却了疲惫，远离了烦躁。一时间，月明风清，内心只是满满的愉悦……”真的是沉心于香，素心萦怀。

第三品

奇楠香是上苍送给人类最美好的礼物，花香蜜韵，凉甜辛麻，不足以描述它的复合醇厚；穿透冲击，震撼身心，不足以说明它的强大能量；灵动多变，飞花溅玉，不足以表达它的万般美好。捧起一炉奇楠香，美妙的香气于呼吸间流转变幻，轻抚劲吹，一次次沉迷，一次次回味。其间的美好，三生难忘。静静地感受，香气从鼻腔直冲百会，在整个头部弥漫萦绕，时而颈部气涌，时而后脑凉麻，时而喉咙甜润，时而脸颊颤酥。再而气行全身，丹田气动，涌泉发暖，强大的气场能量统摄全身，直如秋月当空，春风拂面，细雨如丝，白雪皑皑，美妙感觉内心自省，真正达到天人合一、物我两融的玄妙境界。佛家云香通三界，信之无疑。

（九）几种主要奇楠香的识别与鉴赏

1. 海南奇楠香

海南独特的热带岛屿性气候，钟灵毓秀，非常适合沉香树的生长，常常有上等好香产出。海南沉香古称崖香、琼脂，自古便是珍贵香材。李时珍《本草纲目》云："占城不若真腊，真腊不若海南黎峒。黎峒又以万安黎母山东峒者，冠绝天下，谓之海南沉，一片万钱。"海南奇楠香纹理细腻，香腺间隔细小致密，清闻花香蜜韵，凉意袭人，细腻而具备穿透力，清越典雅。熏闻则初香高扬迷人，灵动多变，穿透力强，凉意十足，香气直冲百会，直入脑海；本香时间长久，蜜韵明显，花香馥郁，香气饱满灵动，流转变幻，飞花溅玉，美不胜收；尾香荷香奶韵，袅袅不绝。在香气演绎变化中起伏波动，饱满丰盈，富有激情。海南奇楠香的洁净细腻、高扬多变，初香的美妙迷人、整体的香气凝聚度，是任何产区的奇楠香都无法比拟的。

各色海南奇楠香亦各具特色：

1.1 海南白奇楠香

海南白奇楠香可谓香中极品，从形态而言分为树芯和虎斑两种。

树芯白奇楠香大都产于乐东的尖峰岭一带。此地湿润多雨，古木参天，藤蔓缠绕，溪水潺潺，云雾缭绕，集大山、大海、大森林于一体。植被完整，生物多样，形成了得天独厚的地理环境，适合特殊真菌生长，使得尖峰岭树芯白奇楠香独步天下。

虎斑白奇楠香，是沉香树受真菌感染，在树皮与树干之间结香而形成的。这种香材保留着清晰的木皮纹路，貌似白木，实则美妙无比。在光线的照射下，有明显的晶体闪光，如繁星点点。显微镜下，其结构全由嫩黄色油脂腺组成，削之黏刀，咀之如蜡，捻屑成团，在常温下具有明显的香甜之气。入口香、糯、麻、凉、甜，回甘生津，凉气弥漫回旋。

白奇楠香常温下即清新甜凉，香气馥郁。切少许上炉，香气直冲百会，令人神清气爽。初香清淑如梅英、鹅梨、蜜脾，清凉悠远，优美至极。本香花香果香，清幽甜美丰满圆润。尾韵兼具乳香和红糖香味，持久迷人。白奇楠香气韵变幻流转，富有激情，香味复合，持久悠远。

1.2 海南紫奇楠香

海南紫奇楠香呈紫褐色，油脂腺呈棕红色。常温下有浓郁的甜香，凉气十足，有些许淡雅的胭脂香气。上炉则显示其独特的嗅觉标志：馥郁的蔗糖香和优雅的荷花气息贯穿始终，醇厚甜美，雍容华贵。初香为梅香及蔗糖香，本香转为花香、杏仁香，尾韵有明显的乳香。

1.3 海南黄奇楠香

海南黄奇楠香气味浓郁，最具爆发力。油脂腺呈黄褐色，清闻甜凉之中略带一丝药香。上炉初香清凉甘甜，梅子香、药香明显。本香梅子香浓郁甜美，如瀑布飞流，气场强大而丰厚。尾韵奶香清幽。

1.4 海南黑奇楠香

海南黑奇楠香大多质地偏硬，色黑如墨，未结香的木质纤纹色白似雪，黑白相间，极为醒目。入口辛、麻、辣，满口生津。上炉清凉之气直达百会，凉麻齐备，有典雅之药香。本香蜜香浓郁，尾韵奶香悠远。发香持久，略显霸气。

1.5 海南绿奇楠香

海南绿奇楠香为灰绿色，通体有香脂射线细丝，香气清甜迷人，动感较强。初香清越，本香甜凉，尾韵有奶香。

惠州绿奇楠香

2. 香港奇楠香

香港属海岛型气候，温度、湿度较高，菌种丰富，具备产出优质香材的条件。香港奇楠香亦属莞香树所结，大都为树芯结香。香气灵动清新，蜜糖味十足，凉意辛辣俱备。上炉，发香持久多变，细腻洁净，花香丰盈，婉转旖旎，韵味美妙。除穿透力略弱些许，几乎可以媲美海南奇楠香。近二十年来间或散出，为业内认可时间略晚。

3. 惠州绿奇楠香

惠州绿奇楠香，又称惠东绿奇，是近年来国香系产出较多的一个品种，多为树芯和根部结香，大都呈条形状态，沉水。结香大块的，反倒品级不高。清闻韵味十足，表皮呈淡绿、黄绿色，内质完全为油膏状，油脂晶莹剔透，发墨绿色。质软黏糯，入口粘牙，香、麻、凉、辣、苦味俱备。是和古人描述最为接近的奇楠香。熏闻，初香清凉，香气浓郁；本香甘甜，兰韵清雅；尾香有乳香韵味。与海南奇楠香相比，惠州绿奇楠香的发香时间略短，香气微显松散平和，稍有水汽，凝聚度不高，穿透力稍弱，变化较少。

惠州绿奇楠香

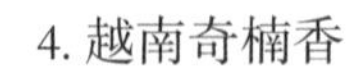

4. 越南奇楠香

越南芽庄、惠安一带自古盛产奇楠香。芽庄奇楠香最为出名，很受台湾地区、日本香友的追捧。

芽庄奇楠香

4.1 越南芽庄绿奇楠香

芽庄绿奇为莺歌绿奇楠香，清闻甘甜，花香浓郁，凉气逼人。切开内质为墨绿色，绿多黄少，层次如同鹦鹉的羽毛绿色变幻迷离，油脂晶莹剔透，带有明显的金丝纹路，掐之有痕，捏之成形，脂膏内溢。熏闻时，层次变化丰富。初香花香浓郁，凉意逼人，具有极强穿透力的药蜜奇韵，微显辛涩；本香具有兰花香味，甘甜持久，变化较多；尾香有杏仁味，乳香明显。

4.2 越南芽庄白奇楠香

越南芽庄白奇楠香为香中极品。包香的外皮呈白色，金黄色纤维，里面油脂密集，呈褐色和深褐色，在灯光下有迷彩闪光的感觉，其油脂细密，放大镜下能看到金黄色油腺紧密地结合在一起，刀削之，黏软起卷。尝之舌麻，满口生津，有气流升腾之感。熏闻香气细腻，凉意窜动，气场能量强大，花香蜜韵齐发，美不胜收。得闻一次，三生有幸。

目前产量极少，市面所见大都为回流老料，品质上乘。

5. 柬埔寨菩萨奇楠香

柬埔寨自古便是优质沉香的产地，菩萨奇楠香产于柬埔寨中西部洞里萨湖周边的热带雨林。菩萨奇楠香貌不惊人，大都状似白木，手握无沉压之感，少有沉水级别。清闻有水果的香甜，略有酸味，凉气丰沛，用刀切削，绵

菩萨奇楠香

糯打卷。熏闻时，颇具爆发力，香气扑面而来，果香花香，蜜韵浓郁，凉意逼人，微有咸麻。是不可多得的品香佳材。

6. 金三角蜜奇楠香

金三角是指位于泰国、老挝、缅甸三国边境地区的三角地带。这个地区闻名于世是因为毒品。其实，这里为长日照、低纬度、高湿度的雨林性气候，也促成了高品质沉香的产生。金三角蜜奇楠香颜色黑紫，清闻甜凉有药香味。上炉初香甜蜜，凉意窜动，略有金属味道。本香甜似红糖，夹带药香味和潮湿的森林气息，辛麻凉气明显。尾韵有奶香。仔细品闻，会觉其有妖艳之气。

金三角绿奇香

奇楠香是沉香中一个特殊的品种，是嗅觉体验的无上珍品，也是品香艺术和香学水平发展到一定阶段的产物。它的单列，表明了人们对沉香认识水平的提高。由于奇楠香的结香因素复杂并有诸多巧合偶然，我们离真正了解它尚有很大距离。对于奇楠香我们有太多的未知——奇楠香的结香原理、内含物质、合理利用都需要更深层次的研究和开发。随着中国香学文化整体水平的不断提高，以及相关科研的深入，相信我们能越来越接近真相，直至彻底解开这个结香之谜。

奇楠香的收藏

奇楠香包括上品沉香，收藏时一般要用无味的密封袋、盒、瓶单独密封，置于避光干燥之地。明人张应文（约1524—1585）在《清秘藏·论名香》中，有非常独到的心得，值得仿效。他说："凡琪楠、沉水等香，居常以锡盒盛诸香花、蜂蜜养之，则气味尤美。"又说："其盒中格置香，花开时，杂以诸香花；下格置蜜，上施盖焉；中格必穿数孔，如龙眼大，所以使蜜气上升也。每蜜一斤，用沉香四两，细锉如小赤豆大，和匀，用之，则所养之香，百倍市肆中香也。"清代李调元（1734—1803）《粤东笔记·伽楠》中也讲到奇楠香的收藏："藏者以锡为匣，中为一隔而多窍。蜜其下，伽楠其上，使熏炙以为滋润。又以伽楠末养之，他香末而弗香。以其本者返其魂，虽微尘许，而其元可复，其精多而气厚故也。寻常时，勿使见水，勿使见燥风霉湿。出则藏之，否则香气耗散。"

明代文震亨《长物志》一书中亦有类似的藏香之法。

收藏奇楠香时，一定要注意清洁干净，不要让不洁的物质同它接触，更不能用未经清洗的手去触摸它。沉香和奇楠香仍属活性物质，它还会吸收环境中的各种微量物质，也会在与人的持续互动中不断产生变化。爱香者可以在摩挲把玩之中感受它的特殊能量，体察天地造物之玄妙。

印度老山檀

三、檀香

东加老山檀

檀香，也称檀香木，又名白檀，属檀香科常绿乔木，原产印度、东南亚、澳大利亚、斐济等热带地区，我国台湾、广东等地也有引种栽培。其中又以产自印度的老山檀为上乘之品。印度檀香木的特点是色白偏黄，油脂大，散发的香气恒久。而澳大利亚、斐济等地所产檀香质地、色泽、香气较为逊色，一般称之为雪梨檀香，以斐济所产较佳。

东加新山檀

檀香树是一种半寄生植物，生长缓慢，通常要数十年才能成材，成熟的树可高达十米。檀香树幼苗非常娇贵，必须寄生在凤凰树、红豆树、相思树等植物上才能成活。因此产量很受限制，而人们对它的需求量又很大，所以从古至今一直都是珍贵香材。

檀香，佛家谓之“旃檀”，取自檀香树的木质芯材，愈近树芯与根部的材质愈好。但新砍伐的檀香带有腥气，近闻刺鼻，常常要搁置数年，待气息沉稳醇和之后再使用。有存放几十年甚至上百年者，香味已经非常温润醇和，被称为“老山檀”。

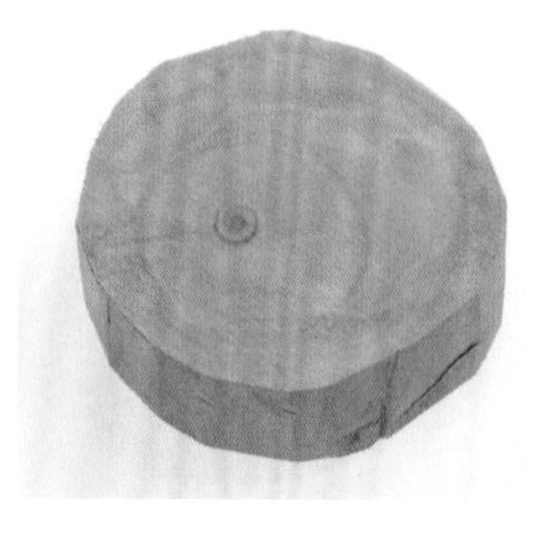

斐济檀香

檀香木一般呈黄褐色或深褐色，存放时间愈长则颜色愈深。檀香的香气醇厚，有奶韵蜜香，凉意较重，香味穿透力极强，可逆风传香。檀香的气味不像沉香那样缕缕穿

檀香树叶

透，且每一缕都给人不同的感受。檀香的香味是呈团状弥散的，点燃片刻，便会使人有密密地被包围之感。檀香的香气分子也属不太活跃型的，因此留香时间非常持久，是香水中常见的定香成分。大部分高档香水都用檀香作基调，我们在尾调中常常能发现它的影子。

品香时，既可单品，也可作为“隔香”（品香时，连品几道香材后，人们会产生嗅觉疲劳，需要间隔换味，使嗅觉休息一下，以便重新品闻。这个间隔换味的香材一般使用老山檀）。檀香一直为佛家所重，是佛教供香的传统香材。当今的寺院庙宇供佛依然使用大量的檀香线香和其他檀香制品。

第二节　辅助类香材

一、龙涎香

龙涎香

龙涎香是抹香鲸肠胃内的病理分泌物，主要产于热带和亚热带的海洋中。龙涎香产量稀少，功效独特，自古便是价值连城的名贵香料，被誉为“灰色金子”。其成因是：鲸鱼在深海吞食墨鱼、章鱼等海洋动物，这些动物的角质喙等坚硬、锐利的部分很难消化，且会划伤自身胃肠，不能直接排出体外。这时，鲸鱼的消化道内便会产生一些特殊的分泌物以修复伤口，同时包裹住那些尖锐之物，经过生物酸的浸蚀，形成蜡状分泌物。一定时间后被排泄出来，漂浮在海水上，初为浅黑色黏稠物，有恶臭，经海水长时间漂洗、阳光暴晒、空气催化，逐渐变硬成为蜡状的固体，颜色转为褐黄、灰白色，最后近于白色，腥臭味减退，显出香味。天然的龙涎香呈块状，小的几十克重，大的则有几十斤甚至上百斤重。

龙涎香在海上漂浮、浸泡的时间越长，颜色越浅，其品质也就越好。故白色的龙涎香最为名贵，而其形成往往也需要几十年甚至上百年。虽然有些龙涎香也能散发浓香，但大多数龙涎香清闻并没有明确的芳香，而是一种含蓄蕴

龙涎香

藉、富有“动情感”的、难以指明的迷人气息。

龙涎香中含有龙涎香醇、氧化钙、氧化镁、五氧化二磷、二氧化硅等成分，其香韵如同异丙醇，有泥土的清新芬芳。大部分龙涎香腥咸甘冽，鲜甜的凉意中隐约丝丝旖旎花香。

龙涎香的挥发极其缓慢，留香时间超长。现在已知的任何一种香料，包括以留香持久著称的麝香，也远远比不上它。西方有“龙涎香与日月共存”之赞美。人们常常将龙涎香加入其他香料，以增强整体香气的持久性。据说墙壁上涂有龙涎香，其香气能绵延数百年之久。

龙涎香是最迟进入中国内地的香料，因产地遥远，得之不易，充满了神秘色彩。《香乘》（卷五）记载：“龙涎屿望之独峙南巫里洋之中，离苏门答腊西去一昼夜程，此屿浮滟海，而波激云腾。每至春间群龙来集于上，交戏而遗涎沫，蕃人拿驾独木舟登此屿，采取而归。”可能中国古人据蕃商描述，以为龙涎香是“龙”流出的口水在海中凝结而成，故称龙涎香。宋代张世南的《宦游纪闻》（卷七）记载：

诸香中，龙涎最贵，广州市值，每两不下百千，次等亦五六十千，系蕃中禁榷之物，出大食国。

如此高价，当非常人所能用之。

龙涎香的气味既有麝香的气息，又有鲜花的清甜幽香，一种特殊的甜气和持久的留香底蕴使它具有温暖朦胧的意蕴。清厉鹗《天香·龙涎香》“天上梅魂乍返，温馨似垂纤尾”的描述颇得其神韵。香气的微妙柔润，可高扬又可凝聚不散，且能够圆融其他香料的气息，都是龙涎香令人珍爱的品质。

龙涎香在合香中，能使香气表述更加柔和曼妙，延长香味的留存时间。同时能在合香中聚烟，使香烟在空中停如伞盖一般，增添神秘的视觉效果，引人神思遐游。宋代周去非《岭外代答·宝货门》云：“焚之一铢，翠烟浮空，结而不散。座客可用一翦分烟缕。”

龙涎香是阿拉伯国家的名贵物产，亦是阿拉伯医学中的重要药材，豪绅贵族使用犹中国之人参。龙涎香是陆上丝绸之路和海上丝绸之路输入中国的重要物品。历史上，印度洋沿岸的一些国家还经常将龙涎香作为国礼进贡给中国。

中国古代尤其是宋代的很多取名为“龙涎香”或“××龙涎香”的香方，其中并不含龙涎香，可能是因龙涎香珍稀难得，只能用其他香料合成模仿其味吧。

龙涎香不能直接使用原香材，需要萃取熟化方可使用。方法为：将生龙涎香3—5克加酒精100克于玻璃密封瓶中，每天搅拌三五次，持续四五天，再放置两天后，滤渣，便是深棕色的熟龙涎香了，然后密封冷藏备用。

二、麝香

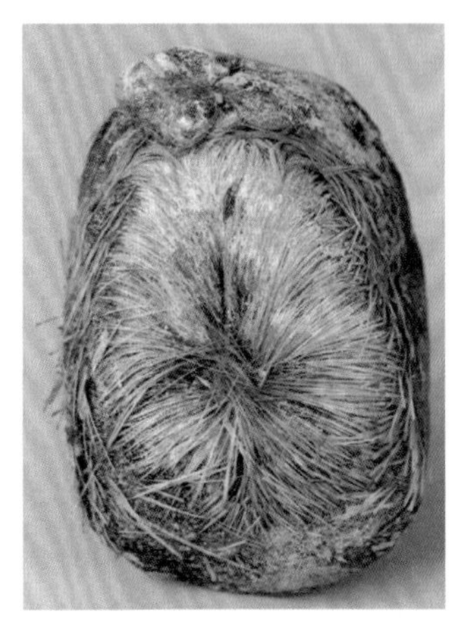

麝香

麝香是雄性麝鹿性腺囊中的分泌物，为吸引异性，香气浓烈而且能传达很远。近闻腥臭熏人，令人窒息。猎人捕获麝鹿取香时，都要遮住口鼻，防止被浓烈的臭气熏倒。麝鹿生活在海拔较高的地方，一般单独行动，嗅觉、视觉、听觉都非常灵敏。雄麝鹿从满一岁起开始分泌麝香，三到十二岁是旺盛期，形成好的麝香仁要到八至十岁。只有在冬天和初春交配期，麝香才分泌旺盛。以西藏、四川西北部和青海东南部所产质量最好，甘肃、山西所产略好，其他地区所产较差。

中国是麝香的主要产地，三千多年前的甲骨文中已经有“麝”字了，《山海经》中也有关于麝鹿的记载。中国人用麝香入药与用作香料的历史悠久，现存最早的重要药学典籍《神农本草经》即载有麝香，并列为上药。麝香曾经是丝绸之路出口域外的重要物品之一。

麝香在所有香料中香味最为浓烈，且经久不散。原始状态的麝香有非常强的腥臭，稀释熟化后则有异香。麝香的扩散性和诱发力极强，具有良好的提香作用和定香能力。无论是东方还是西方，人们都对它有极大的兴趣。它的香气温暖而富有活力，能产生一种特殊的灵动感和动情力，也是高档香水中的常用材料。

在合香中，麝香能起到很好的发散作用。调香时，加入极少量麝香，香味便会活泼起来，合香原有的香味会更加清晰。一般使用量1%即可。《陈氏香谱》《洪氏香谱》《香乘》中用到麝香的香方不下百种，可以看出麝香在中国传统合香中的地位。

麝香同龙涎香一样，也不能直接使用，需要熟化萃取。一般按1:10的比例，即麝香1份加10倍的热水，待其在玻璃瓶中全部融化时，滤渣。将滤出的渣子再用十倍的热水融化一次，再滤渣。将两次的溶液混合再加十倍的纯水，便得到琥珀色的溶液，玻璃瓶密封冷藏备用。

三、降真香

降真香，为豆科黄檀属藤本植物，又名紫藤香、鸡骨香、花梨藤香、总管藤香、降香等。藤皮表面呈浅灰青黄色，略粗糙。其质优者呈紫红色，纹理致密，香气浓郁。最早记载降真香的是晋代植物学家嵇含的《南方草木状》（卷中）："紫藤叶细长，茎如竹根，极坚实，重重有皮，花白子黑，置酒中，历二三十年不腐败，其茎截置烟焰中，经时成紫香，可以降神。"历朝历代均有外藩进贡降真香的史料。唐朝诗人白居易有诗道："尽日窗间更无事，惟烧一炷降真香。"宋朝洪刍《香谱·降真香》记载降真香用于合

降真香

香之妙："其香如苏方木，然之初不甚香，得诸香和之则特美。"明代高濂《遵生八笺·起居安乐笺》中也有使用降真香的描述："设小香儿，置香鼎，燃紫藤香。"清代中期以来，降真香一度失传，人们以有降真香味道的降香黄檀芯材代替降真香，但降香黄檀的焚香价值和药用价值远不及降真香。

二十世纪末宋明南海沉船的考古打捞，发现明确的墨书标记的降真香实物。一时间业界轰动，大量的降真香由海南本土、东南亚邻国产出。相关地区成立降真香协会，有关高校亦开展科研。对降真香的使用和研究由此全面展开。

降真香是一味重要的传统香料，在合香时可助香气发散，使烟形高直。道教尤为推崇，认为其香可以上达天庭，常在斋醮仪式中用来"降神"，故得"降真"之名。还常用其招引仙鹤，如《海药本草·木部·降真香》记载：降真香，"拌和诸香，烧烟直上，感引鹤降。醮星辰，烧此香为第一，度箓功德极验"。

降真香产于东南亚中南半岛及南洋诸岛各国，中国的海南、两广、云南等地亦有产出。

降真香香味稍有苦韵，烧之则香气浓郁，适宜合香所用，不宜单品。

乳香

四、乳香

乳香，是橄榄科卡氏乳香树产出的含有挥发油的干燥树脂。采集乳香的方法是：先在树皮上割开伤口，等流出的乳汁状树脂凝固，变为黄色微红的半透明块状物，即可采集。乳香是一味重要的中药，具有止痛、化瘀、活血的功效。主产于红海沿岸的索马里、埃塞俄比亚及阿拉伯半岛南部的阿曼。

乳香的香气温和而留味长久，焚烧时香气典雅，并有黑灰色的香烟，是西方悠久的重要香料之一，在古代就被奉为珍品，广泛用于宗教、养生、医疗、美容等方面。它是西方宗教最重要的熏烧类香料，适合营造神圣的气氛。古罗马、古埃及、古巴比伦的神庙在重大宗教活动中，都要大量熏烧乳香。

基督教和犹太教中，乳香也有很高的地位。《圣经》提及最多的香料就是乳香与没药。

乳香很早就传入中国，并且成为重要的合香材料。唐宋时期进口量很大，尤其是两宋时期，一度成为进口香料中数量最多的品种。

安息香

五、安息香

安息香是安息香科植物安息香树的树脂。为灰白色与黄褐色相间的块状物，含有多种芳香物质。质地坚脆，遇热变软。主要产于老挝、越南、印尼、泰国等地，中国的海南、云南、广东、广西等地也有出产。

安息香在西晋时已进入中国，并成为一种重要的香料。安息香属树脂类香料，头香有脂粉香味，而尾香则是树脂气息，给人以温暖包容之感。适合合香，少用则圆融众香，多用则一香独秀，有压抑其他香味的感觉。叶廷珪《南蕃香录》云："不宜单烧，而能发众香，故取以和香。"

六、苏合香

苏合香为金缕梅科枫香属树种的树脂，成品为半透明状的浓稠膏油，呈黄白色、棕黄色、深棕色，质地黏稠，气味芬烈。常称苏合油。

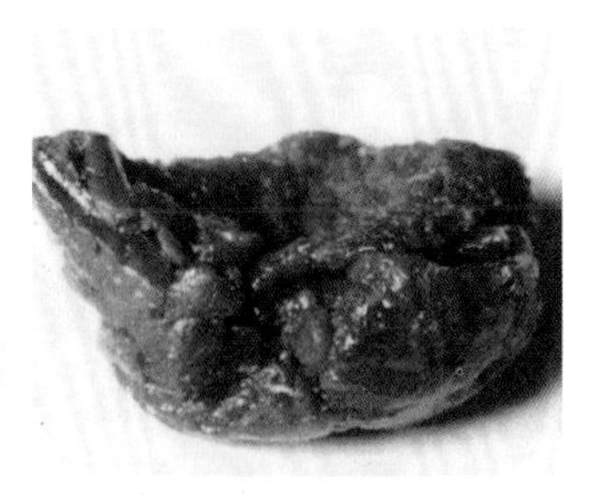

苏合香膏

苏合香也是最早传入中国的香料之一，东汉时已多被使用并深受推崇。东汉乐府诗《艳歌行》有"被之用丹漆，熏用苏合香"的诗句。梁武帝萧衍《河中之水歌》也有"十五嫁为卢家妇，十六生儿字阿侯。卢家兰室桂为梁，中有郁金苏合香"的描述。

苏合香主要产于土耳其、埃及、印度等国。

七、龙脑香

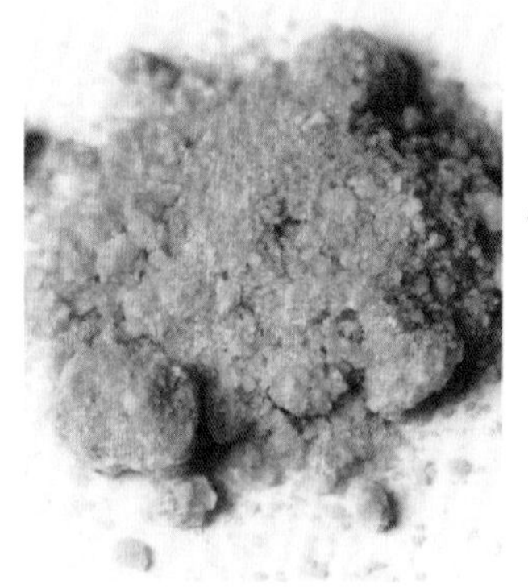

龙脑香

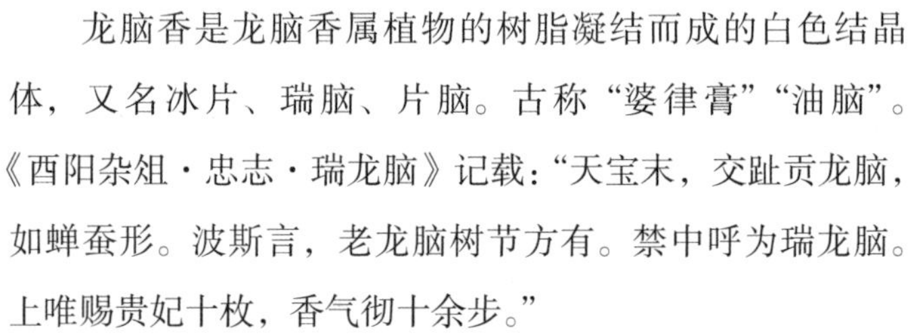

龙脑香是龙脑香属植物的树脂凝结而成的白色结晶体，又名冰片、瑞脑、片脑。古称“婆律膏”“油脑”。《酉阳杂俎·忠志·瑞龙脑》记载：“天宝末，交趾贡龙脑，如蝉蚕形。波斯言，老龙脑树节方有。禁中呼为瑞龙脑。上唯赐贵妃十枚，香气彻十余步。”

龙脑树主要生长于热带雨林，分布于世界各地。天然龙脑质地纯净，熏烧时香味浓郁且烟气甚小，自古就被视为珍品香料。

龙脑香的气味清凉尖锐，它的香气分子属于挥发很快的一种，用在合香中，有先声夺人的头香。少用可提神醒脑；多则掩盖其他香味，并能耗散真气，使人头疼。

八、丁香

丁香

丁香系桃金娘科蒲桃属植物丁子香树的花蕾。宋赵汝适《诸蕃志·大食国》载：“丁香出大食、阇婆诸国，其状似丁字，因以名之。能辟口气，郎官咀以奏事。其大者谓之丁香母。丁香母即鸡舌香也。”丁香树主要分布于亚洲、欧洲、非洲的热带地区。

丁香植株

古代常用丁香“香口”，含在口中以“芬芳口辞”。我国使用丁香的历史悠久，汉代典籍就多有使用“鸡舌香”的记载。“香口”是丁香的一大功能，汉代的尚书郎觐见皇帝奏事时要口含鸡舌香，后世便以“含香”“含鸡舌”指代在朝为官或为人效力。王维有“何幸含香奉至尊，多惭未报主人恩”的诗句。

丁香的香味属于辛香型，有挥发很快、具刺激性的头香，具有提神的作用；也有如花般的甜香和辛味混合的尾香，给人以温暖洋溢之感。在合香中宜少量使用，多则耗气。

九、迷迭香

迷迭香为唇形科植物迷迭香的全株，为亚灌木或多年生草本植物，它的茎、叶和花都富有香气。原产于地中海地区，现广泛种植于美洲、欧洲、亚洲、非洲各暖温带地区。

迷迭香汉代时已进入中国，《法苑珠林》（卷三十六）：“迷迭香，《魏略》曰：大秦出迷迭。《广志》曰：迷迭出西海中。”魏文帝曹丕非常喜欢迷迭香，曾邀请王粲、曹植、陈琳等人各作《迷迭香赋》，曹丕自己的赋中有句：“余种迷迭于中庭，嘉其扬条吐香，馥有令芳，乃为之赋。”

迷迭香的气味类似松柏叶而更浓。头香清新提神，类似薄荷而略有辛辣之感；尾香则如鲜花般清香甜蜜。迷迭香也是在合香中最先被闻到的香味，有提神、安神之作用。

十、艾纳香

艾纳香为菊科植物艾纳的叶及嫩枝。不过在古人合香中所用的艾纳，却是另外一种。北宋唐慎微（约1056—约1136）《证类本草》卷九“艾纳香”条：“西晋郭义恭《广志》曰：出西国，似细艾。又有松树皮绿衣，亦名艾纳，可以合诸香烧之，能聚其烟，青白不散，而与此不同。”洪刍的《香谱》（卷下）载“球子香法”，其方有矮纳一两，注明“松树上青衣是也”。苏东坡《再和杨公济梅花十绝》（其二）“凭仗幽人收艾纳，国香和雨入青苔”，所云“艾纳”应为松树皮上绿苔。

艾纳香

显然，艾纳香是作为合香中聚烟的一类辅助香料，本身并无什么香味可言。

香修

在「香」的平台上，进行心灵修炼。

海上有人逐臭，天生鼻孔司南。但印香严本寂，不必丛林通参。

我读蔚宗香佳，文章不减二班。误以甲为浅俗，却知麝要防闲。

宋·黄庭坚《有闻帐中香以为熬蝎者戏用前韵二首》

宋·罗汉图

在品香或香席雅集活动中，香艺师（或称主香人）的言谈举止直接影响香事活动的进行，他是整个活动的中心，是节奏和气氛的掌控者。他（她）的言谈举止散发出的气息，应该与香品营造的氛围一致，使人宁静、安详、内省。

香艺师的使命就是把香最美好的形象展示给爱香之人，帮助他们完成以香为媒介与大自然的交流和对话。香呈现自然之美，品香活动具有人文之美，香艺师是连接二者的纽带，是促进二者完美结合的催化剂。一个合格的香艺师和香学爱好者，应该具备一定的中国传统文化知识，具有良好的心理素质和必要的香事技术素质。

一、文化素质

中国香学文化是传统文化的一个重要分支，传统文化为它奠定了坚实的发展基础和肥沃的成长土壤。经过几千年的发展，它又渗透到传统文化的方方面面。研习香学文化，应该了解中国传统文化，研修中国传统文化经典，使自己具有良好的传统文化素养。

首先，要有一定的国学基本素质。国学是中华民族的精神载体，是传统文化的核心，它的主要构成内容是儒、释、道三家思想体系。儒家的仁、礼、忠、恕、中庸等思想，成就了中华民族温和谦恭、彬彬有礼、刚毅进取、自

明・陈鸿绶《梅石图》

强不息、乐观向上的优良品质，造就了众多富贵不淫、贫贱不移、威武不屈的仁人志士。重点阅读学习的典籍有《论语》、《孟子》、朱熹的《四书集注》、《近思录》、王阳明的《传习录》。

道家自然无为、优柔不争、功成身退的思想，赋予了中华民族潇洒飘逸、高风亮节、绝尘超俗的风骨。关于道家，学习的重点典籍有《老子》《庄子》。

佛教倡导无私无欲、超脱自在，主张通过行善引导人们追求“真知”佛性，以进入西方净土为终极价值目标。应重点研习《般若波罗蜜多心经》《金刚经》《六祖坛经》《楞严经》。

其次，要认真阅读学习古典文学作品，如《诗经》《离骚》《左传》《史记》《汉乐府》《古诗十九首》《世说新语》和唐诗、宋词、南北朝至明晚时期的性灵小品文以及《红楼梦》《聊斋志异》等书，尤其是要重点学习与香有关的文学作品。

第三，聆听古琴曲，以及古筝、琵琶、二胡等古典雅乐。观看古今书画大家的作品，或阅读印刷质量优良的古代、现代书画集、书法集，欣赏画家书法家高超的艺术水平和美好的心灵境界。

第四，通过古代香学典籍的系统阅读和学习，熟悉掌握传统香学文化的精髓。重点书目篇目有：丁谓《天香传》、苏轼《沉香山子赋》、黄庭坚《黄太史四香跋文》、洪刍《香谱》、叶廷珪《名香谱》、范成大《桂海虞衡志·志香》、陈敬《香谱》、朱权《焚香七要》、屠隆《香笺》、周嘉胄《香乘》、万泰《黄熟香考》、董说《非烟香法》。

第五，具备良好的书面和口头表达能力。语言是人际交流的重要工具。作为连接香与人的桥梁和纽带，香艺师必须具备一定的语言表达能力。在接待香友、组织品香活动和香席时，能够做到语言简洁准确，表述清晰得体，引导带领香友和客人更好地体验香之美妙。在不同环节中，或书面表达，或口头表述，或体态语言表现，向香友和客人传递美好的正能量。

文化素质的养成是一个长期积累的过程。苏轼《和董传留别》有句云："腹有诗书气自华。"读书既能充实我们的知识，更能提升我们的境界。饱读诗书，畅游天下名胜古迹，勤学好问，方能培养出优秀的文化素质。

二、心理素质

（一）基本要求

良好、沉稳的心理素质，是一个香艺师和习香者完成香事活动和香席过程所必需的。心里沉静，才能表现出动作的优雅舒缓。在品香和香席活动中，必须神清气定、谦

清 · 沉香山子

逊平和、心无挂碍，才能高质量圆满地操控所有环节，完成技术动作。

神清气定：要求香艺师镇定自如，不动声色，浑身散发出宁静祥和的气息。在此基础上，熟练地掌握品香和香席节奏、气氛，使之有序、有意境地顺利进行。

谦逊平和：是指在品香和香席过程中，香艺师表现出来的谦逊、宽容、平和之气，绝无心浮气躁、骄横无礼的表现。

心无挂碍：要求香艺师心静若水，心空大度，不患得患失，坚定自信，全神贯注。对参加香事活动的所有客人无分别之心，平等待之。有主客，无尊卑，把与每一位香友的相遇都视为一份缘分，予以珍惜。同时，要求香艺师不存功利名誉之心，不过分执着于成功和圆满。明确品香和香席活动的目的是净化心灵，感悟人生真谛。只有放下名利，才能香人合一，使香成为诗意生活的高雅之物。

提高道德修养，提升心灵智慧和境界，完善人生修为和心灵修炼，是香艺师不懈的追求。

（二）入静方法的训练

心静，既是习香者必须具备的基本素质，也是香学文化修养的一项重要内容。入静的方法很多，这里介绍两种简便易行的，可作为香艺师日常的修炼，亦可作为香事活动时参加人员“静心”的内容。

九节调息法：

端坐（盘腿、跪坐、坐椅子均可），由上而下意念放松全身，舌抵上颚。首先举右手竖起食指，以指背压鼻左侧翼，以右鼻孔吸气，再以右手食指按鼻右侧翼，以左鼻孔呼气，如此重复三遍；把右手放下，改用左手，以左手食指背压鼻右侧翼，用左鼻孔吸气，再用左手食指按鼻左侧翼，以右鼻孔呼气，重复三次；然后把手放下以两鼻孔缓缓吸气，再呼气，重复三次。一共九次呼吸为一个过程。可练习一遍到三遍，至身松心静。呼吸时，应尽力绵长、舒缓地吸入呼出。呼气时，观心中的不净及障碍化为黑气而出；吸气时，观诸佛功德与智慧、鲜花草地、清风明月阳光等美好事物化为五彩祥光入己身，加持自己的身、语、意。

意念法：

端坐，放松全身。舌尖略卷抵上颚，调匀呼吸。意念守住两眉中心一点，开始会有杂念，则一一收入眉心一点，逐渐便会静守，每次十分钟左右即可。

三、技术素质

香艺师的技术素质养成，主要有五个方面：识香训练、用香训练、品香训练、香笺写作训练、香席运作训练。

一炉好灰出妙香

香炉、炭团、炉灰，为香构筑了一个展示万般美好的平台。用香高手都有好灰难求的感慨。好的炉灰质轻蓬松、洁净无味且有一定的助燃性，既不压炭，又能蓄火，持续均匀燃烧。理灰时，好的炉灰易成形，没有灰末飞扬现象。

炉灰分三种，植物灰、骨质灰、矿物质灰。《香乘》卷二十“制香灰”详细讲述了炉灰的制作：

细叶杉木枝烧灰，用火一二块养之，经宿罗过，装炉。每秋间采松，须曝干，烧灰用养香饼，未化石灰搥碎罗过，锅内炒令红，候冷又研又罗，一再为之，作养炉灰，洁白可爱，日夜常以火一块养之，仍须用盖，若尘埃则黑矣。矿灰六分，炉灰四分和匀，大火养灰，焚炷香。蒲烧灰装炉如雪。纸石灰、杉木灰各等分，以米汤同和，煅过用。头青、朱红、黑煤、土黄各等分，于纸中，装炉，名锦灰。纸灰炒通红罗过，或稻粱烧灰皆可用。干松花烧灰装香炉最洁。茄灰亦可藏火，火久不息。蜀葵枯时烧灰妙。炉灰松则养火久，实则退，今惟用千张纸灰最妙。炉中昼夜火不绝，灰每月一易，佳，无他需也。

植物灰，为草本植物和木本植物燃烧后的余留物质。质轻，呈碱性，所用原料多而易得。所含元素较多，多有杂味。此灰须每日烧炭养护，一日不养便有杂味，在潮湿南方尤甚。若长期不养便不可用，甚是麻烦。使用时难以压实，蓄火不宜。且含有伤害身体的扬尘和二氧化硅等不良物质。

骨质灰，主要原料是动物以及海贝壳。骨质炉灰工艺复杂，很难处理干净。

矿物质炉灰，矿石经过加工后所成的炉灰。矿物质炉灰须经烧、煅、粉碎、淘洗，方可使用。选料要求高，制作工艺难度大，但质量优良，对炭火的涵养效果极佳，且洁净无味，为隔火熏香首选。

识香，是指香艺师对各产区沉香的鉴别能力和对其他辅助性香材的辨别认识；用香，是指隔火熏香技法及其他用香技法的掌握；品香，是指对品香方法的熟练掌握，对香气的敏锐感受；香笺，是品香者对香的气味、个人心里感受和感悟的文字记录；香席，是指香艺师对香席活动的掌控能力、活动中的组织能力和相关技术手法的运用。由于除隔火熏香的用香方法之外，其他的用香方法在“香用”部分有专门的讲述，香席的训练在“香席”部分会专门讲述，本章不再重复论述。

（一）识香的训练

闻香知味的练习

通过观察、品闻，了解香材的结构、形态、轻重等外在形态和气味，记忆不同香材的特点。练习时，要由易到难，循序渐进，由气味差别大的组合到气味差别不太明显的组合。一个练习过程不超过六款香材。在老师的指导下，对每道香材都要写出简洁气味感受，并形成记忆。以下提供几种组合，供借鉴使用：

1. 初级训练使用的香材组合

甲、富森红土沉香　印度老山檀　柬埔寨沉香

乙、海南沉水香　印尼加里曼丹沉香　越南芽庄沉香　印度老山檀

丙、印尼伊利安沉香　越南惠安沉香　印度老山檀　柬埔寨双尖沉香

2. 中级训练使用的香材组合

甲、海南虫漏沉香　越南芽庄沉香　西马沉香　柬埔寨沉香　越南红土沉香

乙、越南惠安沉香　越南芽庄沉香　西马沉香　香港沉香　广西沉香

丙、广东莞香　广西沉香　芽庄沉香　印尼达拉干沉香　海南沉香

丁、云南沉香　海南沉香　越南惠安沉香　西马沉香　印尼马尼涝沉香

3. 高级训练使用的香材组合

甲、海南沉香　香港沉香　越南芽庄沉香　越南惠安沉香　广东沉香　越南红土沉香

乙、柬埔寨沉香　高棉双尖沉香　越南惠安沉香 海南沉香　广西沉香　西马沉香

丙、印尼加里曼丹沉香　印尼伊利安沉香　印尼马尼涝沉香　东马沉香　安汶沉香　印尼达拉干沉香

丁、海南沉水香　越南沉水红土沉香　越南芽庄沉水香　印尼加里曼丹沉水香　西马沉水香　柬埔寨沉香

4. 提高级训练使用的香材组合

甲、海南黑奇楠　老山檀　柬埔寨菩萨奇楠

“灵灰”常养好焚香

炉灰在传统行香方式中不可或缺。古人追求的焚香境界，是尽量减少烟气，让香味低回悠长，香炉中的炭火要尽量烧得慢，火势低微而久久不灭。在复杂而精致的行香过程中，炉灰发挥着重要的作用。一炉好灰，第一个要点就是洁净无味，其次是灰质要轻，保证透气性良好，使埋入的炭团能接触氧气，不至于缺氧而灭。同时，使用的炭团也必须洁净无味，否则便会破坏炉灰。

有了好炉灰，尚须勤养护。明代文震亨《长物志》“器具・隔火”说：“炉中不可断火，即无焚香，使其长温，方有意趣，且灰燥宜燃，谓之活灰。”炉中一火长热，不仅有了意趣，且能使灰常燥，保证下次焚香顺利。《遵生八笺》“灵灰”条对此讲得更清楚“炉灰终日焚之则灵，若十日不用则润。”可见养灰之重要。

我们现在的行香过程中，炭团和炉灰都较古代有了重大提高，炉具相对变小易用。但炉灰必须常养。一般说来，在北方地区如果连续七天没有焚香，便须烧炭一块入炉灰中保养，炭团快熄灭时，用食品级的塑料密封袋或密封盒将炉密封起来，使之与空气隔绝，保持炉灰干燥。在南方，如连续三天未焚香，则须烧炭保养，梅雨季节隔天烧炭，保养过后密封保存。

一个爱香、习香之人，须有一炉好灰。好灰、“灵灰”是你体验美妙香味的重要保证。

“灵灰”常养好焚香。

清·掐丝珐琅香插

香气圆润怡身心

——品香前沉香原材料的处理

明代屠隆《考槃余事·论香》讲述隔火熏煎沉香、奇楠诸香云："取（香）入香鼎，徐而爇之，当斯会心境界，俨居太清宫与上真游，不复知有人世矣。噫！快哉！"品闻沉香、奇楠的美好直如神仙一般，令人生出无限遐想。

品香活动或香席雅集时，需提前备香。备香时，将切割好的小粒沉香或小块奇楠香，用洁净的泉水浸润三五分钟，漉水干净，密封入冰箱冷藏，用时拿出。如此便香气舒漫，幽润绵长，无烟火燥气，尤适合隔火熏香。

乙、越南芽庄绿奇楠　老山檀　海南紫奇楠

丙、海南绿奇楠　越南富森红土沉香　海南黄奇楠

丁、香港奇楠　菩萨奇楠　芽庄白奇楠

在闻香识味的练习中，每次都要用不超过一百字篇幅的香笺，准确地描述每款香材的气味特征，并回味记忆。老师要对每次训练的香笺予以评价指导。因为每个人对气味的感受都会略有差异，所以不要求每个训练者的感受都一样，要鼓励有独特感受者。

品味识香的练习

经过一段时间闻香识味的练习，对香材有了一定程度的认识，并且对不同香材的气味有了一定的记忆，这时就要开始由味到香即品味识香的训练。也可以根据具体情况，把这两个练习交叉进行。

品味识香的练习，也要由易到难，逐渐提高难度。每次训练，老师不告诉香材名称，学习者可以清闻观察香材。每道香材品味后，独立写出香材名称。每个组合训练结束后，老师予以点评指导。经过由初级、中级到高级的训练后，便可进行正式的品香活动。

（二）用香技法的训练

隔火熏香操作技法的训练

转炉

转炉的练习：右手拇指、食指、中指握住炉中上部，

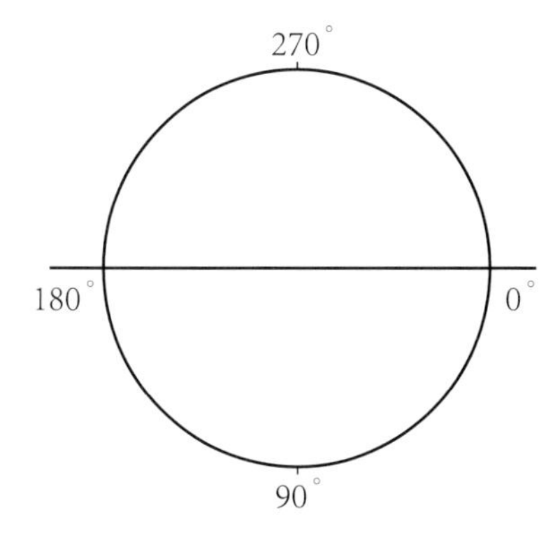

香炉口沿角度示意图

将炉轻轻放至香席的中央略偏左下；左手靠近炉左侧两公分侧方，以中指和拇指指肚一前一后握住炉膛，中指前推，拇指后钩，使香炉顺时针旋转（每次大约50度左右），依次重复旋转。左手手掌要垂直立于炉侧，不可倾斜，不可接触炉的上沿。旋转的速度要均匀、舒缓。每个动作都要肩部带动肘部、肘部带动腕部去进行。

香箸使用练习：选择口径10厘米左右的白色瓷盘两只，其中一只瓷盘里放100粒黄豆，端坐，用香箸将黄豆夹至另一空盘，然后再夹回原盘，反复三遍。一段时间之后可换用绿豆练习。以此能提高香箸使用水平。

松灰

松灰练习：通过香箸搅动，使炉灰蓬松透气，以确保炭团的燃烧。端坐，右手持香箸并将香箸分开1.5厘米左右，插入炉灰之中，最大限度接近炉底（不能接触炉底），在炉膛中顺时针旋转，同时左手转动炉体，左右手配合使炉灰蓬松上涨，达到松灰的目的。

用香押、香匙、香夹松灰亦可参照香箸松灰方法进行。

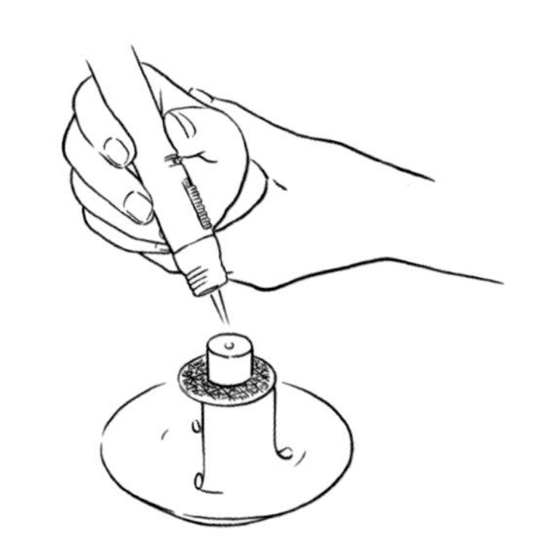

烧炭

烧炭练习：轻轻打开打火机，右手握住打火机机身。左手的拇指、食指、中指轻捏烧炭碟的左侧，均匀缓慢顺时针转动炭碟；同时，将打火机的火苗对准圆柱形炭团上端平面慢慢划圈，直到发出微微白色；再将打火机的火苗沿炭团侧面五点钟位置上下、下上依次移动，配合左手转动炭碟，将炭团侧面全部点燃至发出微微白色。

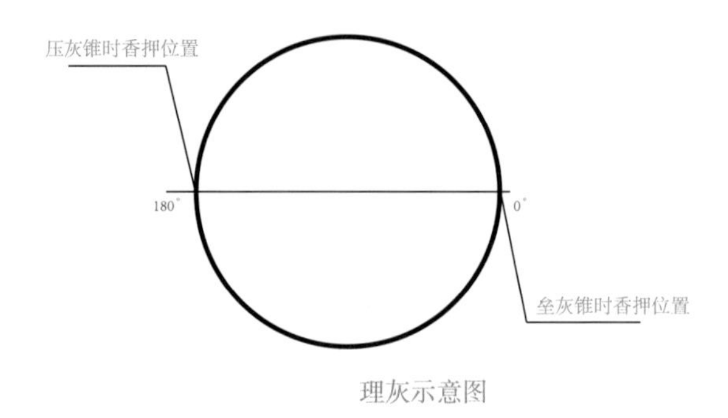

理灰示意图

对其他形状的炭块，亦要将之烧至微微发白方为点着。

入炭

入炭练习：端坐，将放炭团的烧炭碟紧挨香炉左侧放下，右手用香箸夹住炭团，左手以转炉姿势握炉不动，身体略前倾，夹起炭团放至炉中央，目视炭团接触灰面时，快速将炭团压入灰中，根据控制火温的需要确定深度。炭团压入灰中后，上下左右移动，使炭团与炉灰形成0.3厘米左右间隙，并低头观察，将炭团用香箸调整移动至炉正中央。拔出香箸，但不能离开炉面，左手从左侧移至炉的右侧，掌心朝上，用拇指、食指、中指捏住香箸下三分之二处，右手虚握拳，食指伸出，轻轻敲击香箸后端三下，然后用右手拇指、食指捏住香箸顺时针转动180度，轻轻敲击三下，顺势用右手食指推动香箸柄端向下向前，左手拇指、食指、中指将香箸向后向下拉动，至香箸与桌面成45度时向左平移至身体左侧香巾处；右手拇指食指中指捏住香箸，左手打开香巾的上面一层，右手将香箸朝下朝前放入香巾第二层上面，左手用香巾第一层盖住香箸并压住，右手朝右转动香箸360度，然后抽出，轻轻放入箸瓶之中。

压炭团进入炉灰时，要用寸劲，使炭团如石击水，冲入灰中。然后，间隔一两分钟再垒灰，以保证炭团燃烧不灭。

垒灰

理灰练习：理灰是隔火熏香的核心技法，是控制熏香温度的关键所在。包括两步：垒灰，压灰。

垒灰：左手握炉，右手拇指、食指、中指握住香押

（灰扇），将光面朝左，从香炉右侧0度点，将香押贴炉内壁轻轻插入灰中，提起香押将炉灰向左向上垒抹起盖住炭团；左手转动香炉，右手重复垒灰动作；垒灰过程中，香押始终位于炉沿的0度位置，只是上下移动垒抹。垒灰至完全盖住炭团，形成锥形灰锥（以下称“灰锥”）。

压灰

压灰：左手握炉，右手拇指、食指、中指握住香押，从炉沿左侧180度点，轻轻将香押压下；转动香炉，重复压灰动作，最后将灰锥压成整齐的圆锥形状，灰锥尖的内角度须大于90度，压灰一般用三周压成，第一周基本成型，第二周细节整理，第三周适度压紧压光。压灰时，香押位于180度位置上下移动。压灰时速度要快一些，防止炭团与空气隔绝时间过长导致熄灭。

开火窗

开火窗练习：左手握炉，拇指离开香炉向上向后翘起，右手拇指、食指、中指捏住单根香箸，使香箸垂直向下对准灰锥锥尖，腕部内侧支撑在左手大拇指上，右手下压使香箸准确从灰锥尖插入，感觉插到炭团上端时，轻轻左右捻动一下香箸，然后左手拇指向上顶起，右手轻提香箸从灰锥尖拔出。用香巾清理香箸。

打筋

打筋练习：炭团燃烧时，产生的热量会使光滑的灰锥裂开，需要用香箸或香押柄在灰锥上压下凹线痕，防止灰锥裂开。用右手拇指、食指、中指捏起一根香箸，从炉右侧180度开始，贴灰锥压下，下深上浅，每转炉90度压一

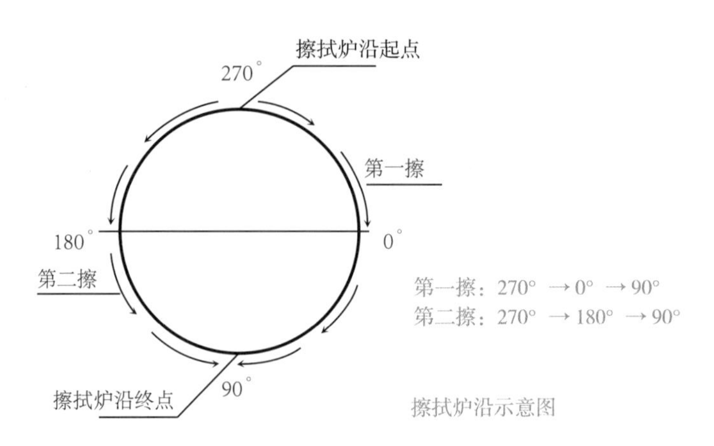

擦拭炉沿示意图

打筋效果图

下，形成四条压痕，再转炉一周，在两条筋的中间45度处再各压一条线。也可以将灰锥分成72度五个面，每面横向依次朝前压10条线。或是用有弯度的灰扇将灰锥压成整条波浪状。

清理炉沿

清理炉沿练习：理灰环节、开火窗环节完成后，香炉口沿会沾染灰末，须用香巾进行清理。用右手食指压住香巾上端中间一点，拇指和中指将香巾两边夹起，香巾在原状态下再次折叠，用食指压点香巾内侧放至香炉上侧中央，左手握炉，香巾由270度经0度再擦至90度处停下，轻轻滑离炉沿至炉中央，低低抖动三下；右手持香巾向后向右、向上划弧至270度处停下。香巾再由270度起经180度擦至90度处停下，轻轻滑离炉沿至炉中央，抖动三下。右手持香巾向上向右向后向左，将香巾放至原处，右手脱离香巾，左手拇指以外四指伸直压住香巾下端，右手五指向下，指尖朝左，平放于香巾下端，然后轻轻向上将香巾捋平。

切香

切香练习：主要是指沉香和檀香可以单品的香材切割。尤其是奇楠的切割，现代香席技法趋于精致，切割香材要求“精准、微量、松透”。切香时，右手持香刀，左手握香放至切香板上，切香时刀刃不可触及香板。一块香材的油腺分布不会完全均匀，欲重气味，则切割结油重的部位；欲气味优雅细腻，则尽量切割结油低、油腺分布匀称的部位。人数较多的品香活动，切香量要略多些。一般说来切香要有较大块的、小块状的和碎末三种状态，才能做到发香迅速且持续时间较长。人数少或者水平较高的香友，则选切一块绿豆粒略小的薄片，切时刀刃颤动，使香材小块中间松开，便于香气散发。

入香练习：用左手拇指和食指捏住银叶片，使其接触切香板左侧的凹槽内，用右手食指轻轻将切好的香末扫刮于银叶片中。然后右手拇指、食指捏住银叶片距离切香板0.5厘米高放下，连续2—3次，通过震动使香材居于银叶片的中央部位。

入香

左手握炉，右手拇指、食指、中指用香夹夹住银叶片右侧，香夹沿着香炉炉沿0度处向左下滑至灰锥火窗处，松开香夹，使银叶片落在火窗上，如银叶片不正不平，可用香夹压住银叶片移动，使之平整位于灰锥正中，炉灰半托银叶片外侧。

（三）品香方法的训练

品香是中国香学文化活动的重要环节，是由嗅觉器官的“感觉”到思维上“观想”升华的过程，是嗅觉的艺术，是自然之美与人文之美的圆满融合。汉朝以前，香更多的是用于祭祀和起居生活，香料以草本为主，只能是焚烧，不可近闻细品。汉朝以降，以沉香为代表的高端香料开始进入内地，香具向精致小型化发展，用香方式更加精细。

煎香好炭不可少

煎一炉好香，炭团非常重要。质量好的炭团须洁净无味，容易点燃，燃烧时间持久（一般要达到两小时以上），密度大，不爆火星，不落灰烬。

现在市面所售炭团大都有化学粘合剂或是助燃剂，点燃后气味刺鼻，不宜做隔火熏香之用。

古人对炭团的制作颇多讲究，仅《香乘》一书便列有制作方法十七则，但大多要加"黄丹"助燃，"黄丹"为铅、硫磺、硝石等合炼而成，又名铅丹、红丹等，性寒，有毒。这种炭团和"香饼""香煤"不应再予推广。

选购炭团一定要慎重，日本老香铺的高端炭团是不错的选择，国内已有人研发出清洁无味的高端炭团，可选用。

尤其是唐晚期开始出现的隔火熏香，更是把品香方法提升到一个非常的高度。到两宋时期，隔火熏香方法更加成熟，成为中国香学文化的主流品香方式，当时各家《香谱》和香学著作均有论述。

香，秉天地日月之精华，是大自然送给人类美好珍贵的礼物。品香，是认识香材的认识之路；品香，是人与自然的交流；品香，是研习香学文化不可缺少的环节。它既是香学文化的修炼过程，也是修心养性的过程；既是嗅觉味觉培养锻炼的途径，也是心灵境界纯净提升的途径，历代香学研习者莫不下大功夫。品香，是全部香学文化的起点和基础，是"鼻观"的前提。它是物质的，同时也是精神的，它连接起我们的感觉和思维，承载着香之上全部的文化内涵。

品香前的准备工作

用三个字概括之："净""静""敬"。

净，清净身心，以干净的身体、清洁的内心，去亲近体验美妙的香。品香前，要用清水净手、漱口、洗鼻，增加感觉器官的敏锐度。之后更换洁净无味、适当宽松的衣服。品茗，听古琴或其他雅乐，慢慢放下心中事，将手机等通讯设备关闭或设置为静音状态。

静，指内心宁静，无杂念，这是要求比较高的一个必需环节。心有杂念，无法感受体验美妙之香。一般入静，采用调息和意念之法。

敬，指品香过程中恭敬的礼仪和虔诚感恩的心理状态。品香是为了传承再现古人优雅的生活态度，继承他们“温、良、恭、俭、让”的品格。在品香过程中，需要一些适当的礼仪，以示主客之间相互敬重，以表我们对天地万物的感恩，显示对机缘相会的人、物、事的珍视。

品香之前，主人或香艺师会请客人进行洁手、洁口、洁鼻的仪式。入座后，香艺师会起身离座向客人行礼，客人则应站起还礼。落座后，保持肃静的气氛品香。没有香艺师的示意，客人须止语。品香结束时，香艺师站起行礼，客人还礼。

品香的方法

用右手握住品香炉的颈部（或上三分之一处），放至左手掌心略靠前，左手握住炉的下部，右手五指并拢，掌心朝内靠近炉的外侧，小指与炉沿齐平（不可接触炉沿）；将炉平稳移至丹田（脐下三寸处），头部左转90度呼气尽，右转头使鼻孔与炉垂直，等香气入鼻时，缓缓深吸；转头向左90度呼气，同时将炉提至膻中穴（两乳中间），头部右转与炉垂直时，右手掌拇指侧略向内倾斜，缓缓深吸；头部左转呼气尽，将炉提升至颌下，头部右转与炉垂直时，右手掌继续向内倾斜，缓缓吸入香味。

第一次炉在丹田部位时，感受香的气韵；第二次炉在膻中部位时，感受香的能量；第三次炉在颌下部位时，感受香的味道。每次品闻，均要清心静气，放下执着的心理（着急去找香气香味），恭敬地等候香的来临，虔诚地与香交流。等香来时，心是散淡静寂的，而闻香则是主动寻找，属执着贪嗔；等香的心是静的，闻香的心是动的，高下云泥。香是高贵的灵魂，虔诚虚心地等她吧。炉香乍起，你可远品，香气寂然而来，无色无形，涌动升腾，瞬间弥漫全身；亦能近闻，香气轰然扑鼻，飞花溅玉，莺飞草长，流转变幻，美不胜收。

对初次参加香事活动的香友，三次品香的次序可以倒置，变由下往上为由上往下，以便使其快速感受到香的美好气味。

品香时，要注意“气”与“味”的区别，“气”是体感，是身体的反应；而“味”属于嗅觉系统。好的香材，不光是嗅觉、感知，而是有体感反应。

（四）香笺写作的训练

一次美好的香事活动，如何写出个人鼻端的气味感受和内心的观想思维活动，确非易事。

气味无形无色，缥缈灵动，复合多变，且带玄味，用文字再现会有难度。写好香笺，既要有相对准确的气味辨别能力，又要具备文字表达能力，包括传统文化尤其是古

炭红正是爇香时

明人高濂在《遵生八笺》中介绍当时的焚香方法：“烧香取味，不在取烟。香烟若烈，则香味漫然，顷刻而灭。取味，则味幽香馥，可久不散……隔火焚香，妙绝。烧透炭墼，入炉，以炉灰拨开，仅埋其半，不可便以灰拥炭火。”这里的“炭墼”，便是我们现在使用的炭团。烧一炉好香，使香味的散逸舒缓有致，香气的表述完整而多变，温度是关键。《陈氏香谱》卷三“香饼”条云：“凡烧香用饼子，须先烧透，令通赤，置香炉内，伺有黄衣生，方徐徐以火覆之。以手试火气紧慢。”“饼子”即炭团。“黄衣生”是指炭团燃烧透彻而表面生出的一层黄白色粉末。炭团完全燃烧，然后才慢慢用灰埋住，这样才能既保证炭团燃烧，又可以控制温度，使之不会过高，而影响香气散发。

行香时，烧好的炭团一定在炭架上放置几分钟，在其通体出现白色粉末时，再置入炉灰中，放置几分钟，用灰覆盖（如发现炉灰有潮气，要延长放置时间）。理灰完毕，尽量快一些开火窗，使燃烧的炭团接触空气。

置入炭团的深浅、炉灰处理的松紧要根据使用香材级别的高低、炉具的大小高低等因素去具体进行。一般说来，香材级别越高，温度便要相对越低，只有这样才能使香气的散逸舒缓有致。反之，则温度要适当提高。控制温度，要从入炭的深浅、炉灰的松紧去处理。

保证炭火不灭，控制温度，是一个香艺师和爱香者行香的基本功，须反复习练方可掌握。

清·铜象耳簋式炉

典文学的掌握水平。香艺师要养成嗅闻记忆百花、各种美好事物、美好场景的习惯，积累美好气味、场景的记忆储存，多读文学名篇，提高文字表达能力，首先自己写好香笺，才能引导带动参加香事活动的香友完成香笺写作。

写香笺，既是一次完整品香活动必需的程序，也是提高品香水平的必经之路。写笺，要由具体到抽象，由知味到感悟，由写香到写人生。一开始要简洁准确地写出气味，然后用比喻写出感受，最后写出人生感悟。以下提供几例供参考：

1. 越南富森红土沉香

准确之气味

清闻：甘、凉、甜，有药味。

熏品：凉、窜、甜、橘皮香带甜，柠檬酸加蜂蜜，甜窜入喉，杏仁奶味，生津。

品闻感受：花香蜜韵，凉风习习，味道纯净厚实，如丰满甜美之少妇，使人如处春日暖阳之下。

感悟人生（略）

2. 海南绿奇楠

准确之气味

清闻：清香甘甜，凉意逼人。

熏品：初香清爽高扬，梅英鹅梨；本香凉意十足，窜动跳跃，甜如焦糖；尾香奶味馥郁。

品闻感受：清晨之晶露，激情饱满之诗篇，清新如绿草果园。

品闻感悟（略）

3. 芽庄白奇楠

准确之气味

清闻：凉、窜动、花香、微辛。

熏品：凉气窜动，花香浓郁，极深甜，舌麻、凉，余味奶韵。

品闻感受：晓星、秋露。

品闻感悟（略）

总之，写香笺要简洁准确，生动形象，富有诗意，耐人寻味，典雅蕴藉。

香艺师个人素质的养成是一个长期的过程，是日积月累的结果。高尚的品格、美好的心灵、熟练的技法，是香艺师必须具备的素质。做香爱香，学香成香，像沉香一样，低调内敛，不速不贪，沉心孕德，香留人间。

香用

用香的方法。为香提供不同舞台，多角度、多维度欣赏香的美好。

明窗延静昼，默坐息诸缘。即将无限意，寓此一炷烟。
当时戒定慧，妙供均人天。我岂不清友，于今心醒然。
炉香袅孤碧，云缕霏数千。悠然凌空去，缥缈随风还。
世事有过现，熏性无变迁。应是水中月，波定还自圆。

宋·陈与义《焚香》

几千年的传承发展，中国香学文化有着众多的用香方法，主要可分为直接焚烧和隔火熏闻两个大类。随着对香料认识的不断深入，炉具的进一步精致，居住环境的变化，科技、工艺的创新，用香的方法也越来越精细。用香的技术需要一定的训练。要懂得如何正确使用灰、炭、火，通过技术控制温度，才能使香品发出优雅美好的味道，表述完整的香韵。

同时，用香方法也需要随着时代的发展与时俱进，要使用现代因素诠释古老的香学文化，充分利用现代科技、文化发展成果，充实更新香学文化，使之与现代生活更贴切吻合，成为国人日常起居生活的组成部分。

一、篆香

用模具将香粉压印成特定的字型或图样，然后点燃，循序燃尽发香，这种品香方式称为篆香，也称香篆、印香。压印香印的模子称为“香篆模”。唐代篆香已经广为流行，元稹《和友封题开善寺十韵》“灯笼青焰短，香印白灰销”即咏此事。王建《香印》：“闲居烧印香，满户松柏气。火尽转分明，青苔碑上字。”“闲居”二字极为传神，写出了士人最合适的焚香心境。“满户松柏气”则点明篆香粉的材料。欧阳修有词云：“愁肠恰似香篆，千回万转萦还

篆香

断。”宋洪刍《洪氏香谱》“香篆”条云：“镂木以为之，以范香尘。为篆文，燃于饮席或佛像前，往往以至二三尺径者。”香篆最初用在寺院里，有计时的作用，以它点燃后连绵焚烧的程度来计算时辰。《洪氏香谱》的“百刻香”条云：“近世尚奇者作香篆，其文准十二辰，分一百刻，凡燃一昼夜已。”因此，香篆又有“无声漏”之名。南宋吴自牧《梦粱录》卷十三“诸色杂货”条云：“且如供香印盘者，各管定铺席人家，每日印香而去，遇月支请香钱而已。”刘子翚《次韵六明五龙篆香炉四叔村居即事十二绝》有句云：“午梦不知缘底破，篆烟烧遍一盘香。”释居简《告篆》云：“明明印板脱将来，簇巧攒花引麝煤。不向死灰然活火，此种一线若为开。”均是写香篆的佳作。元代也很流行香篆。成书于元末明初的《碎金》，其“艺技”篇中的“工匠”条下也有“打香印”的条目，香印或曰香篆模子的“簇巧攒花”须制作得精细，材质或乌木或花梨，讲究者更用象牙，一套十个，务求工致。南宋《百宝总珍集·香印》记载了东京有名的制印香模的工匠罗昇、戚顺等。

明代的香篆有了一种更容易操作的办法。高濂《遵生八笺·安乐起居笺下》列出香印四具，然后说明：“四印如式。印旁铸有边阑提耳，随炉大小取用。先将炉灰筑实，平正光整，将印置于灰上，以香末锹入印面，随以香锹筑实空处。多余香末细细锹起，无少零落。用手提起香印，香字已落炉中，若稍欠缺，以香末补之，焚烧可以永日。”用这样的模具印篆香就很是方便。

为出脱香印的方便，篆香炉以盘形香炉或大口浅腹炉为宜，此等香具，亦称作香盘。苏子由生日，东坡以新和印香并银篆盘一具为赠。明代朱之蕃《印香盘》：“不听更漏向谯楼，自剖玄机贮案头。炉面匀铺香粉细，屏间时有篆烟浮。回环恍若周天象，节次同符五更筹。清梦觉来知候改，寒帷星火照吟眸。”《遵生八笺·燕闲清赏笺上》说有一种掺金香盘，“口面四旁坐以四兽，上用凿花透空罩盖，用烧印香，雅有幽致”。湖北武昌龙阴山楚昭王墓出土一件铜炉，炉子是一个宽平折沿的平底浅盘，底径6厘米多一点，精巧不及高濂所云，然形制几无差别。台北故宫藏有一件清代铜香盘，平底宽折沿，略呈椭圆，盘底四个云头矮足，盘心为乾隆御制香盘词，曰：“竖可穷三界，横将遍十方。一微尘，法轮王，香参来，鼻观忘。篆烟上，好结就卍字光。”这文字是直接标明此盘为印烧篆香之器具。

清·铜香盘

晚清时期，南通丁月湖标新立异，改旧制，设计制作出一批形制精雅的篆香炉，并编写了《印香图谱》。月湖印香炉把炉分作方便打开与合拢的数层，最下一层放置小工具如香铲之类，中间一层存放香料，制作和焚燃篆香则在最上层，这一层里总是备好香灰，使用起来极为方便。

他的印香模的设计也与炉一致，如秋叶、海棠、如意、花朵等不下百余种，极为雅致实用。

印香香粉的配制，洪刍《香谱》（卷下）载录两则，明周嘉胄《香乘·印篆诸香》录有多款。它使用的原料与一般合香大致相同。如《香乘》所录“宝篆香”：沉香一两，丁香皮一两，藿香叶一两，夹栈香二两，甘松半两，零陵香半两，甘草半两，甲香半两（制），紫檀三两（制），焰硝三分。研为末和之，作印时旋加脂、麝各少许。清末秀才张峡亭（1870-1940），别号悼棠，有“悼棠自拟印香方”传世，其构成为：母丁香二两半，芸香两半，安息香一两，白檀香一两，降真香一两，黄速香五钱（红枣晒干研末），排草一两，红枣三十个去核，甘松五钱，上共研极细末，晒干，勿用火炒，用细筛过去，分量不可增减。总之，篆香粉与其他合香粉没有太大差别，可以互作通用。

（一）篆香制作

铺灰。铺香灰“压”是关键。要压得平整，不可太松，否则篆香不易定型。最好在压好的香灰上再铺一层使用过的香灰，再用香压轻轻地压一遍，以便香粉在燃烧中有氧气及时供给。

打篆。将香篆模轻轻地平放在铺好的炉灰上，用香匙将香粉填在模子上刮平。中间轻轻晃动一下模子，然后填

篆香

满，轻轻向上提起模子，字口或图形有断口的地方用香匙盛香粉轻轻补上。要尽量避免印出来的香篆散掉。

燃篆。在图形或字样的一端点燃香篆，使其依次燃尽。

（二）篆香品悟

观篆。篆香点燃，一火如豆，倏忽明暗，香篆徐徐变为灰黑，字图易色，饶有情趣，助人静思，使人顿悟兴盛衰败、荣春悲秋之理。

篆香燃尽，其文却仍以灰存，它残留着“生”的美丽，实则已死灭，对此冷观热望，有情无情，其中的感悟自是因人因事因时而异。南宋华岳有《香篆》：“轻覆雕盘一击开，星星微火自徘徊。还同物理人间事，历尽崎岖心始灰。”便是写出观篆香的感受。

观烟。篆香乍燃，青烟袅袅，静坐观之：或细烟高直，似有人生一帆风顺之感；或徐徐盘桓，如徜徉流连美好山川；或由高忽低，铺地艰进，使人顿觉生之艰难；忽而奔腾澎湃，波涛汹涌，似人生青云直上，意气风发；或时如峭壁挂松，波折直起，又促悟人生之险也。如此种种，任凭心想感悟。

（三）篆香制作的注意事项

香粉要尽量放在密封的瓶或罐内。香粉不能质量太高，尤其是沉水级的香粉。如确需使用高品质的香粉，要用次一些的香粉铺底，这样才容易点燃。香灰使用后，要尽量用密封袋密封，隔绝空气，以防受潮。使用香灰前，如发现潮湿，可点燃一块炭团，埋入灰中，烘干潮气后使用。

因人、因事、因时、因地，选择相应图案字形的香篆模，紧紧把握每一次品香雅集之主题。对相对熟悉的客人，可用香匙在铺好的灰上划出图形或字形，直接填香粉熏品。

二、焖香

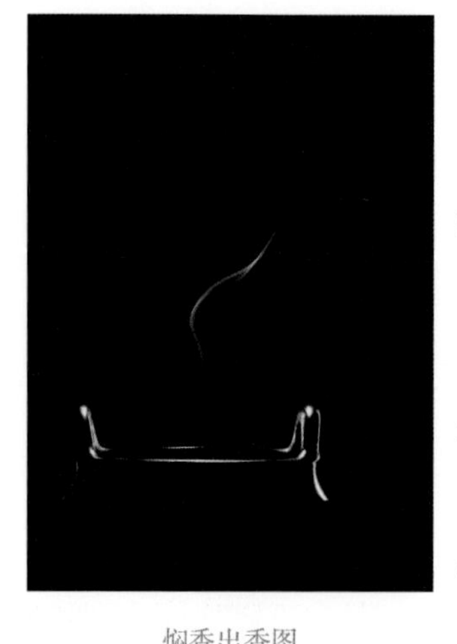

焖香出香图

用炉灰掩埋燃烧的香粉，使香气透灰而出，称为焖香。

焖香是一种非常讲究功夫的用香方法。焖香适宜使用较深的筒炉，能蓄火保温，使香气溢出而无烟熏火燎之感。

松灰：搅动或者翻动炉灰，使之蓬松透气。

开火洞：用香铲开挖出直径1.5—2.5厘米、大约3厘米深的火洞，洞口略开张。

入粉：用香匙下香粉到洞底，开始要少，第一次点燃香粉时可能出烟，并且不可使用高品质的香粉，否则不易点燃。

起炉：用线香或长嘴打火机点燃香粉。覆灰：点燃香粉后，迅速添加炉灰覆盖，但一定要留有“洞口”，不可埋死，否则香气中会带有灰味，也容易将香焖灭。

出香：确定有微烟溢出时，即以洞口周围的炉灰轻轻地蒙盖香粉，同时用探针通气。至有香味飘出，则表示香已焖好。

要注意覆灰的节奏，太慢则香粉易快燃出烟，太快则香粉易灭。

续香：待一层香粉将燃尽时，可以重复上述程序，再添香蒙灰。每次下香粉宜由少至多，其时间间隔以前次香粉变色为度，勿令出烟。宋人杨万里有诗说“但令有香不见烟”是也。待香粉由下而上燃至近灰口时，用香铲将灰徐徐埋住香粉，成一圆锥形。若起灰不正，则易出烟，一旦出烟，香气大减，烟火燥气逸出。

三、焚香

用明火直接点燃香品，使香味和烟气同时挥发出来，称为焚香。焚香操作方法简单，香气挥发速度快，能最大限度地使香气发尽。但也存在烟火气重、香品细腻之处难以表现、香味表述不完整的缺陷。另外，像奇楠一类的高端香材不能直接焚烧，否则腥膻难闻。

焚香是早期用香的主要方式。可以焚烧的香品既可以是香材原料，也可以是合香制品。近代以来，焚香方法的

焚香出香图

使用渐少。现在更多的是使用线香、环香、塔香等成品香。

焚香之法经过适当改进，仍有可用之处。对于一些高堂大厅或是人数较多的用香场所，不妨一试。在大的香炉中点燃四五块甚至更多的炭团，然后将分解好的香材或是合香制品放在炭团上，渲染出香烟缭绕的整体气氛。

对于一些小型雅集活动，如需焚香，则使用一些较高端的香品，用来闻香观烟，品茗论道，也会饶有情趣。

四、蒸香

用水蒸气的热量使香品散发出香气的用香方式，称为蒸香。明末清初的董若雨《非烟香法》就是专讲蒸香的香学专著。他在书中写道：

> 焚香不蒸香，俗太燥，不可不革。
>
> 蒸香之鬲，高一寸二分。六分其鬲之高，以其一为之足，倍其足之高，以为耳，三足双耳，银薄如纸。使鬲坐烈火，滴水平盈，其声如洪波急涛，或如笙簧。以香屑投之，游气清冷，细缊太玄，沉默简远，历落自然，藏神纳用，销煤灭烟，故名其香曰“非烟之香”，其鼎曰“非烟之鼎”。然所以遣恒香也。若遇奇香异等，必有蒸香之格。格以铜丝交错为窗爻状，裁足羃鬲，水泛鬲中，引气转静。若香材旷绝上上，又彻格而用箪蒸香。箪式密织铜丝如箪，

明·铜蚰耳炉

方二寸许，约束热性，汤不沸扬，香尤杳冥清微矣。

虽名蒸香，不同级别的香品仍需用不同的隔热材料、不同的温度调控，细腻精致，的确高端。由于蒸香之香气是随着蒸汽溢出的，因此香气更加圆润，清新可人，洁净而无烟火之燥。此法尤适用于干燥地区。现在已有电子蒸香炉问世，加水使用，非常方便。

五、隔火熏香

用云母片、银叶片或其他隔火材料，将炭团同香材、香品隔开，控制温度，使香气徐徐散发的用香方法称为隔火熏香。它代表中国香学文化高端品香的方式，是香席雅聚活动以及日常用香的最佳方法。一般按如下程序进行：

（一）赏香（物）

主香人介绍品香之全部物品，先香具：炉瓶三事（香炉、香盒、香瓶）、香匙、香夹、香押、香针、顶花等，次香灰、炭团等，再香材。并按品香时的需要依次摆放。

（二）松灰

主香人拿出香炉放入炉灰（也可事先放入），至七八分满状态。用香铲或香押翻搅松动，也可用香箸（香筷）

插至炉底划圈松动，使炉灰蓬松透气。《遵生八笺·燕闲清赏笺》“灵灰条”说：“炉灰终日焚之则灵，若十日不用则灰润。如遇梅月，则灰湿而灭火。先须以别炭入炉暖灰一二次，方入炭团墼，则火在灰中不灭，可久。”

（三）烧炭

将炭团放至烧炭炉或炭架上，放在非主客一侧，用打火机烧炭。一般先由上至中再至底，将炭团烧至微呈白色时稍加放置，用手试温度，确定炭团已烧着后进行下一环节。一般炭团或多或少有些异味，烧着后一定要放置几分钟，使异味挥发干净。

（四）入炭

将炭团放入炉中有两种方法：一是用香铲或灰压在炉正中，挖四方或圆柱体形坑，用香夹或香箸将炭夹入放正，炭团的深度离香灰表面1.5—2.0厘米；二是直接用香箸将炭团压入松好的炉灰中，炭团的上面离炉灰表面约0.5—1厘米。

（五）理灰

用香铲或香押将炭团用灰埋住，并将炉灰上部理成圆锥体，锥尖对准炭团的中心点，用香押自左而右压整齐，不可压得过实过紧。然后用香箸在圆锥的尖上垂直向下开火窗（即扎小洞）至炭团。如为美观，可用香箸在圆锥体上压出印痕，但一定要整齐。火窗孔的大小直接关系到炭团的升温快慢。大则升温快，小则慢。可根据香材特性和品香需要确定。

（六）入香

埋好炭团三五分钟后，炭团的热度基本上将炉灰中的潮湿赶尽。主香人切香材放入银叶或云母片中，用香夹把银叶或云母片放至火窗上。也可先放云母片或银叶，然后用香匙将香材放入云母片或银叶中。

（七）调香

主香人整理银叶或云母片位置，并品闻，确定香味已出时，开始巡香传递。一些存放时间过长的老香材，表皮可能氧化或沾染杂味，开始发香时有异味，要放置两分钟左右无异味时，再开始传递品闻。

（八）品香

主香人每出一炉香于三五巡后，换香另出一炉，待三炉香出，香事结束。巡香时，炉主调香定味后，将炉用右手拿起放至左手上（手掌平展，手心朝上），转头颔首示意主客。主客以右手执炉颈放炉于左手上就鼻，右手手掌弯曲搭附于炉外壁，于右手拇指处闻香三次。第一次初品，感受香味；第二次鼻观，体验香趣；第三次意受，神思联想。每次不超过十秒钟，不可朝炉中呼气，呼气时抬头离炉左转。主客三次闻毕，依次传向左手下一位，直到传回炉主手中为一巡。

品香时，要调匀呼吸，摒弃杂虑，放松全身，用心去感受香的美妙，从而净化心灵，感悟毫无功利性的愉悦。品香过程中，要尽量放大感官的感知能力，准确感受、感悟香这个满载时空因素、凝聚天地精华、充满生命力的“精灵”。

（九）调温

这不是品香的一个专门环节，但为了更好地品香，有必要作一说明。品香过程中，香味骤然趋烈，说明炭团温度过高，须及时取下隔火的银叶或云母片，用添加炉灰的办法加厚炭团上面灰层，或用香押压紧灰锥，降低温度，使香味逸出舒缓有变；也可用香箸插入灰中夹住炭团，向下压炭团，使炭团和隔火的银叶或云母片距离加大，降低温度。如香味过于微弱，则说明炭团温度过低，可用香箸、香针在灰锥中上部开一些通气孔，加快炭团燃烧，增加温度，若火温还是上不去，就要从灰中取出炭团重新燃烧再行埋入炭团。如系因炭团埋置过深而导致温度上不来，可用香箸夹住炭团向上提拔，缩小与隔火器具间的距离，这样使炭团温度升高，香味正常逸出。

（十）写笺

品香程序结束后，主香人向雅集者发放香笺，请雅集者书写品香心得。书写内容不能拘泥于对香味的描述和直接感受，而应写出品香的心灵感受，多一些精神层面的东西，少一些对具体香味的描述。把人生的感悟、艺术的联想含蓄地描绘出来。

主香人事后将香笺收集装订，作为一次雅集的记载予以保存。

香席

物质与精神的融合，鼻观的盛宴，香中呈现的文化意蕴……

琢瓷作鼎碧于水，削银为叶轻如纸。
不文不武火力匀，闭阁下帘风不起。
诗人自炷古龙涎，但令有香不见烟。
素馨忽开抹利拆，底处龙麝和沉檀。
平生饱识山林味，不奈此香殊妩媚。
呼儿急取蒸木犀，却作书生真富贵。

宋·杨万里《烧香七言》

香席是通过“品香”进行的文化雅集活动，它融合了众多的传统文化和艺术因素，是一门高端独特的生活艺术。在品香过程中，参与者体验美好意境，感悟生命价值，升华心灵境界。香艺师要自觉地把握香席作品的触发、孕育、创作三个阶段，面对自然之香，形成心中之香，最后创作出作品之香。把自己希望表达的思想、情感、知识，通过香席过程准确完美地表现出来，并传递给香席参与者，引发共鸣，催生各自不同的联想与审美感受。

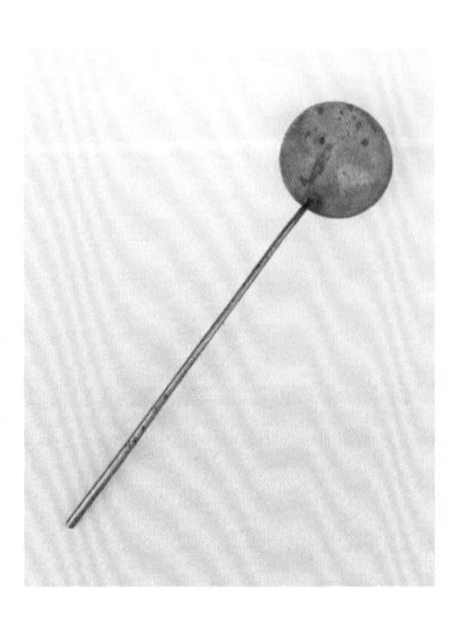

清·香押

香席一般由三个相互关联的程序组成：品香，认识香料，感受大自然的美妙。坐香，回味香的气韵，静参香的美好，研习勘验学问，并向修身养性延伸。课香，书写香笺，记录前两个环节的感觉感悟。

唐中晚期，香席的雏形已经出现。宋代陶穀《清异录·薰燎门》记载：“（唐）中宗时，宗、纪、韦、武间为雅会，各携名香，比试优劣，名曰‘斗香’。惟韦温挟椒涂所赐，常获魁。”斗香是需要一款一款地品闻，才能分出高下，香席的初级形式以此逐渐形成。同时，唐中晚期开始出现的隔火熏香，使品香方法更趋精致，炭火徐徐熏烤香品，无烟火燥气，香味舒缓美妙，也更加适合香席活动。两宋时期，皇室贵族、文人士大夫间香席雅集，更成为生活常事，香席趋于成熟，“焚香、点茶、插花、挂画”成为风雅的四般闲事。权贵雅集，一掷千金的香席显示奢华富

清·铜鎏金铺首环耳香瓶

银碳架·银叶片

贵；文人雅集，使用寻常香料追求山林清气。南宋时期，中国香席随着“径山茶”之法传入日本，对日本香道产生重大影响。明晚期经济繁荣，工具进步，商业发达。海禁开放，与各国的贸易空前兴旺，社会享乐风气盛行。加之政治黑暗、朝廷腐败，文人士大夫醉心于艺术创作及生活享乐，沉迷于声色犬马、美器长物、闻香品茗之中，香席兴盛一时，成为名士生活的一个重要标志。这种风尚一直延续至清代的康雍乾三朝，嘉道时期，香席开始退出中国文人的生活空间。

香席雅集活动对一个人的内在修养有重大助益。香席是让忙碌的人“慢”下来、“静”下来的一个平台、一个“驿站”。典雅的礼仪，可以去掉我们身上的浮躁之气，使我们身心清净；优雅舒缓的节奏，可以感染我们的情绪，使我们心灵沉静；美妙的馨香，可以滋养我们的灵魂，使我们更加觉悟智慧。

香席雅集，是财富与素养相结合的高端文化活动。对参加者要有所选择，使雅集活动更加融洽、和谐而有品位。

精细的操作技巧，美妙的嗅觉体验，以及香席雅集活动中的仪轨程序，都是为了更好地清心静虑，探究心性，追求内心的空明。

今天的香席没有必要完全照搬古人的仪轨和方法，而是要传承古代香席的精华和神韵，结合现在的生活环境、

停云香具

工具、原料，利用科技发展成果，向更加广阔的领域发展探索，超越古人香席水平，达到更高的境界。

一、确定主题，设计香席布置方案

根据季节时令变化、参加人员的总体要求、场所环境的特征和其他雅集的因素，确定本次香席雅集的主题。如“立春”“荷风清夏”“月圆中秋”“听雪”“春消息”“东篱”“再聚缘”“五台清凉”“泰山论道”“疏影”“停云”等等。香席的主题要有中国传统文化内涵，但不要牵强附会。

香席布置要围绕主题进行设计，简洁雅致，不要过多的点缀装饰。品香室的布置要做到雅致简洁，不可放置鲜花和过多的装饰品，以免分散客人的注意力。可用桌布、香席、香巾、香具、香艺师的服装去契合主题，营造出切合主题、宁静祥和、典雅有致的整体品香氛围。接待客人喝茶的厅堂场所，可点缀少许鲜花、装饰品，但不可偏离香席主题。

场所选定上，一般以专门的品香室为好。如有特殊要求，需在其他场所进行。首先要确定新的场所无异味，透气无风，无嘈杂之音，空间不能太大。高堂大厅不适合品香。一般不超过十人的雅集，二十平方米左右的品香室即可，接待场所四五十平方米即可。要提前一两天在该场所焚香、点燃线香，以确保洁净无异味，营造清雅的氛围。

北方地区春冬两季气候干燥，要适当增加空间湿度。否则，会影响香气散发效果。

香材的选择搭配要切合香席主题，选定香品，香艺师要提前试用香品。春夏之季，宜使用生结沉香、奇楠，和凉意、穿透力较强的香品；秋冬时节，则使用熟结沉香、奇楠和暖意较强的香品。同时，要结合参加香席人员的年龄、身体素质、文化素质等因素，安排适当的茶品搭配。

对于香席使用的香品，要安排好适当的出场次序。一次香席一般使用三款香品，包括沉香、和香、奇楠香，按香气高低和香力大小分为高、中、低三个级别，一般情况下，出场次序为：中—低—高。

品香过程中，香材如何搭配，犹如文章的布局谋篇一样，非常重要。因为每块香材的味道虽然都有区别，但基本味道不会出入过大。所以在品香时，如何安排搭配香材，在同中求异，同中有变，让品香者不感乏味，实非易事。

首先要懂得香材之间的主次之分、生克之理，选配主香、副香、陪香，使之和谐生香为上。一个品香过程中，所选香材要高低搭配、贵贱适宜，不可全用高档香材，如奇楠之类，令主次不分，使人“久品无佳香”。原则上，

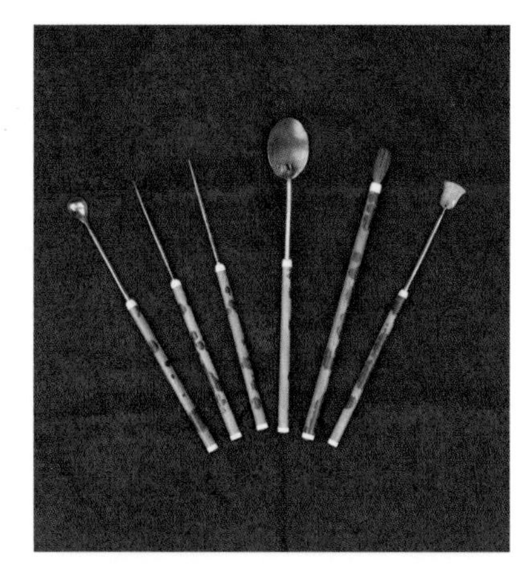

香妃竹香具

在一次品香过程中，使用一道高档香材，以此作为主题和重点，其余则为陪衬和铺垫。

要充分了解香材特性，才能更好地设计香材的搭配。主香材一定要是奇楠或其他高品级香材，要求发香时间能达到半小时以上，且富有变化。其他香材均为陪衬，要充分烘托体现主香材的特色。

香材搭配设计也要因人而异，要了解客人感受味道的轻重和偏爱。

一般来说，常饮酒、吸烟、吃辣者，适宜味道较重的香材；喜食清淡、性情儒雅者，大多倾向味道细长而悠雅的香材。年龄低者，选择香味动感较强生结类香材；年事高者，选熟结类气味平和之香材。同时，要适当考虑气候、时间、环境、品香者的品香水平等因素。

（一）香材搭配设计

香席的香材搭配，要根据主题、参加香席的人员状况选配。下列几种搭配，以作引玉。

搭配一：

主香：海南绿奇楠

副香：海南包头沉香、芽庄笋壳

陪香：老山檀

品香次序：海南包头沉香—芽庄笋壳—海南绿奇楠。

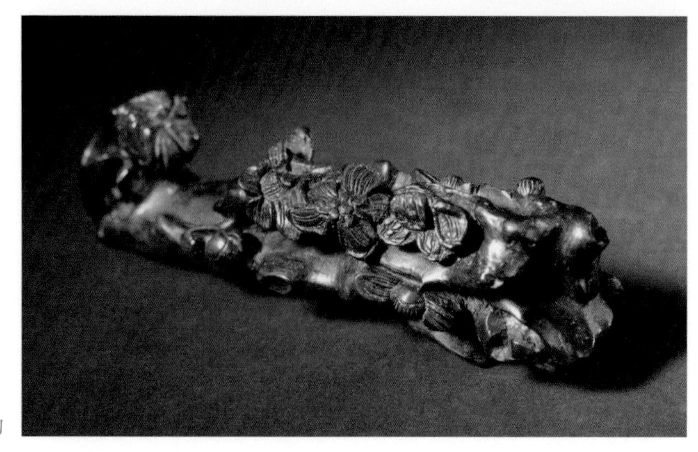

清·奇南香带钩

搭配二：

主香：越南芽庄沉香

副香：海南紫奇楠、海南沉水沉香

陪香：老山檀

品香次序：海南沉水沉香— 海南紫奇楠—越南芽庄沉香。

搭配三：

主香：越南芽庄绿奇楠

副香：海南虫漏沉香、海南黄奇楠

陪香：老山檀

品香次序：海南虫漏沉香— 海南黄奇楠—越南芽庄绿奇楠。

搭配四：

主香：香港奇楠

副香：越南红土沉香、海南虫漏沉香

陪香：老山檀

品香次序：海南虫漏沉香—越南红土沉香—香港奇楠。

香材搭配中的陪香老山檀，并不上炉品闻，是作为香席第二炉香结束时洗鼻（消除嗅觉疲劳）之用的。平时品香时间较长时，亦可用此法消除嗅觉疲劳。

（二）炉具的选择

作为品香的主要工具，香炉在品香过程中发挥着重要作用，它的大小、高低、薄厚、材质都直接影响着品香。从“利其器”的角度来看，选炉的意义非同一般。色彩斑斓、形制古雅的“宣德炉”固然可赏可玩，但釉色晶莹、端庄宜人的瓷炉同样使人爱不释手。但选炉的首要条件，还是要考虑实用，其次是典雅。不同用途的炉，应尽量从实用的角度去选。

品香炉：大小应在一握之间，过大过小都不好用。以筒炉为例，直径一般为6.5—9厘米，炉高6—8厘米，埋一块炭团后，灰锥离炉口至少还有1.5—2.0厘米，这样香气才会有醇化的空间距离，而不至于直接进入鼻腔。一般而言，炉大灰松，火力就会快而猛，炉窄灰实，火力则长而柔。品香时，不同特性的香材要用不同形状的炉来品闻。一般沉香用大口宽腹的炉，香片不可太小，这样香味才能明快清晰。如是奇楠，则宜选高而窄的炉，香片要细小，这样香味才会悠长转折，富有变化。

品香炉的质料，瓷铜均可。但一定要选用便于理灰、不烫手、形状雅致者为宜。

篆香炉：口大，炉膛浅，便于压灰打篆，看香粉蛇行明灭、篆字颜色深浅变化。

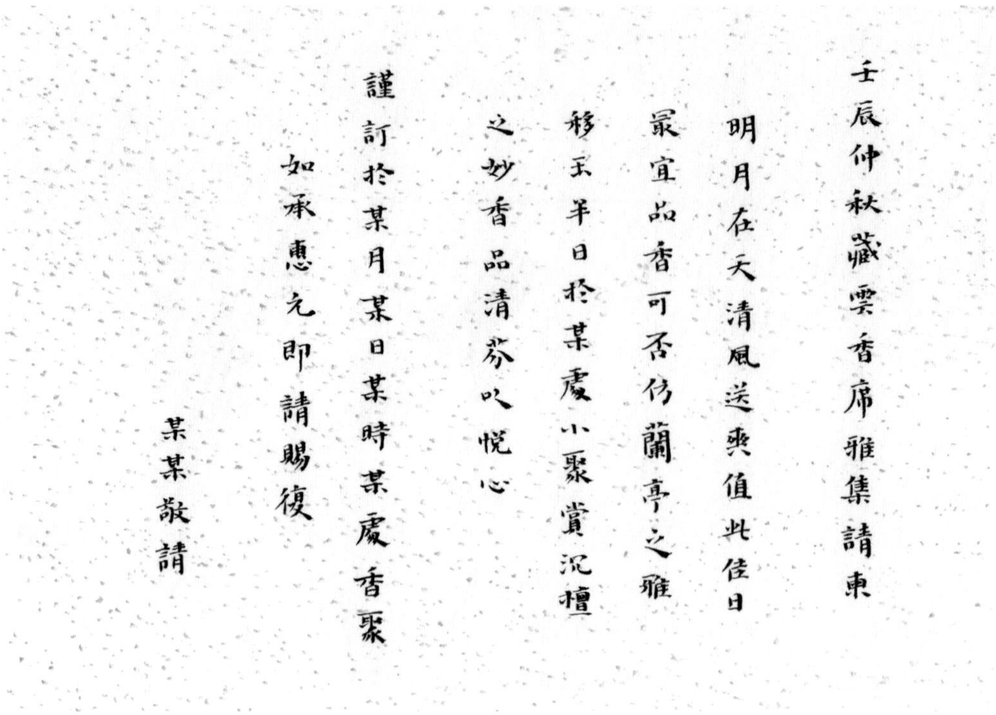

壬辰仲秋藏雲香席雅集請柬

明月在天清風送爽值此佳日

最宜品香可否仿蘭亭之雅

移玉半日於某處小聚賞沉檀

之妙香品清芬以悅心

謹訂於某月某日某時某處香聚

如承惠允即請賜復

某某敬請

二、发柬

启动香席雅集活动，发出请柬。结合季节时令、场所，使用旧学雅词，最好主人亲笔书写，加盖闲章，以示恭敬。内容可参考下列帖式，但勿拘泥。

春天

天清气朗，惠风和畅。良辰美景，最宜鼻观。君玉树临风，移驾寒舍，定能蓬荜生辉。谨订于某月某日某时假座某处香聚，敬希赐复。

某某恭邀

夏天

骤雨初晴，荷风送爽。三五知音，雅集绿荫。红土奇楠，怡心养性。谨订于某年某月某时于某处闻香品茗，可否一允，敬请赐复。

秋季

明月在天，清风送爽，值此佳日，最宜品香。可否仿兰亭之雅，移玉半日，于某处小聚，赏沉檀之妙香，品清芬以悦心。谨订于某月某日某时某处香聚，如承惠允，即请赐复。

某某敬请

冬天

瑞雪初降，红梅乍绽。某某偶生访戴之趣，却矜芷香之雅。谨备琼崖占城之奇香，敬请屈驾莅临，移玉寒斋。呈香上茗，以解思念。如蒙附允，即请赐复。

某某诚邀

请柬中要另附“香席注意事项”，提醒其加以重视。被邀请人收到请柬后，如确定参加，要给邀请人以回复。在规定时间内，邀请人统计确定参加香席的人数，有的放矢，进行香席准备工作。从发柬到正式举办香席，时间一般为五至七天。

三、洗尘（净手、品茗、静心）

被邀请的客人在约定时间来到香席举办场所，先净手，然后在接待场所入座品茶，主人向客人交代香席规矩和注意事项，其间播放中国元素的古典轻音乐，使客人放下身上的俗事，静下心来。时间约半小时。

四、香席仪程

（一）入座

香艺师入座，香艺师助手邀请客人入座，主客在香艺师左侧位置，按顺时针方向依次落座。

（二）行礼

香艺师起立站在自己位置的右侧，同助手一起向客人行礼，介绍自己和助手并向客人致意。客人起立向香艺师和助手回礼后落座。

（三）赏香（物）

众贤毕至，主客皆齐。香艺师介绍品香之全部物品，先香具：炉瓶三事（香炉、香盒、香瓶）、香匙、香夹、香押、香针、顶花等，次香灰、炭团等，再香品。并按品香次序依次摆放。介绍时语言简洁明了，用词优雅而艺术。切忌发音含糊不清、语焉不详。这是品香活动的一个重要环节。

（四）备香

根据用香次序，进行明火用香和隔火熏香准备工作。第一道香准备好后，香艺师双手捧香恭敬天地，传给客人

明·錾花鹿鹤同春筒式炉

清闻，然后准备第二道香、第三道香。三款香材香品的介绍和清闻，香艺师根据香席节奏和气氛穿插进行，但不能影响客人握炉品香。

（五）品香

第一炉香，香艺师备好，确定出香后，双手捧炉过头顶，身体缓缓向前下俯，敬天礼地，然后传给主客；主客敬天礼地后，品闻三次，传给下一位客人；依样依次传递，直至最后一位客人品后送还香艺师，称为一巡。第一炉香一般品闻四巡。

第二炉香，第一炉香第四巡传至最后一位客人时，香艺师开始第二炉香的传递，并接过第一炉香放至右手上方桌面。第二炉香传递品闻三巡。

席间休息，两炉香共七巡的品闻，客人会出现嗅觉疲劳。此时需要“洗鼻”和短暂席间休息，香艺师拿出老山檀香材传递给客人，每人深闻一分钟左右。

品饮奇楠香水，助手为每一位客人奉上一小杯奇楠水。客人先嗅闻，再慢慢品饮。

席间休息和品饮奇楠水期间，香艺师可与客人短暂交流，但要轻声细语，不作深入交流，多给客人以赞许和鼓励。

第三炉香，客人喝完奇楠香水后，香艺师宣布开始第三炉香的品闻。第三炉香品闻传递五巡，至最后一位客人品完时，香艺师起立离桌，宣布香席结束，并同助手站立一排向客人行礼，客人站起还礼。

宋·越窑青瓷炉

香席活动中，除第二炉香结束后的“洗鼻”、品饮奇楠香水的环节可以简单语言交流外，其余时间均须止语。

（六）品饮太和汤

香席活动一般采用隔火熏香的方式品香，炭团的火温会产生些许燥气，故需饮用少许温和滋补的太和汤予以平衡。

（七）写笺

品香程序结束后，香艺师向客人发放笺纸和笔，请客人书写品香心得。书写内容不要拘泥于对香味的感受，而应写出品香的心灵感受，多一些精神层面的东西，少一些对具体香味的描述。把人生的感悟、艺术的联想，含蓄地描绘出来。香艺师可简单讲解写笺方法。

主香人事后将香笺收集装订，做为一次雅集的记载予以保存。

（八）送客

五、香艺师（主香人）香席操作要求

在整个香席过程中，香艺师的言谈举止直接影响到香席活动。一个沉静自在的香艺师所散发的气息，可以与沉香营造的氛围协调一致，使人宁静、内省。所以，主香人的全程操作一定要从容不迫、优雅有致，要调整掌控节奏的快慢，使整个品香活动有序、有趣、优雅地进行。

手法要求：优雅舒缓，轻盈简洁，连绵圆融。

优雅舒缓，是指动作不急不躁，快慢适度，富有节奏；轻盈简洁，是指动作熟练轻盈，不滞不涩，不枝不蔓，准确到位；连绵圆融，则要求动作流畅自然，连绵贯通，有行云流水之感，同时要求身心合一，使美妙空灵的香韵从心中飘逸轻扬。

心理要求：动作的优雅舒缓只是表象，心理的沉静才是香席操作的关键所在。香艺师在香席过程中必须神清气定，谦逊平和，心无挂碍，才能高质量地完成香席操作。

神清气定，要求香艺师镇定自如，不动声色，散发出安宁祥和的气息，能够熟练地掌控香席节奏、气氛。谦逊平和，是指在香席过程中，香艺师表现出来的谦逊、宽容、平和，绝无心浮气躁、骄横无礼的表现。心无挂碍，则要求香艺师心静如水，心空大度，在香席过程中，不患得患失，坚定自信，全神贯注，对香席参与者或客人平等待之，有主客，无尊卑，把和每一位香友的相遇都当成一种缘分；同时，要求香艺师不存功利之心，香席最终目的是净化心灵，感悟人生真谛，只有抛弃名利之心，才能香人合一，使香真正成为增添生活诗意，提升生命境界的高雅之物。

香雅

美好事物的集合，所有的「雅」都因「香」而聚集融汇……

陆子起玉局，牧新定。至郡弥年，困于簿领。意不自得，又适病眚。厌喧哗，事幽屏。却文移，谢造请。闭阁垂帷，自放于宴寂之境。时则有二趾之几，两耳之鼎。爇明窗之宝炷，消昼漏之方永。其始也，灰厚火深，烟虽未形，而香已发闻矣。其少进也，绵绵如皋端之息；其上达也，蔼蔼如山穴之云。新鼻观之异境，散天葩之奇芬。既卷舒而缥缈，复聚散而轮囷。傍琴书而变灭，留巾袂之氤氲。参佛龛之夜供，异朝衣之晨熏。余方将上疏挂冠，诛茅筑室。从山林之故友，娱耄耋之余日。暴丹荔之衣，庄芳兰之茁。徙秋菊之英，拾古柏之实。纳之玉兔之臼，和以桧华之蜜。掩纸帐而高枕，杜荆扉而简出。方与香而为友，彼世俗其奚恤。洁我壶觞，散我签帙。非独洗京洛之风尘，亦以慰江汉之衰疾也。

陆游《焚香赋》

一次完整的香事活动，香是主角，但香不能唱独角戏，需要其他具有中国元素的传统文化项目辅助和搭配，如古琴、茶、酒、花等的配合，雅集活动才会丰满有趣。

一、香与茶

焚香啜茗，自古就是文人雅集不可或缺的内容。明代万历年间的名士徐𤊹（1563—1639）在《茗谭》中讲道："品茶最是清事，若无好香在炉，遂乏一段幽趣；焚香雅有逸韵，若无茗茶浮碗，终少一番胜缘。是故茶香两相为用，缺一不可。"茶和香这两脉古老的中华文化相辅相成，互助辉煌。缺少任何一方，对另一方来说都是一种"残缺"。

香材搭配，物候交替，人事变换，针对品香过程中的这些因素，在茶的搭配上都要有所考虑。但香、茶搭配时，一定要把握主辅，切忌过分渲染茶，造成喧宾夺主之实。

（一）结合品鉴之香配茶

针对不同香材和雅集主题，选择不同的茶来搭配。

互补型选择：香和茶的配伍上，选择特性反差较大，能够互为补充、相映生辉的搭配。例如浓郁厚重、香气变化相对较少的香材，选配清香鲜活的绿茶，如龙井、碧螺春、毛尖；香味高扬多变、穿透力强、凉意十足的香材，就选配

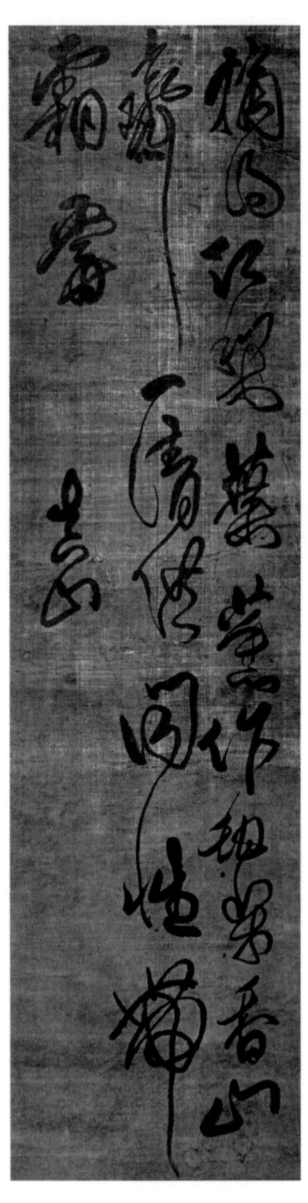

清·傅山草书“摘得红梨叶”诗轴

发酵程度高、茶性相对稳定、口味醇厚甜和的红茶，如金骏眉、祁门红茶，或是选择一些相对平和的安徽茶，如六安瓜片、黄山毛峰；花香果香、蜜香味较大的海南紫奇、越南奇楠，选用休宁松萝、太平猴魁等口感鲜爽、香气清新的绿茶去搭配；生结香材动感强，香味活跃多变，则配口味醇和、香气稳定的黄茶，如君山银针。

促进型选择：通过选配的茶，促进香材特性的提高和发挥。例如，海南生结绿奇楠香、越南芽庄绿奇楠香穿透力强，凉意十足，选配香味高扬多变、枞味（该茶特有的山林气息）饱满的凤凰单丛，从而形成激情澎湃、青春涌动、鸢飞草长的合成效果；海南紫奇楠香、越南红土搭配鲜香甜美的红茶，使人感受到和煦温暖的阳光，体味人生的舒适和美；典雅高贵的海南黑奇楠香，配以香味独特奇妙的休宁松萝，更显高贵脱俗；兰花香味饱满的白奇楠香，搭配韵味无限的铁观音，更使人回味无穷，风光无限；富有激情、香味昂扬多变而不乏细腻的海南黄奇楠香，配以岩韵花香武夷岩茶，会让人感受到铮铮金石之气和美味多变的口鼻享受。

调理型选择：从调理身体和健康的角度去配茶。沉香奇楠均为至阳之物，加之品香过程中的炭团火温，会使人略微上火。因此在品香程序中或完结后，有必要安排品香人喝一些降火的绿茶，如太平猴魁、六安瓜片、龙井等性寒之茶；也可在品香结束时，每人饮一杯菊花、蜂蜜、西洋参、罗汉果等熬制的降火饮品。通过这些措施避免上火。

（二）根据季节物候配茶

古人养生养性，十分注意顺应四时节气。《黄帝内经·素问》中的《四气调神大论篇第二》明确说：夫四时阴阳者，万物之根本也。所以圣人春夏养阳，秋冬养阴，以从其根。

寒暑易变，四季不同，香事活动要根据季节物候的变换选茶。

1. 春来宜助阳气发

阳春三月，是启陈发新的季节，蛰出地动，万物向荣。此时要让体内的阳气顺应春天的气息发散出来，重点在疏通，不能郁结。此季节举办香事活动时，宜喝香气高远的凤凰单枞和香气浓郁的茉莉花茶，以帮助散发冬天积聚在体内的寒邪，促进人体阳气的生发。

2. 夏至宜使暑气消

夏季的三个月，万物争荣，生机勃勃。天地之气已完全交汇，万物开始开花结果。这个季节万物生长到了极致，人体也暑气过盛。人需要心柔意软，志性宽和，这样体内的浊气才能宣泄，顺应阳气在外的季节特点。

此时香事活动，宜饮绿茶。绿茶能给人以清凉之感，

明·夏昶《戛玉秋声图》

收敛性强，氨基酸含量较高，能消暑降温。但不能喝凉茶和过烫的热茶，这些都会造成身体不适。上好的铁观音和台湾高山茶也是不错的选择。还可喝一些存放时间较长的生普洱和陈年福鼎白茶。也可喝一些焙火到位、储存时间两年以上的六安瓜片和武夷岩茶。这些茶寒气消尽，火气全无，祛湿降火，饮正当时。

3. 秋到沉稳金凤舞

秋天万物的果实已经成熟，精华蕴藏在种子里，这就是“收”。这个季节，人要让自己的意志安宁，秋天的肃杀之气才能得以缓和。收敛自己的神气，顺应秋天。

此时的香事活动，宜饮青茶，青茶介于绿茶、红茶之间，不寒不温，性平和，既能清除夏季余热又能生津滋润。首选铁观音，但要喝铁观音春茶，因为春茶此时火气褪尽，气韵从容，与时相合；其次是武夷岩茶，但需饮前一年所产之茶，此时火消殆尽，韵味无限，最是好茶。

4. 冬降茶品暖精肾

冬天是闭藏的季节，此时冰天雪地，阳气蛰伏。人要注意保温，勿泄阳气，逆此道就会伤肾，影响春天阳气的生发。

此时的香事活动配茶宜选红茶。红茶味甘性温，可养人体阳气，给人以暖和的感觉，有生热暖腹之功。

也可选择熟普洱，以暖胃去寒，还可消食化积。至于远年六堡和老普洱，则通用夏、冬两季，无论严寒溽暑，都是上佳选择。

（三）看品香对象配茶

前面我们说的是依据香材、季节物候配茶，现在我们谈一下闻香品茗的主体——品香对象与茶的匹配。

不同体质的人对茶的选择应当不同，年轻人朝气蓬勃，感觉敏锐，但阅历相对浅一些，识茶较少，建议选择绿茶和味道较明显的茶；中壮年人年富力强，阅历和财富的积累已具备一定基础，适宜选择一些高档的凤凰单枞和武夷岩茶，感受茶韵，感悟人生；老年人饱经风霜，宜选择厚实平和的老茶。如红茶、普洱茶、黑茶。

性别与茶的相配。一般来说，男人适合选绿茶、乌龙茶以及生普洱、武夷岩茶

年轻女性如体质较好，可选上好的绿茶。比如碧螺春、黄山毛峰、信阳毛尖等显毫绿茶。

岁数大些和体质较弱的女性，建议以红茶和熟普洱为主，也可以选隔年凤凰单枞。

生活习惯与茶的相配。喜烟好酒的人，宜配口味较重的茶，如武夷岩茶、凤凰单枞等；口味细腻、吃素为主的人，宜选一些茶性细腻平和的茶，如铁观音、福鼎白茶、君山银针等；长期从事体力劳动的人，感觉相对迟钝一些，

宜选择茶性刚烈的茶，且投茶量要略大一些。

不同体质的人与茶的相配。热性体质的人，思维活跃，适宜搭配绿茶。也可选一些年份较浅的生普洱、单枞、未经复火的武夷岩茶。如有条件能选老白茶和老黑茶则是再好不过。

寒性体质的人，可以少喝一些老茶。

二、香与古琴

古琴，蕴含着丰富而深厚的文化内涵，千百年来一直是中国古代文人士大夫寄托情怀的器物。特殊的身份，使得琴乐成为整个中国音乐结构中具有高度文化属性的一种音乐形式。“和雅”“清淡”是琴乐追求的审美情趣，“味外之音、韵外之致、弦外之音”是琴乐深远意境的精髓所在。陶渊明“但识琴中趣，何劳弦上音”与白居易“入耳淡无味，惬心潜有情。自弄还自罢，亦不要人听”所讲述的正是此理。古琴的韵味是虚静高雅，要达到这样的意境，要求琴者将外在环境与平和闲适的内在心境合而为一，才能达到琴曲中追求的心物相合、人琴合一的艺术境界。

香与古琴，两相为宜，互为助益。弹琴者与听琴者在美妙空灵的香韵中，会去躁入静进而物我两忘；主香人与品香者在醇和淡雅、清越绵远的琴韵中，会因香而静，澄心明理。是故，古人操琴必焚香，焚香雅集者琴音必不可少。宋代赵希鹄在其所著《洞天清录·古琴辩》中有“焚香弹琴”条云：“惟取香清而烟少者。若浓烟扑鼻，大败佳兴。当用水沈、蓬莱，忌用龙涎、笃耨，儿女态者。”连弹琴适用的香材都有讲究，香气清越、烟少者为佳。

抚琴焚香，不仅是为了营造清幽净雅的环境，更体现了端敬的态度。清代咸丰年间的《天闻阁琴谱》（青城山道士张孔山、唐彝铭编汇）曾云：“故弹琴为奏为操者，不敢慢也。净手焚香，断不可少。”“黄太史四香”中的“小宗香”，亦是香韵琴音缭绕，高风雅范，令人心向往之。明代香学琴学大家朱权，既制作出名列“四王琴”之首的“宁王琴”，亦有抚琴香方传世，其《臞仙神隐香方》有香方云：“沉香、檀香各一两，冰片、麝香各一钱，棋楠香、罗合、榄子、滴乳香各五钱”，研磨成粉，炼蒸浆合和为饼。抚琴时，“焚之助清气”。真可谓清音、清气、清心素雅。

二十世纪五十年代，溥雪斋应邀为外宾抚琴。事毕，陪同外宾欣赏演奏的周恩来总理特意问溥：“抚琴是不是要焚香助兴啊？”溥答：“是！”周恩来总理于是叮嘱说：“下次一定要加上啊。”焚香似乎小事，竟得一国总理亲自过问，老琴家亦感古弦韶乐必不会泯灭。明代小说家冯梦龙《警世通言》中收录话本作品《俞伯牙摔琴谢知音》，便有“六忌、七不弹、八绝”之说，“七不谈”中有“不焚香不

南宋·刘松年《松荫鸣琴图》

弹”之谓。可见香与琴相依相伴，不可或缺。

香炉里专门有琴炉之称者，小巧精致，适合宽于琴桌或琴信之香几。我们看传世宋徽宗赵佶的《听琴图》，便是琴桌旁一香几上置香炉，香烟作穗状。古人抚琴，常以香为伴。宋代赵希鹄的《洞天清录·古琴辩·弹琴对月》描绘这么一幅美好场景：“夜深人静，月明当轩，香爇水沈，曲弹古调，此与羲皇上人何异！”

现在的香席雅集活动，正式进入香室，香友品茗时，同时由琴师弹奏优雅之琴曲，一来可增加雅集氛围，二来可助雅集者静下心来，为品香活动奠定良好的基础。品香时，琴声则要相对低下来，古琴最好置于品香室之外的另一房间，琴声隐约为好。

元·赵孟頫《松荫会琴图》

三、香与花

香席雅集时，适当地插花点缀，能增添一份雅致的气氛，也能使客人感受到主人的重视和用心。但不可过，以免喧宾夺主。这里的插花点缀是指香室以外，用作接待香友的厅堂略宽敞之处，宜选用无味、典雅、具有传统文化承载内涵的插花。屠隆的《考槃余事》卷四有“瓶花”条云：

堂供虚高瓶大枝，方快人意。若山斋充玩，瓶宜短小、花宜瘦巧。最忌繁杂如缚，又忌花瘦于瓶，须各具意态，得画家写生折枝之妙，方有天趣。

根据不同环境、空间大小，选择适宜之花瓶或插花。雅集时插花的器具以中国传统器皿为主。《考槃余事》卷三有“花尊”条专门讲述花瓶的选择：

清·珐琅缠枝莲纹六颈瓶

古铜花瓶，入土年久，受土气深，以之养花，花色鲜明。或就瓶结实，陶玉器亦然。其式以胆瓶、小方瓶为最。若养兰蕙，须用觚。牡丹花必须用蒲槌瓶方称，瓶内须打套锡管，收口作一小孔，以管束花枝，不会斜倒。又可注滚水，插牡丹、芙蓉等花，冬天贮水插花，则不冻损瓶质。

这些传统器具与中国式的香席雅聚活动最为相搭。

在香席活动中，花和主人客人一道演绎着生命的意义。灿烂的鲜花和短暂的一期一会，使人更觉缘分难得，倍感珍惜当下。鲜花与香构成独特的艺术形态，表达了主人和香席雅聚的精神追求，体现了所有参与者的心声志趣。

香室之中，以纯净无异味为上，切不可在其中置放有味之鲜花，影响品香。故香室之中洁净清爽，尽量不放置与品香无关的器物，以免影响香友静心。

鲜花及插花尽量选择色泽典雅、不过于刺激感官的颜色和气味。品种以梅、兰、竹、菊、荷、松为上。花不宜过大，要与所在空间相称。

四、香与酒

明·蓝瑛《石荷图》

提起酒，我们眼前便会浮现历史上许多嗜酒成性、以饮著称的酒徒酒豪、酒仙酒鬼，想起那些令人倾慕的高朋满座的雅饮逸闻趣事。但酒毕竟是令人兴奋之物，多饮乱性，故香事活动中的酒，要求节制和少量，绝不能尽兴豪饮。此时的微量饮酒，只是增加香事雅集活动的丰富性和雅趣，提高参加人员的嗅觉敏锐度，而不能因为饮酒影响香事活动。

香事活动中使用的酒一般为两种：一种是用奇楠和沉香泡制好的香酒，另一种则为干红干白。香酒每人不超过15克，干红干白不超过30克。

酒的饮用时间安排在品香前15分钟左右。不可在品香室中饮酒，以免酒气酒味影响品香。主人或组织者引导客人小口细酌，品味酒之美妙。酒精过敏者不可强饮。

香和

体现香的复合之美，展示制香人、用香人的情志和精神，合众香呈『和』之大境。选香、修合、制作、窨藏、用香、无不出乎心灵，显示精神。

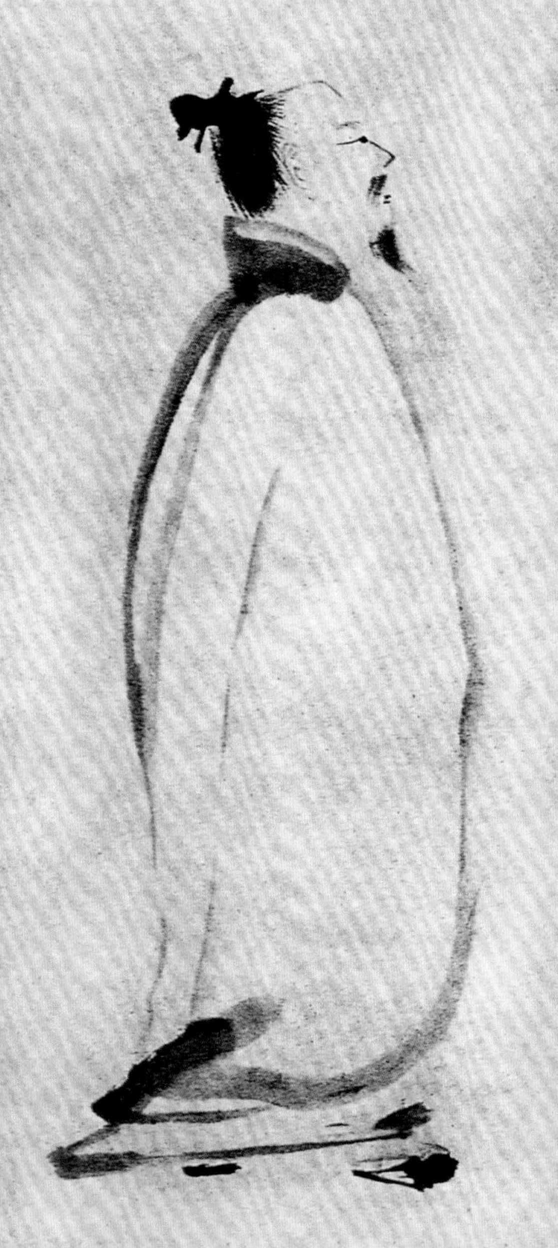

简梁汾，时方为吴汉槎作归计。

洒尽无端泪，莫因他、琼楼寂寞，误来人世。信道痴儿多厚福，谁遣偏生明慧。就更著、浮名相累。仕宦何妨如断梗，只那将、声影供群吠。天欲问，且休矣。

情深我自拚憔悴。转丁宁、香怜易爇，玉怜轻碎。羡杀软红尘里客，一味醉生梦死。歌与哭、任猜何意。绝塞生还吴季子，算眼前、此外皆闲事。知我者，梁汾耳。

清·纳兰性德《金缕曲》

用两种以上的香材调和制成线香、塔香、香丸、香饼、香粉等形态的香品，称为合香。合香是香气艺术的创作，它的气味和谐怡人，能够表达调香者对香的理解和气味诉求，承载着制香人的情志和意趣。

合香的配制过程效仿中药的君臣佐使配伍原则，制香人按照自己对香的理解和爱好，把不同香料按比例调和炮制。其间可能对部分香材进行一些特殊的加工，并因为黏合成形等需要增加部分添加剂。合香所使用的香料不外三类：其一是构成主体香韵的基本香料，如沉香、檀香等。其二是用作调和与修饰的一类，如甘松、丁香、乳香、龙脑、苏合香、安息香等。其三是用作发香和聚香、出烟的一类，如麝香、龙涎香、艾纳、甲香、枣仁等。调和修饰是增加香的复合之味，使香气更加圆润柔和；发香就是令各种香料成分挥发均匀；聚香就是使香气尽可能停留长久。宋末元初陈敬的《陈氏香谱》卷一“合香”条云：“合香之法，贵于使众香咸为一体。麝滋而散，挠之使匀；沉实而腴，碎之使和；檀坚而燥，揉之使腻。比其性，等其物，而高下如医者，则药使气味各不相掩。”说得很是透彻。对各种香料品质特性的认识到位，对香气清浊的精鉴自不待言。

合香的美妙，在于各种香料合和、窨藏、熏闻配合得宜。得一佳方不易，制一款好的合香更不易。宋代颜博文在《香史·窨香》中说：“合和窨造自有佳处，惟深得三昧

明·马轼、李在、夏芷《归去来辞图》（局部）

者，乃尽其妙。”制造合香的过程，寄托融汇了制香人的情感、文化素养、道德情趣等因素。它可以通过赠予，传递作者的心境信息，使受香人感受体验，并形成相互之间的心灵交流，产生内心共鸣。

较之单一品闻沉香、檀香等，合香的品闻显得更加厚实美妙，如果说单一香品品闻感受的是单纯之美，那么合香品闻展示的则是复合之美。

一、合香的类型和效果

合香是调香人对香材气味的艺术创作，它显示了调香人的天赋和修养。一款好的合香需要反复的实验及调整，才能获得所需的特定香气。

合香的类型基本分为三种：

一是写实型，直接来自天然香材。如古代进口的蔷薇水、现代的各种植物萃取的精油等等。

二是模拟型，调和各种香材，模仿自然界某种物质的香气。

三是理想型，调香师根据自己的理想和追求，创造某种特定的、自然界不存在的香气。大部分合香都属于这种类型。

中国传统香方中以梅兰竹菊、杏花、桂花等命名合香方，并非写实型，亦非模拟型，而是理想型的合香。古人更多的是用这些命名表现它们携带的文化意蕴，抒发个人的情趣和志向。

合香主要采取加热熏闻的方式品闻，一般都要追求如下效果：

首先要气味清雅细腻、圆润久长，不可腥烈刺鼻，使人心烦意乱。

其次，如属明火点燃的合香，要求香烟的形状要明显成型，无散乱之感；香烟的质地要清新腴美，湿润鲜亮，无枯槁之感；香烟的散逸要绵绵迂回，舒缓从容，不可显得呆滞或匆忙，使人郁闷或急躁。

品闻合香应使人达到身心宁静、了无挂碍的状态。通过美妙的气味和香烟，与时空交融，进入冥想状态，感受宇宙洪荒的气息，产生人生感悟，从而提升品香者的精神境界。

二、历史沿革

中华民族使用合香的历史始于春秋战国时期，起源于对各种香（草）药的混合熏烧。到汉代已经使用多种香料调配香气，马王堆一号墓就曾出土盛有辛夷、茅香、高良姜等香药的陶制熏炉，《西京杂记·昭阳殿》所记汉成帝与爱妃赵合德“杂熏诸香”当是品闻合香。到魏晋南北朝时期，合香已普遍得到使用。三国时，吴国万震所著《南州异物志》一书中记载：甲香，单烧气息不佳，却能配合其主香药，增益整体的香气和味道。早期的合香受中东地区影响较大，“丝绸之路”不但带来大量的香料，也带来了古波斯的合香方法。这个时期出现了目前所知最早的合香及合香专著——范晔的《和香方》（惜正文已佚，仅留自序）。除此之外，还出现了宋明帝《香方》《龙树菩萨和香方》《杂香方》《杂香膏方》等香方专著。

唐代合香的品类异常丰富，在制作和使用上都进入了一个精细化、系统化的阶段。仅孙思邈《千金要方》（卷十七）记载的熏衣合香方就有五款之多。为了提高香品质量，在制作时非常讲究，强调“香须粗细燥湿合度、蜜与香相称，火又须微，使香与绿烟共尽”。唐代中后期已经出现无须借助炭火独立燃烧的合香香品——印香、早期的线香（炷香）。印香使用的是混合香粉，白居易“香印朝烟细，纱灯夕焰明”就是描写印香的。另有一种兽型的合香，古人称之为“香兽”，主要以炭粉为主，香料比例较小。

宋代文人爱香用香，他们大都收集香材，研制合香。

文人雅士之间常以自制的合香及香材、香具等作为赠品，应和酬答的诗文也常以合香为题。合香之法在宋代达到了高峰，众多的香谱记载了大量的香方，反映了宋人芳香的生活雅趣。

苏辙生日时，苏轼曾以新合印香、银篆盘和檀香观音为之祝寿，并赋诗《子由生日，以檀香观音像及新合印香、银篆盘为寿》。

清・吴之璠竹雕二乔读书图笔筒

黄庭坚也曾以他人赠“江南帐中香”为题作诗赠苏轼，有“百炼香螺沉水，宝熏进出江南”一句。苏轼和之曰：“四句烧香偈子，随香遍满东南。不是闻思所及，且令鼻观先参。”黄庭坚附答：“迎笑天香满袖，喜公新赴朝参。”“一炷烟中得意，九衢尘里偷闲。”

宋代的香学专著广涉香药炮制法、配方，如丁谓《天香传》、沈立《香谱》、洪刍《香谱》、叶廷珪《南蕃香录》、颜博文《香史》、陈敬《陈氏香谱》等等。

宋代的香方丰富多彩，香品名称也精心推敲，富有诗意，如意和香、婴香、静深香、四和香、藏春香、胜梅香、李元老笑兰香、江南李主帐中香、黄太史清真香、宣和御制香等等。宋代的诗词里常常出现的“心字香”就是指形如篆书“心”字的印香。也有以模压而成和手工搓制而成条状的合香制品，称之为“箸香”或“炷香”。

明清以来，合香更是得到空前发展，尤其是以合香

清・和香扳指

粉制成线香的工艺更是趋于完备。明晚期制作线香，常以“唧筒”将香泥从小孔挤出“成条如线”。明代的京师（北京）出现了大批有名气的“香家”，得到文人雅士和达官贵人的追捧。如“芙蓉香”、黑香饼以刘鹤所制为佳，黑龙桂香、龙楼香、万春香以“内廷”所制为上品，甜香则须宣德年间所制，“坛黑如漆，白底上有烧制年月，每坛一斤，有锡盖者方真”。这些合香香方不同，外形也可有多种，如龙楼香、芙蓉香既可做成饼丸，也可做成香粉。

据清代医学家赵学敏（约1719—1805）《本草纲目拾遗・火部・藏香》记载，康熙年间曾有香家为曹雪芹祖父曹寅制作藏香饼，香方得自拉萨，用沉香、檀香等二十余味香料合和调制而成。

“明末四公子”之一的冒辟疆与爱姬董小宛也曾搜罗香方，一起调制合香，“手制百丸，诚闺中异品”。董小宛去世后，冒辟疆非常怀念这段生活：“忆年来共恋此味此境，恒打小钟尚未着枕，与姬细想闺怨，有斜倚熏篮、拨尽寒炉之苦，我两人如在蕊珠众香深处。今人与香气俱散矣，安得返魂一粒，起于幽房扃室中也。”（《影梅庵忆语》卷三）

明清时期的香学著作也非常丰富，并且全都载有合香方。明晚期周嘉胄的《香乘》可谓集香学之大成，这本书收录了三百多个合香方。

品质良好的线香、塔香等常被奉为上佳礼品，赠送达官贵人与至亲好友。明正统年间，担任巡抚的于谦进京，作有《入京》一诗：“手帕蘑菇与线香，本资民用反为殃。清风两袖朝天去，免得闾阎话短长。”从另一方面反映了当时以线香为礼的社会风气。于谦清正廉洁，不收受礼品，而其他官员就难说了。

北宋之前，合香是中国香学文化的主流用香方式，从北宋中期开始单品沉香的方法逐渐多起来，在南宋时期成为主流，合香在中国香学文化中的体量比例开始下降。

三、香方

古人用香多以合香为主，合香一般有特定的香方。中国传统香方既在选香、配伍、合料、出香等方面有着精细考究的范则，又包罗了香粉、香饼、香丸、香煤、香灰、香茶、熏佩之香、洗浴之香及印香、印香图谱等诸多类别。传世香方品级各异，既有宫廷所用珍稀香品，也有名宦士绅所配高雅合香，更不乏市井坊间寻常香物。同一香品，各家配方也各有差异，如龙涎香、衙香、降真香、软香等常见香品，其香方林林总总不下十种。香方是中国香文化的核心要素之一，但近世以来却未能受到研究者充分的重视，实在令人遗憾。

静室幽窗之下，推研香方、试制香品，是古代爱香之人必修的功课。品读这一卷卷馨韵弥漫的香方典籍，缥缈而绵远的香学文化顿时鲜活起来，古人精致的生活场景和高尚的精神追求就一一展现在我们眼前。

（一）宫中香方（15 方）

1. 汉建宁宫中香

黄熟香四斤，香附子二斤，丁香皮五两，藿香叶四两，零陵香四两，檀香四两，白芷四两，茅香二斤，茴香二两，甘松半斤，乳香一两（单独研制细末），生结沉香四两，枣半斤（烘干）。

将以上香料研成粉末，加入炼蜜调和均匀，窨藏月余，取出，搓制成丸，或用印模压制成饼焚熏。

2. 寿阳公主梅花香

甘松、白芷、牡丹皮、藁本各半两，茴香、丁香皮、檀香各一两，降真香二钱，白梅一百枚。

将以上原料除丁香皮外，全部烘干研成粗末，用瓷器窨藏月余，即可焚用。

3. 唐开元宫中香

沉香二两，切碎，用绢袋盛装，将绢袋悬挂在铫子当中，不要让它与铫底相接触，加入蜂蜜水浸泡，用慢火煮一日；檀香二两，用清茶浸一夜，炒炙，直至去除檀香气味；龙脑二钱，单独研磨；麝香二钱，甲香一钱，马牙硝一钱。

将以上香料研成细末，加入炼蜜，调和均匀，窨藏月

汉·铜雁炉

余，取出，随即加入龙脑香、麝香，搓制成丸，用寻常方法焚熏。

4. 杨贵妃帏中衙香

沉香七两二钱，栈香五两，鸡舌香四两，檀香二两，麝香八钱（另研），藿香六钱，零陵香四钱，甲香二钱（制），龙脑香少许。

捣碎过罗成细末，炼蜜和匀如豆大爇之。

5. 江南李王帐中香

沉香粉末一两，檀香末一钱，鹅梨十个。鹅梨挖去梨核，制成瓮状，填入香料粉末，仍将鹅梨顶盖好，蒸煮三次，削去梨皮，研细调和均匀，窨藏一段时间即可焚烧。

6. 江南李主煎沉香

沉香切片，苏合香油，各不拘多少。以沉香一两，用鹅梨十枚细研取汁，银石器盛之入甑蒸数次，以晞为度。或削沉香作屑长半寸许，锐其一端丛刺梨中，炊一饭时乃出之。

7. 李主帐中梅花香

丁香一两，沉香一两，紫檀香、甘松、零陵香各半两，龙脑、麝香各四钱，制甲香三分，杉松麸炭末一两。为细末，炼蜜放冷和丸，窨半月爇之。

8. 花蕊夫人衙香

沉香三两，栈香三两，檀香一两，乳香一两，龙脑半钱（另研，香成旋入），甲香一两（制），麝香一钱（另研，香成旋入）。除龙脑外，同捣末入炭皮末、朴硝各一钱，生蜜拌匀，入瓷盒重汤煮数沸，取出，窨七日作饼爇之。

唐·银金花香炉

9. 宣和御制香

沉香七钱锉如豆大，檀香三钱锉如麻豆大炒黄色，金颜香二钱（另研），背阴草（不近土者，如无，则用浮萍）、朱砂各二钱半（飞），龙脑一钱（另研），麝香（另研）丁香各半钱，甲香一钱（制）。用皂角白水浸软，以定杯一双慢火熬令极软，和香得所次入金颜、脑麝，研匀。用香脱印，以朱砂为衣，置于不见风日处，窨干烧如常法。

10. 宣和内府降真香

蕃降真香三十两。锉作小片子，以腊茶半两末之，沸汤同浸一日，汤高香一指为约。来朝取出风干，更以好酒半杯、蜜四两、青州枣五十个，于瓷器内同煮至干为度，取出，于不津瓷盒内收贮密封。徐徐取烧，其香最清远。

11. 复古东阁云头香

真腊沉香十两，金颜香三两，佛手香三两，蕃栀子一两，梅花片脑二两半，龙涎二两，麝香二两，石芝一两（制），甲香半两。

共为细末，蔷薇水和匀，用石礶之脱花，如常法爇之。如无蔷薇水，以淡水和之亦可。

12. 宣和贵妃王氏金香

占腊沉香八两，檀香二两，牙硝半两，甲香半两（制过），郁金香半两，丁香半两，麝香一两，片白脑子四两。

将以上香料研成细末，用炼蜜调和，然后加入龙脑香、麝香，搓制成丸，大小随意。金箔包裹成香衣，用寻常之法焚烧。

13．内府龙涎香

沉香、檀香、乳香、丁香、甘松、零陵香、丁香皮、白芷等香药各取相等份量；龙脑、麝香少许，研成细末，用热水将雪梨膏调化，加入香末，揉成小团，用印模压出形状即成。

14．禁中非烟香

歌曰：脑麝、沉檀各半两，丁香一分重三钱。蜜和细捣为圆饼，得自宣和禁闼传。

15．崔贤妃瑶英胜

沉香四两，佛手香、麝香各半两，金颜香三两半，石芝半两。

为细末同和，磓作饼子，排银盆或盘内，盛夏烈日晒干，以新软刷子出其光，贮于锡盆内，如常法爇之。

（二）名人香方（20方）

1. 丁晋公清真香

玄参四两，松甘二两，麝香半两，分别研末，用蜂蜜调和，团成芡实大小香丸，熏闻有百花之香气。

2. 黄太史四香

意合香

以沉香、檀香为主料，二两半沉香配檀香一两，切成小博骰状，用榠楂液浸渍，以汁液超出香料一指为限。浸渍三日后，煮沥汁液，用温水洗过。将紫檀制成碎屑，取小龙茗末一钱，泡成茶汤，调和浸渍片刻，用数层濡竹纸包裹。螺壳半两，稍稍磨去表面粗糙层，用胡麻膏熬成纯正的黄色，用蜂蜜水快速洗过，使之不带胡麻膏的气味。将青木香研成粉末，以意合四种香物，稍微放一点婆律膏和麝香原料，加入少许枣肉，调和成膏，用模子压制成香饼焚烧。

意可香

选用过火无柴草烟气的海南沉水香三两，麝香、檀香各一两切碎烘焙，刚产出的新木香四钱，玄参半两切末烤炙，甘草末二钱，焰硝末一钱。甲香一分用沸油煎至黄色，用蜂蜜水洗去油腻，再用汤水洗去蜂蜜，磨成粉末。婆律膏、麝香各三钱，单独研末，香制成时加入。将以上香料研成粉末，取白蜜六两，熬去泡沫，留五两，调匀香末，置于瓷盒窖藏。

深静香

海南沉水香二两半，羟炭四两。将沉水香切成博骰大小。白蜜五两，用水炼去胶性，慢火隔水蒸煮半日，用温

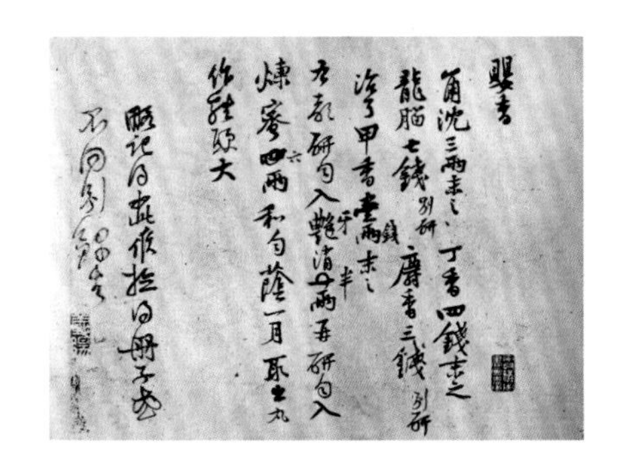

宋·黄庭坚《婴香帖》

水洗过。将沉香与胫炭一起捣成粉末过细筛，用蜂蜜调和，窖藏四十九日取出，加入婆律膏三钱、麝香一钱、安息香一分，调制成香饼，用瓷盒贮藏。

小宗香

海南沉水香一两切碎，栈香半两切碎，紫檀二两半用银石器炒至紫色，麝香一钱半研成粉末，玄参五分研粉，鹅梨两个取其汁液，青枣二十个用水两盆熬至水一盆略少；用梨汁浸渍沉香、紫檀，煮一昼夜，用慢火熬煮至干。将以上原料及炼蜜调和成膏，放入瓷盒窖藏一月，即可用。

3. 黄太史清真香

柏子仁二两，甘松蕊一两，白檀香半两，桑炭末三两，研成细末，用炼蜜调匀制成香丸，放入瓷器中入窖藏一月，即可品闻。

4. 智月龙涎香

沉香一两，麝香一钱，研成粉末，龙脑一钱半，金颜香半钱，丁香一钱，木香半钱，苏合油一钱，白笈米一钱半。将以上香料研末，用皂荚胶调和。加入臼中捣千余下，用香模印制，存入窖中阴干，慢火隔玉片熏烧。

5. 赵清献公香

白檀香四两劈碎，乳香缠末半两（研细），玄参六两（温汤浸洗，慢火煮软，薄切作片，焙干）。碾取细末，以熟蜜拌匀，令入新瓷罐内，风窨十日，爇如常法。

6. 苏内翰贫衙香

白檀四两（砍作薄片，以蜜拌之净器内炒如干，旋旋入蜜不住手，搅黑褐色止勿焦），乳香五皂子大（以生绡裹之，用好酒一小杯同煮，候酒干五分取出），麝香一字（中药计量单位）。

先将檀香捣成粗末，次将麝香细研入檀，又入麸炭细末一两借色与乳香同研，合和令匀，炼蜜作剂入瓷器实按密封，地埋一月用。

7. 钱塘僧日休衙香

紫檀四两，沉水香一两，滴乳香一两，麝香一钱。

将以上原料捣碎，筛制成细末，加入炼蜜搅拌均匀，搓成黄豆大小香丸，放瓷器中，入地窖藏半年，即可熏闻。

8. 邢太尉韵胜清远香

沉香半两，檀香二钱，麝香半钱，脑子三字。

先将沉檀为末，次入脑麝钵内研极细，别研入金颜香一钱，次加苏合油少许，仍以皂儿仁二三十个两小杯水熬皂仁候粘，入白芨末一钱加成剂，再入茶碾之，贵得其剂和熟，随意脱造花子香。脱香时先用苏合油或面刷过花脱，然后印剂则易出。

9. 王将明太宰龙涎香

金颜香一两，石脂一两（为末），龙脑半钱（生），沉、檀各一两半（用水磨细再研），麝香半钱。皂儿膏和入模子，脱花样，阴干爇之。

10. 洪驹父百步香

沉香一两半，栈香半两，檀香半两（以蜜酒汤另炒极干），零陵叶三钱（捣碎罗过），制甲香半两（另研），脑麝各三钱。

和匀熟蜜搜剂，窨，爇如常法。

11. 韩钤辖正德香

上等沉香十两半，梅花片脑一两，蕃栀子一两，龙涎半两，石芝半两，金颜香半两，麝香半两。用蔷薇水和匀，令干湿得中，上礶细礶，脱花子，爇之或作数珠佩戴。

南宋·《罗汉图》（局部）

12. 元若虚总管瑶英香

龙涎一两，大食栀子二两，上等沉香十两，梅花龙脑七钱，麝香当门子半两。

先将沉香细锉礶令极细方用蔷薇水浸一宿，次日再上礶三五次，别用石礶一次龙脑等四味极细，方与沉香相和匀，再上石礶一次，如水脉稍多，用纸渗令干湿得所。

13. 李元老笑兰香

拣丁香味辛者一钱，木香一钱，沉香一钱刮去软者，白檀香一钱脂腻者，肉桂一钱味辛者，麝香五分，白片脑五分，南硼砂二钱先研细，次入脑麝，回纥香附一钱。

炼蜜和匀，更入马孛二钱许，搜拌成剂，新油单纸封裹入瓷瓶内一月，取出，旋丸如豌豆状捻饼。以渍酒名洞

清·乌木香箸瓶

庭春，每瓶酒入香一饼化开笋叶密封，春三日，夏秋一日，冬七日可饮，其香特美。

14. 黄亚夫野梅香

降真香四两，腊茶一胯。以茶为末入井花水一杯，与香同煮干为度，筛去腊茶，碾真香为细末，加龙脑半钱和匀，白蜜炼熟搜剂，作圆如鸡头实，或散烧之。

15. 韩魏公浓梅香

黑角沉半两，丁香一钱，腊茶末一钱，郁金五分（小者，麦麸炒赤色），麝香一字，定粉（即韶粉）一米粒。

各为末，麝先细研，取腊茶之半汤点澄清，调麝，次入沉香，次入丁香，次入郁金，次入余茶及定粉，共研细乃入蜜令稀稠得所，收砂瓶器中，窨月余，取烧之则益佳。烧时以云母石或银叶衬之。

16. 洪驹父荔枝香

荔枝壳不拘多少，麝皮一个。以酒同浸两宿，酒高二指封盖饭甑上蒸之酒干为度，日中燥之为末，每一两重加麝香一字，炼蜜和剂烧如常法。

17. 蓝成叔知府韵胜香

沉香、檀香、麝香各一钱，白梅肉（焙干）、丁香皮各半钱，拣丁香五粒，木香一字，朴硝半两（另研）。

为细末，与别研二味入钵拌匀，密器收。每用薄银叶，如龙涎法烧之。稍歇即是硝融，隔火气以水匀浇之，即复气通氤氲矣。乃郑康道御带传于蓝，蓝尝括于歌曰：“沉檀为末各半钱，丁皮梅肉减其半。拣丁五粒木一字，半两朴硝柏麝拌。次香韵胜以为名，银叶烧之火宜缓。”苏蹈光云：“每五科用丁皮、梅肉各三钱，麝香半钱重。”余皆同。且云：“以水滴之，一炷可留三日。”

（三）法华香会香方（6方）

1. 清妙香

海南壳子沉香十两，檀香木四两，甘松两钱，丁香一钱，松香两钱，均碾为细末以炼蜜调和，搓为香丸，或加入适量榆皮粘粉，制成线香，以净器储藏三月方可用。

2. 丹云香

越南壳子香十两，越南红土二两，琥珀三钱，香楠粉适量，制成线香，以净器阴藏数月用之。

3. 玄月香

加里曼丹沉香十两，龙脑四钱，松香四钱，香楠粉适量，制成线香，以净器阴藏数月用之。

4. 青羽香

加里曼丹沉香六两，越南壳子香六两，松香一两，乳香六钱，檀香一两，龙脑两钱，香楠粉适量，制成线香，以净器阴藏数月用之。

清·《月曼清游图》

5. 白泉香

越南壳子香十两，越南红土沉香一两六钱，白檀香二两，丁香一钱，松香四钱，香楠粉适量，制成线香，以净器阴藏数月用之。

6. 法华瑞香

海南速香十两，越南红土皮一两六钱，老山檀香二两，琥珀两钱，松香两钱，榆皮粉适量，制成线香，以净器阴藏数月用之。

（四）传统香方（31 方）

1. 衙香

沉香半两，白檀香半两，乳香半两，青桂香半两，降真香半两，甲香半两（制），龙脑香半钱（另研），麝香半钱（另研）。

捣罗为细末，连蜜拌匀，次入龙脑麝香搜和得所，如常法爇之。

2. 婴香

沉水香三两，丁香四钱，制甲香一钱，各末之；龙脑七钱（研），麝香三钱（研），旃檀香半两。

五味相和令匀，入炼白蜜六两去末，入马牙硝末半两，锦滤过极冷乃和诸香，令稍硬丸如芡子扁之，瓷盒密封窨半月。

3. 道香

香附子四两（去须），藿香一两。二味用酒一升同煮，候酒干之一半为度，取出窨干为细末，以查子绞汁拌和令匀调，作膏子为薄饼烧之。

4. 清远香

甘松一两，丁香半两，玄参半两，蕃降香半两，麝香木八钱，茅香七钱，零陵香六钱，香附子三钱，藿香三钱，白芷三钱。

为末，蜜和，作饼，窨烧如常。

5. 龙涎香

沉香一斤，麝香五钱，龙脑二钱。将沉香研末，用水将麝香研化成细汁，加入沉香；再加入龙脑，研磨均匀，制成香饼，品闻。

6. 古龙涎香

占腊沉香十两，佛手香十两，郁金颜香三两，蕃栀子二两，龙涎香一两，梅花脑一两半（单独研末）。

将以上原料研末，放入麝香二两，与炼蜜调匀，制成香饼。

7. 闻思香

玄参、荔枝皮、松子仁、檀香、香附子、丁香各二钱，甘草三钱。

同为末，查子汁和剂，窨爇如常。

8. 太真香

沉香一两，栈香二两，龙脑一钱，麝香一钱，白檀一两（白蜜半小杯相和蒸干），甲香一两。

为细末和匀，重汤煮蜜为膏，作饼子窨一月焚之。

9. 李次公香

栈香，不论多少，切制成半粒大小；龙脑香、麝香各少许。

将以上原料用酒、蜜一同调和，装入瓷器中密封。隔水蒸煮一天，窨藏一月，即可焚烧熏闻。

10. 苏州王氏帐中香

檀香一两，直切成米粒大小，不能斜切，用清茶浸泡，茶水须没过香粒，一日后取出阴干，用慢火炒至紫色；沉香二钱，直切成段；乳香一钱，单独研磨；龙脑、麝香各一字，单独研磨，用清茶化开。

将以上原料碾成细末，与六两净蜜一同浸渍，在清茶中加入半盏水，熬至百沸，重新称量，以与蜜的重量相等为准，放凉之后，加入木炭末三两，与龙脑香、麝香调和均匀，储藏在瓷器之中，封入地窖，随即搓制成丸焚烧。

11. 延安郡公蕊香

玄参半斤，洗净尘土，放入银器中，用水煮熟，控干切段，放入铫子中，用慢火炒至有少许烟即可；甘松四两，切细；白檀香二两，切碎；麝香二钱，待将其他原料研成细末之后加入；滴乳香二钱，研成细末与麝香一同加入。

将以上原料用炼蜜调和均匀，搓制成鸡头米大小的丸子。将香丸用油纸封贮在瓷器中，随时焚烧，有花香。

汉·铜雁炉

12. 神仙合香

玄参十两；甘松十两，去杂土；白蜜适量。

将以上香料研成细末，用白蜜调和均匀，放入瓷器中密封，用汤锅煮一昼夜。取出放凉，捣数百下，如太干再加入蜂蜜调匀，放入窖中储藏。取出后随加麝香少许即成。

13. 藏春香

沉香二两，檀香二两（用酒浸渍一夜），乳香二两，丁香二两，制过的降真香一两，橄榄油三钱，龙脑一分，麝香一分。

将以上香料研末，与切碎的黄甘菊一两四钱、玄参三分及蜂蜜一同倒入瓶中，隔水蒸煮半日，滤去黄甘菊、玄参不用。白梅二十个，入水煮至浮起，将白梅去核取肉，研磨，加入熟蜜，与香末调匀，放入瓶中，窨藏三月以上方可使用。

14. 出尘香

沉香四两，郁金香四钱，檀香三钱，龙涎香二钱，龙脑香一钱，麝香五分。

先将白笈煎水待用，再将沉香研末，与其余香料调匀，加入少量白笈水，入臼捣万余下，放入香模压成。

15. 春宵百媚香

母丁香二两，白笃耨八钱，詹糖香八钱，龙脑二钱，麝香一钱五分，橄榄油三钱，甲香（制过）一钱五分，广排草须一两，花露一两，制过的茴香一钱五分，梨汁适量，玫瑰花五钱（去蒂取瓣），干木香花五钱（选用花心为紫色者，用其花瓣）。

共同研末，脑香、麝香单独研磨，加入苏合油及炼蜜少许，与花露调和，捣制数百下，用不吸水容器密封入窖，春秋两季窨十日，夏季五日，冬季十五日，取出后，用玉片隔火熏烧，香气旖旎迷人。

16. 文英香

甘松、藿香、茅香、白芷、麝香、檀香、零陵香、丁香皮、玄参、降真香各二两，白檀半两，共同研末，加入炼蜜半斤及少许朴硝，调匀焚烧使用。

17. 心清香

沉香、檀香各取拇指大小一块，丁香果实一分，丁香皮三分，樟脑一两，麝香少许，炭粉四两。

将以上香料研末搅匀；隔水蒸煮蜂蜜，撇去浮沫；加入香末调剂，窨藏。

18. 梅英香

沉香三两，丁香四两切碎末，龙脑七钱单独研磨，制甲香二钱、硝石一钱共同研为细末，加入乌香末一钱，苏合油二钱，用炼蜜调匀，制成芡实大小香丸，焚烧使用。

19. 笑梅香

沉香、乌梅、甘松、零陵香各二两，脑香、麝香少许，共研末，用炼蜜调制成剂。

20. 雪中春信

沉香一两，白檀半两，丁香半两，木香半两，甘松七钱半，藿香七钱半，零陵香七钱半，回鹘香附子二钱，白芷二钱，当归二钱，麝香二钱，官桂二钱，槟榔一枚，豆蔻一枚。

为末炼蜜和饼如棋子大，或脱花样，烧如常法。

21. 兰蕊香

栈香、檀香各三钱，乳香二钱，丁香三十枚，麝香五分，研末用鹅梨汁蒸过，制成香饼入窖阴干。

22. 木犀香

沉香、檀香各半两，茅香一两，研末。取半开桂花十二两，研磨成泥，调和香末，入石臼捣千百下取出，在阴处风干。

23. 桂花香

选半开桂花捣烂去汁，冬青叶子捣烂去汁，将两者调和成剂，在通风处阴干。焚香时用玉片衬隔，俨然有桂花香气，极具幽远韵致。

清·竹雕香筒

宋·青釉狻猊香熏炉

24. 杏花香

甘松、川穹各五钱，麝香二分，研为粉末，用炼蜜调和搓丸，置炉中焚熏，香气迷人。迎风烧之，气息尤妙。

25. 东阁藏春香

沉速香二两，檀香五钱，乳香、丁香、甘松各一钱，玄参一两，麝香一分，研粉，用炼蜜调和成香饼，用青柏香末制成香衣，宜在筵席或较大空间使用，有百花香气。

26. 内甜香

沉香、檀香各四两，乳香二两，丁香一两，木香一两，黑香二两，郎苔六钱，黑速四两，片香、麝香各三钱，排香三两，合油五两，大黄五钱，官桂五钱，金颜香二两，陵叶二两，共研为末。

以上原料加入油、炼蜜调匀成泥状。瓷罐密封，一次选用二分即可。

27. 窗前省读香

菖蒲根、当归、樟脑、杏仁、桃仁各五钱，芸香二钱，研成粉末，用酒调和，搓制成丸阴干。读书时生倦意，烧此香可使神志清爽。

28. 洞天清禄

海南速香十两，海南虫漏沉香二两，越南红土皮二两，绿奇楠一两，白檀香木二两，琥珀两钱，松香两钱，榆皮粘粉适量，制成线香，以净器阴藏数月用之。

29. 清神香丸

海南沉香一两，白檀香一两，乳香一钱，迷迭香叶粉三钱，蜜炼梅子半只，龙脑一钱。以上香料用炼蜜适量调和，捣捶数百下，手搓为丸，以净器阴一月以后隔火品烧。

30. 浓梅衣香

藿香叶二钱，早春芽茶二钱，丁香十枚，茴香半字，甘松三分，白芷二分，零陵香三分。为末，袋盛佩之。

31. 软香

上等沉香五两，金颜香二两半，龙脑一两。

为末入苏合油六两半，用绵滤过，取净油和香，旋旋看稀稠得所，入油。如欲黑色加百草霜少许。

四、合香制作

合香制作有许多非常偶然的微妙因素，就像泡茶一样，水温的高低、投茶量的大小、出汤时间的长短，包括泡茶人的心情好坏、用心与否，都对泡茶的质量有很大影响。每款合香由不同的香料组成，焚烧时，每种香料的挥发程度不同，发出味道的迟早不同，在复合味道中所起的作用不同，都会显示出不同的韵味。

制作合香时，首先要综合考虑该香的用途、香型、品位等因素，再根据这些基本要求选择香料，按君、臣、佐、

清·藏香

使进行配伍。只有君、臣、佐、使各适其位，才能使不同香料尽展其性，共同营造出美妙的香气和意境。诸如衙香、信香、贡香、帷香以及疗病之香，各有其理，亦各有其法，但基本都是按五运六气、五行生克、天干地支的推演而确定君、臣、佐、使的用料。例如，对于甲子、甲午年日常所用之香，按五运六气之理推算，是年为土运太过之年，少阴君火司天，阳明燥金在泉；从利于人体身心运化的角度看，宜用沉香主之，即沉香为君，少用燥气较大的檀香；再辅以片脑、大黄、丁香、菖蒲等以调和香料之性，从而达到合于天地而益于人的效果。一些特殊的香，不仅对用料、炮制、配伍有严格要求，而且其配料、和料、出香等过程须按节气、日期、时辰进行，才能达到特定的效果。如灵虚香，在制作上要求甲子日和料、丙子日研磨、戊子日和合、庚子日制香、壬子日封包窨藏，窨藏时要有寒水石为伴，等等。

制作合香一般按以下程序进行：

炼蜜。将蜂蜜用粗棉布过滤后放入瓷罐，用油纸密封，置于大锅内水煮一天，再把瓷罐直接放在火上熬煮沸腾数次，使蜜中的水汽全部蒸发，以此作为合香的黏合剂。

煅炭。烧炼木炭并磨粉，助燃合香，亦可使其着色。具体方法是：把焚烧好的炭密封于器皿当中至完全冷却，再磨粉。

炒香。将合香的材料用缓而小的火翻炒，切忌火大香焦。

捣香。合香的材料一般不过筛，一定要捣舂均匀。过细香烟不持久，过粗香气不和谐。宋代颜博文《香史》有“捣香”条云:“香不用罗量，其精细捣之，使匀。太细则烟不永，太粗则气不和，若水麝、婆律须别器研之。”

收香。香材的收放必须仔细，对不同的香材要分别存放，定期打开检查。

窨藏。这是合香制作的最后一道程序。窨藏的时间从七日、半个月到一个月或者更长，视香方所需而定。窨藏可以使合香更好地陈化和熟化，使香气更加均匀圆润。为了不使香气泄露，必须放置在避光的地下场所，以密闭性良好的瓷器储放。宋代颜博文《香史·窨香》云:

香非一体，湿者易和，燥者难调，轻软者燃速，重实者化迟，以火炼结之，则走泄其气，故必用净器拭极干储窨。令密掘地藏之，则香性相入，不复离群。新和香必须入窨，贵其燥湿得宜也。每约香多少，贮以不津瓷器，蜡纸密封。于静室中掘地窨深三五寸，瘗月余，逐旋取出，其香尤旖旎也。

一个好的制香者，要善于汲取前人的经验，不断考究，推陈出新，才能创造出美妙宜人的合香。随着时代推移，人文因素、香料质量、加工器械、工艺水平都发生了

唐·莲花宝子鹊尾炉

巨大变化，所以，制香也不能墨守成规。

制作合香前，一定要充分了解每味香料的特性，主题鲜明，抑扬有度，充分发挥每款香材在合香中应有的作用，制造出好的合香。对不同的香方，要具体进行实验，不断推敲修改，才能理性地用合香表达自己的志趣和感悟。

五、香材炮制方法举例

制檀香：檀香一斤（片），好酒两升，以慢火煮干，略加炒制即可。

制檀香：檀香（片）腊茶清浸一夜，控出焙干，以蜜酒拌匀再浸一夜，慢火炙干。

制沉香：沉香破碎，以绢袋装，悬于铫子当中，勿令着底，米水浸，慢火煮，水尽再添，一日为好。完成后晾干即可。现在制香者多直接生用沉香，所以达不到香气圆润的效果。

六、聚分香烟三法

其一，周嘉胄《香乘》（卷五）云："和香而用真龙涎，焚之则翠烟浮空，结而不散，坐客可用一剪以分烟缕。"

其二，凡修诸合香时，加入艾纳、酸枣仁，调和均匀。焚香时香烟直上，聚集成团，氤氲不散。

其三，盆栽荷花，俟叶成时，以蜂蜜涂抹叶上。日久虫将青翠蚀去，仅留枯纱。摘叶去柄，晒干研末。和香时加少许，焚时烟直上盘结聚集，可使箸随意划分，使其成形并保持一定时间不散。

七、合香品闻

相对于单一香材的气味，合香香味浑厚雄壮，加之大都为丸状、饼状，体积较单一香材为大，所以不能用品闻单一香材的品香方法去品闻合香。

炉具的选用：宜选用口广腹深的大炉，最好是铜质的宣德炉。不宜使用小口径的炉具去品闻，因为小口径的炉具无法盛放大一些的炭团，同时对香味散发有束缚。

炭团选择：使用大而耐烧的炭团为好，或者用两个甚至更多的炭团同时熏烧。

环境选择：合香适宜在高堂广室中熏闻，但整体布置须洁净清爽，格调和谐。盛开的鲜花、颜色鲜艳的物品均不宜摆放。应远离吵闹喧嚣，选择空气清新、安静无杂音的地方。如能在自然美景的园林之中则尤好，偶有几声鸟鸣会增添幽趣。唐人李密品香，常独入山野，欣赏炉中所焚之香与草木清香融合的美妙。“舒啸情怀，感悟天地之理。”这种品香环境很有诗意，但须无风或者微风，否则无法品闻。

品闻：合香不宜近闻，宜远观、远品。近闻则有一定的刺激性，保持一定距离，使香味通过空间运化醇和，更加馥郁美妙。

直接在炭上烧熏的合香，肯定要发烟，这就要观烟和品香结合起来去品赏。看香烟的高低升降、左右盘旋；看烟色的五彩斑斓、厚薄、干润；看烟势的疾促舒缓，袅袅一缕还是扑面而来。闻香是清新圆润还是浑厚猛烈；是典雅洁净还是五味俱全；是甜美迷人还是凉气逼人，等等。

对隔火熏闻的香品，一定要掌握好炭火的温度，使香味徐徐发出为上。不能疾火快烧，这样无法感觉香味的优雅美妙。隔火材料最好使用古人推荐的砂片、银叶片、云母片，这样才能利于火温控制。品闻时也要间隔一定距离，使香味在周身运转缭绕，然后去品味感悟。

品闻合香是呼吸的艺术，是心灵交流的艺术。用心去品味合香吧，因为美妙的香味浓缩了大自然的气息，表达了制香人愉悦众生、愉悦自我的美好愿望。

附三：线香的点燃、品闻与鉴定

线香是合香的一种成品形式。因其使用便捷，从元代起便成为广泛流行的大众化的用香形式。它的原料合成配伍同合香原理一样，不同的是香料磨粉后，需加黏合剂（一般使用榆皮粉、楠木粉等），然后搅拌均匀，徐徐添水至饱和，搓揉光滑，用机器或手工挤压搓揉使其成条状，晾干，窨藏若干时日，便可使用。现代的线香尽管多用沉香、檀香制成，但也要使用两种以上产地的沉香、檀香调和拼配，其间可能还会添加其他微量的香料，方能做出质量好的线香，其实也是一种合香方式。

一、线香的点燃

（一）轻轻地将香拿起，或先放入香插中，使其直立。动作要轻，点香也是一种修行。

（二）点燃打火机，将火机的蓝色内焰置于香的顶端，由上至下，轻轻地把内焰放在香上，注意不要把一大截香都置于火焰范围内。

（三）将点好的香放入品香炉或香插中。

二、线香的品闻鉴定

线香的质量高低，要从外形、色泽、火焰、香烟、香味、灰烬、留香等七个方面来判断。

外形：挺直光滑、粗细均匀者为好。

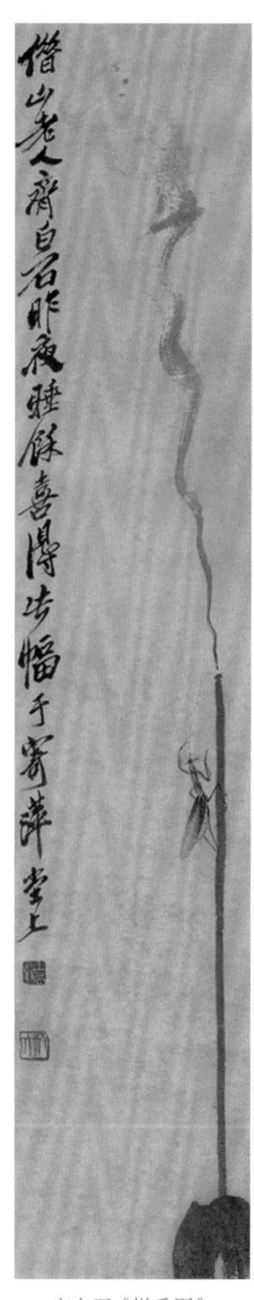

齐白石《燃香图》

色泽：一般说来使用油脂含量高的香料，线香的颜色会深一些，质量相对好一些；反之，则会差一些。但关键还是要看使用香料的质量和制作线香的工艺水平，来确定线香优劣。加过碳粉和着色剂的线香也会颜色深些，但这和质量无关。

火焰：为橙红色、橙白色，颜色偏红、色调温和者为上。

香烟：色有青灰、青白、青紫，以色度之清丽缤纷为上，好香一烟五色如霞，出烟迅疾，烟色灰淡则可能有添加剂。发烟的形式有：一烟垂直高上，所谓高烟杳杳者为佳，反之则劣。浓腴湒湒，如练凝漆者佳；蓊郁不举、干而轻、瘠而焦者非妙。

香味：甜、纯、滑、爽为佳。甜味有砂糖、蜜糖之别；纯指清晰度，粘粉过多则香味迟钝淡薄；滑是上等好香方能有的特质，指的是气丝爽滑圆润不刺激鼻腔；爽则是更高的标准，指上通经窍，通体舒泰。

灰烬：灰多为白色或雪白色（雪白则有助燃剂无疑，不断则黏粉过多）。一般说来灰越白，线香所用材料越不好，好的沉水级的材料灰大多发黑。

留香：指线香燃完后，空间的留香时间。留香时间越长越好，反之则差。

另外一些线香在点燃过程中的现象也能表明线香质量

的高低：

原材料搭配不当，可能会出现失味或怪味。

搅拌不均匀，则线香出味忽高忽低，香气难以平稳。

添加剂入鼻刺激，嗅闻鼻根发酸。

离一指处，抖落灰烬在手背皮肤，若有明显刺痛感则为添加助燃剂。

香若初造，烟气猛烈，属于正常，三五年后其味稳定。

试香时，分四次进行：第一次清闻，初感香韵；第二次用明火将香轻度熏烤，分析原材料；第三次中度熏烤闻其味，把握味道；第四次用明火点着香，手持线香由近及远，左右上下晃动，感受气味香韵。

不同环境和插放形式对香的点燃时间和香味散发会有影响。直立点燃或在通风的环境，线香燃烧快一些，香味相对浓郁一些；侧卧点燃或者在无风的环境中，线香燃烧要慢一些，香味相对飘渺弱淡一些。

香境

鼻观的无限美好。

万卷明窗小字，眼花只有斓斑。
一炷烟消火冷，半生身老心闲。

宋·苏轼《和黄鲁直烧香二首》之二

一、品香感悟

缕缕曼妙馨烟，丝丝优雅香味，层层觉悟禅意。香既是物质的，又是精神的。香非人生，香悟人生，香如人生。她来自物质，但超越物质，炉香乍爇，香气寂然入鼻，刹那给人以无名愉悦。她兼具有形与无形，连接嗅觉与思维，穿越历史与当下。宋人早就提出“鼻观”的观念，把感受香气看作一个变化的过程，既不执着于气味，亦不执着于思维观念，并且提出“犹疑似”的审美判断。“犹疑似”即在有无之间、似与不似之间，把握一份灵动之美、朦胧之美、含蓄之美，这与禅宗“说一物便不中”的观念颇为相似，借有相之香，证无相之心，因物证心，反照自性，远离一切杂念，以与觉悟解脱关联照应。

“香以载道”，香以修心，无数前贤已经给我辈做出高标榜样。看看苏轼、黄庭坚以香参悟一段故事吧：《香乘·香事别录》云：“黄涪翁所取有闻思香，概指内典中从闻思修之意。”元丰八年（1085），黄庭坚以秘书省校书郎被召，与苏轼第一次在京师相见。次年，黄庭坚作《有惠江南帐中香者戏赠二首》赠给苏轼。

其一：

百炼香螺沉水，宝熏近出江南。

一穟黄云绕几，深禅想对同参。

明末清初·八大山人《孤鸟图》

其二：

螺甲割昆仑耳，香材屑鹧鸪斑。

欲雨鸣鸠日永，下帷睡鸭春闲。

以香结缘，知音情深。黄庭坚从别人所赠合香谈起，先是合香的成分、焚香的时机，再为使用的香具，所见所闻皆具体事物，但却明确提出“深禅想对同参”，参什么？显然是渴望苏轼能灵犀相通。且看苏轼答诗《和黄鲁直烧香二首》（其一）：

四句烧香偈子，随香遍满东南。

不是闻思所及，且令鼻观先参。

苏轼明了对方以香为偈，便欣然同参。借《楞严经》鼻观悟道之法回应黄庭坚。闻思与鼻观何等相似，寻常之物，便可悟道，参出广大甚深佛法智慧。诗的末句亦不乏一份言外妙趣，你说此香多好多好，可我未闻怎知？还是送点香来让我鼻观先参吧。幽默谐趣，妙语天成，真的“道”在“挑水砍柴”之中。

南宋诗人沈作喆（生卒年不详）也在《寓简》（卷六）中谈了他闻香的感悟：

每闭阁焚香，静对古人，凝神著书，澄怀观道。或引接名胜，剧谈妙理；或觞咏自娱，一斗径醉；或储思静睡，心与天游。当是之时，须谢遣万虑，勿令相干，虽明日有大荣、大辱、大祸、大福，皆当置之一处，无令一眼睫许坏人佳思。习熟既久，静胜益常，群动自寂，便是神仙以上人也。一世穷通付之有命，万缘成败处以无心。

闭阁焚香，谢遣万虑，鼻观妙香，澄怀观道，过去未来，皆置度外，且享当下快活愉悦，做神仙以上人也。

（一）感恩

鼻闻可感香之美。香是艺术，凝聚着大自然的气息和品香者的心境情志，以及一个时代的人文风貌。静心亲近观想可明香中所载之道。以慧心观相，便如“一月普现一切水，一切水月一月摄”，香即一切，香清益远。每一个爱香之人都要珍惜与香所遇的缘分，感恩这世间美物。用香时更加敬畏天地，感恩大自然，感恩我们赖以生存的一切。

参悟沉香的生命历程，使人顿感沉香树的悲悯和坚强——她质不坚、形不壮，既不伟岸，亦非秀美。遇天降之灾，或奄奄一息，或枯萎凋零。存朽木，入泥土，陷沼泽，一息悠悠，然慈悲之心不改。寂寂然，秉日月精华，汲天地灵气，承雨露滋润，得造化神奇。任世事变迁，任朽浊压埋，独自生香，不急不躁，不速不贪。悠悠然，天地之间，百千万年，因缘际会，伤痛劫难化为无上馨香。是历劫，亦是修行。沉心孕育，香留人间。这是多么顽强的生命，又是多么无私的奉献！

嗅觉的科学（一）

嗅觉属于化学感觉，是辨别各种气味的感觉。嗅觉感受器官位于鼻腔最上端的嗅上皮内，其中嗅细胞是嗅觉刺激的感受器，接受有气味的分子。引起刺激的香气分子必须具备以下基本条件才能引起嗅神经冲动：

有挥发性、水溶性和脂溶性；有发香原子或发香基团；

有一定的分子轮廓；

相对分子质量 17—340mr；

红外吸收光谱为 750—1400nm；

拉曼吸收光谱为 1400—3500nm；

折射率为 1.5 左右。

人的嗅脑（大脑嗅中枢）是比较小的，通常只有黄豆粒大小，鼻腔顶部的嗅觉面积也很小，大约为 5cm²（猫为 21cm²，狗为 169cm²），加上人类的一级嗅神经比其他任何哺乳类动物都少（来自嗅觉器官的信号经嗅球中转后，一级神经远远不能满足后继信号传递的需要），

清·铜双耳压经炉

因此，人的嗅觉远不如其他哺乳类动物灵敏。人类的嗅觉能力一般可以分辨出1000—4000种不同的气味，经过特殊训练的鼻子可以分辨出10000种不同的气味。

嗅觉细胞容易产生疲劳，这是因为嗅觉冲动信号是一峰接着一峰的，由第一峰到达第二峰时，神经需要1ms（1s=1000ms）或更长时间恢复。如果第二个刺激的间隔时间大于神经所需要恢复的时间，则表现为兴奋效应；如间隔时间过短，神经处于疲劳状态，则表现为抑制状态，此即“入芝兰之室，久而不闻其香；入鲍鱼之肆，久而不闻其臭”的原因。一般嗅闻有气味的物品，三个样品后需要休息一下再闻，否则会得出不正确的结果。

嗅觉的个体差异很大，有的人嗅觉敏锐，有的则迟钝。人体状况也会影响嗅觉，感冒、疲倦、营养不良都会引起嗅觉功能降低。女性在经期、妊娠期、更年期都会发生嗅觉缺失和过敏现象。

嗅觉的灵敏度是“先天性”的，有的人天生就对各种气味感觉灵敏，同时随着年龄增长嗅觉灵敏度也会下降。但人对各种气味的“分辨力”可以通过训练得到极大提高。大部分的调香师和评香师的嗅觉灵敏度只能算是一般，但对各种气味的分辨能力却是一般人望尘莫及的，这是长期训练的结果。

一缕馨香升起之时，三生有幸亲近她，我不胜感慨：我身如香，我心如香。浩瀚宇宙，我如微尘般渺小，生命像惊鸿一瞥短暂。那一刻，尘世离我渐渐远去，内心沉静如水，月色如银铺满大地。我心御风飞扬，思绪掠过洪荒无涯，时光飞逝，刹那恍惚千载，沧海桑田，往事如烟，无限的感恩之情顿时涌起！呼吸的每一丝气息，都是沁人心脾的幽香，耳畔的声音变成天籁，流动周身的气流和煦温暖，仿佛神灵的抚慰。

这一切都是上苍的赐予啊，肉身终将变成黄土，而精神与灵魂却能遨游天地之间。这是多大的福分和幸运！

扪心自问，我们赖以生存的地球，给我们提供了阳光、雨露、土地、空气，它的存在本身就是无限个亿万分之一的偶然。而我们的到来，又有多少无法描述的偶然？我们有幸生在这颗蓝色的星球，更有幸生活在华夏这块伟大的土地，有缘传承这历史悠久的文化，有幸能和家人团聚享受生活，有时间和朋友相聚……这一切是多么的幸运、多大的缘分！我们不应该感恩吗？感恩我们头上的蓝天、脚下的大地；感恩亲人团聚的温馨、朋友相见的欢畅；感恩我们承受的每一缕阳光、每一滴泉水、每一粒粮食、每一棵大树、每一株小草；感恩我们周围的每一个人、每一件事、每一天、每一月、每一年；感恩每一块香材、每一匙香粉、每一缕香烟、每一丝香气……

感恩，能使我们的心灵充满了快乐、满足、宽容。

（二）简单

一款好香，无论合香也好，单一香材也好，首要的条件就是香味一定要洁净，无腥浊杂味，否则便不能称为好香。人生也一样，多余的东西不可以索取，简单的人生才会心灵舒适。简单，首先要少欲。弘一法师云：“恬淡是养心第一法，安详是处事第一法，涵容是待人第一法，歉退是保身第一法。”贪得者身富而心贫，知足者身贫而心富；居高者形逸而神劳，处下者形劳而神逸。人生的苦恼是不分身份高下、富贵贫贱的，身上的事少，自然苦少；口中言少，自然祸少；腹中食少，自然病少；心中欲少，自然忧少！大觉心照，大悟无言。缘来要惜，缘尽要放。

荣启期是春秋时代人，隐居不仕，贫寒度日，经常披一块鹿皮用草绳系着。生活如此清苦，可荣启期却鼓琴而歌，感到快乐。孔子东游在泰山见到他，问：“先生乐在何处？”荣启期答曰：“能使我快乐的东西很多，比如说：人为万物的灵长，我能够作为一个人，这是第一乐；在男女性别中，男尊女卑，我贵为男人，这是第二乐；人的寿命有限，有许多人在襁褓中就死去，而我能活到九十岁，这是第三乐。即此三件，就够我享用一生。”快乐其实就这么简单。

嗅觉的科学（二）

主要嗅觉系统（包括三个层级）

鼻孔内部的上皮组织：该区域包含数百万个受体细胞。每个受体细胞都附带数十根纤毛，纤毛上分布着受体蛋白，浸润在一层薄薄的黏液中。我们呼吸的空气所携带的气味分子必须溶解在这种水性介质中，短暂停留在纤毛上，才能被检测到。每个受体细胞只能表达一种化学受体。这些受体细胞有一个重要特征：每 30 到 40 天会再生，从而保证嗅觉检测的持久性和效果。

嗅球：位于头盖骨底部的一条纤薄多孔的骨片上。嗅觉神经穿过这些小孔。将嗅觉与上皮组织连接起来。纤毛一旦捕捉到气味分子，受到刺激的化学受体就会向受体细胞发出电信号，受体细胞经由嗅觉神经聚集到嗅球的特定区域。嗅球像过滤器一样运作，部分地识别、压缩信息，并通过嗅束输送信息给大脑，大脑再对其处理。

大脑：信息从嗅球经由嗅束被传送至嗅皮层，然后分类输送到大脑不同区域，比如杏仁核、海马体、丘脑和眶额皮层。其中许多结构属于大脑边缘系统，用于处理记忆和情感。由于嗅觉是唯一直接关联大脑边缘系统的感觉，所以气味会对情绪产生强烈影响。

三叉神经系统

除了主要嗅觉系统，其他的感觉系统也可以捕捉到化学分子，其中就包括三叉神经系统。

三叉神经系统连通味觉系统和嗅觉系

统，在我们进食的时候运作，对味觉产生影响。它的运作路径不同于嗅球：三叉神经连接着眼、口、鼻。由于任何呛人、强烈、辛辣、刺激性的味道都会刺激三叉神经系统，它就像一个实时预警系统。保护人类免受酸类、氨类和其他有毒化学物质的危害。也正是三叉神经让我们获得香辛感，还有薄荷味带来的清凉感觉。

一个心智成熟的人，知道什么应该留下来，什么应该舍弃，明白应该追求什么，何时需要止步。最后做一个简单的人。

一缕馨香初起，美妙的香韵如夏花般灿烂，香味渐次趋于平淡，又使人感受如秋叶般枯寂沧桑，如同生命之短暂；香的气味变幻莫测，无人可知它下一刻会呈现何种气味，更无人可知下一道香是什么状态，恰如人生无常。

世间万物，变化无常。我们只不过是物质世界极少数物质的暂时支配者。从广义的角度来看，我们不一定占有或拥有这些物质，暂时支配只不过是这些物质的一种存在形式罢了，只有存在于内心的经验、领悟、美感、理念，才是个人生命中永恒的资产。

“生命”是一个过程，是一个从无到有、从有到无，是一个从灭到生、从生到灭的过程。人生就是减法，最后都要归“零”。“得”之不易，“舍”之更难。“生”的烦恼使我们心灵疲惫，我们需要心灵的片刻憩息，需要心灵的安静，需要心灵的滋养和抚慰。一杯清茶、一炉沉香，可以暂时安放我们疲惫的灵魂，感受一份不同的生命体验。

人之所以不幸福快乐，就是欲望太多。英国历史学家汤因比和日本的池田大作都是饮誉世界的思想家，他们在1972年进行了一次对谈，后结集出版，书名叫《展望21世纪》。这本书至今仍是影响广泛的著作之一。在书中，汤

明·丁云鹏《漉酒图》（局部）

因比博士说："今天的人类社会已经到了最危急的时代，而且是人类咎由自取的结果。"为什么会这样呢？人类因为过度的自私和贪欲而迷失了方向，道德的衰败和宗教信仰的衰落，将使世界出现空前的危机，它远比地震、火山、暴风、洪水、干旱、病毒更加危险。

不幸的是，汤因比博士的预言正在一步步变为现实，物欲症还在世界范围内泛滥，我们周围莫不如是。

现在的人不觉得幸福快乐，不是拥有的太少，而是想得到的太多。欲望太重，负重在心，疲惫焦虑，何来快乐？

为了满足欲望，人们对速度和效率无限追求，我们的社会进入了一种非同寻常的高速运转阶段。"时间就是金钱，效率就是生命"成了公众价值。古代先贤们悠闲生活的乐趣和心境哪里去了呢？我们忘记了山林小溪，忘记了品香清谈，忘记了啜茶静思；我们忘记了清晨的太阳，忘记了夜晚的月光；我们忘记了朋友举杯的欢乐，忘记了亲人相聚的喜悦……所有的人都在透支生命，却很少有人能说出自己的目的地在哪里。本来是追求幸福快乐的理想，却把实现理想的奋斗当成了目标，于是乎没日没夜的工作、拼命的赚钱，成了生命的全部，那追求幸福快乐的"初心"和理想，早抛到九霄云外。

有一个外国游客在丽江古城旅游，看到人们生活悠

嗅觉的科学（三）

科学家告诉我们，每个人每天平均呼吸两万三千次。吸进的分子透过鼻腔和皮肤，很快进入我们的脑部和循环系统。鼻子上端有五百万根神经末梢，它们将气味送到主管原始本触和记忆的中脑周边系统。而右脑则将气味送入血管，周游全身。与视觉或听觉相比较，嗅觉经验留存的时间较长。它不像影像和声音，不需经过主管思维的外脑皮层，而是一种直接的化学反应。和味觉相比较，嗅觉涉及的范围要广泛得多。味觉只有甜、咸、酸、苦，其他的味道其实是"闻"到的，而非尝到的。一般人可以分辨1000到4000种气味，经过训练可以分辨10000种气味，却只能分辨2000种颜色。与触觉比，气味的空间限制要小得多，流动的距离要远得多。

在我们的生活中，没有无臭无味的空气，就像没有无尘无菌的空间一样。自有人类以来，就不曾停止对"香"的依赖和喜爱。原始人觅食、求偶、自卫，都依赖于对气味的辨别能力。

汉·铜雁炉

闲，节奏缓慢而舒适，就问一个老太太："夫人，你们这里的人为什么总是慢悠悠的？"

老太太说："先生，你说人的最终结果是什么？"

游客想了想说："是死亡。"

老太太说："既然是死亡，你忙个啥？"

生命的历程中，常常有各种美丽的风景，我们为什么不去欣赏，而是一味匆匆赶路呢？有时的"左顾右盼"、暂时停留，或许会看到、会经历别样的风景。

无穷的物欲使我们迷失本心，离开了原本的精神家园，以至于"反认他乡是故乡"。参与了"乱哄哄你方唱罢我登场"的闹剧演出。情天欲海，无边无涯，只有拨去迷雾，方得顿悟本心，享受真正的人生快乐。

《红楼梦》第一回写得明白：

陋室空堂，当年笏满床；衰草枯杨，曾为歌舞场；蛛丝儿结满雕梁，绿纱今又糊在蓬窗上。说什么脂正浓、粉正香，如何两鬓又成霜？昨日黄土陇头埋白骨，今宵红灯帐底卧鸳鸯。金满箱，银满箱，辗眼乞丐人皆谤。正叹他人命不长，哪知自己归来丧？训有方，保不定日后作强梁。择膏粱，谁承望流落在烟花巷！因嫌纱帽小，致使锁枷扛；昨怜破袄寒，今嫌紫蟒长。乱哄哄你方唱罢我登场，反认他乡是故乡。甚荒唐，到头来都是为他人作嫁衣裳！

人生的舞台，锣鼓喧天，热闹非凡。每个人既是观众，亦是演员，粉墨登场，手舞足蹈，疲倦而不愿意退场。内心的精神家园只会越来越远，被“物”控制的生命，只能在“他乡”流浪飘荡。

做一个“清净”的人吧，不受外物的控制，不奢恋身外之物，就能获得心灵的幸福与安宁。“待繁华落尽、年华凋朽，生命的脉络才历历可见。”（聂鲁达诗句）不正是沉香的写照么？不急不躁、不速不贪的沉香，不正是我们生命的榜样吗？

香是安详的，香是寂寞的，香是清高的。她静静地在山林生长，她默默地积累馨香，她无怨无悔地走向尘世，用自己高洁的生命滋润尘世间孤傲的灵魂，陪伴他们啸傲山川林下，抚平他们精神深处郁闷的皱纹……

（三）快乐

“夫天地者，万物之逆旅也；光阴者，百代之过客也。”（李白《春夜宴从弟桃花园序》）我们每个人都是天地间的匆匆过客。古人所追求的“及时行乐”，以往对它的理解可能失之偏颇，认为是消极的东西。实际上，他们是感受到人生短暂、生命的无常，在短暂的生命中为什么不能使自己快乐一点呢？“富贵于我如浮云”，如果不快乐，即使是身为高官，即使是贵如皇室，富可敌国，又有何用？与我何干？“既自以心为形役，奚惆怅而独悲！”（陶渊明

嗅觉的科学（四）

普鲁斯特效应

嗅觉在脑海中存留的时间较长，而且可以唤醒记忆。法国小说家普鲁斯特的名著《追忆似水年华》中最有名的场景，是第一章描写主人翁饮茶：“那混合了蛋糕屑的暖液刚接触到舌头，竟令我不寒而栗了。我停下来，全神贯注于此刻的经验。一份不知何来的绝顶美妙的愉悦，侵入了我的五官。”他回想起童年时星期天上午在姑妈家享用玛德莲蛋糕（她总是先沾在茶里再喂给他）的美好时光，回想那座灰色的老房子、镇上的街道和人们、教堂和花园等等。“当往昔没留下任何东西，人已消亡，物已破败……但气味和滋味却久久不散，一如灵魂，以滴滴纤细而几乎无法觉察的存在，强韧地负载记忆的巨厦。”这部文学经典启发诞生了一个新的科学名词：“普鲁斯特效应”，被用来形容气味唤醒记忆的作用。严格地说，触发主人翁记忆的，与其说是蛋糕的“甜”，不如说是其中所含有的奶油和香草精的“香”。

《归去来兮辞》）让心灵受委屈，肯定不会有快乐。

《金刚经》云：“过去心不可得，现在心不可得，未来心不可得。”执着过去、忧虑未来的人是永远不快乐的。人生是可以把握的，不是过去，不是未来，而是“当下”。过去的已经逝去，时光不会倒流；眼前的瞬间即逝，时光不会停止；未来尚未到来，时光无法预支。我们可以把握的唯有当下。活在当下，珍惜今天。佛陀说：如果一个人对昨天的事念念不忘，或是对明天的事忧愁妄想，他将变成一株枯草。

人生苦短，世事无常。一个智慧的人，会放下过去的包袱，搁置未来的忧虑，珍惜“活着”的美好时光，不断丰盈圆满自己的生命状态，快乐优雅地走完人生历程。

人生的乐趣，就在生命的过程当中。太注重结果，就会失去人生的快乐。雪夜访戴是“魏晋风度”的范本，王徽之的兴尽而归，就是享乐过程，在访戴的过程中体会了快乐，再去关注结果岂非多余？这是一种令人心仪的风度。

想过，做过，快乐过，就是最好。

香是一位年长的哲人，与他娓娓而谈，你能感受到生命的乐趣、生命的智慧和生命的厚重；香是一位怡人的红颜，与之相遇相知，你能感受到生命的美丽、生命的幸运和生命的诗意；香是一个天真的孩子，看他天真烂漫，你会感受到生命的蓬勃朝气、生命的轮回更替和生命的滚滚不息。我们无法延长生命的长度，却能决定生命的宽度和厚度。“结庐在人境，而无车马喧。问君何能尔？心远地自偏。”（陶渊明《饮酒》）

无需隐居深山，无需结篱筑墙，心静红尘便远。

香是精神的家园，香是心灵的绿地，香是缀满星光的夜空，香是晨曦中小鸟的啼鸣，香是圆满的春华，香是洁净的秋水……

明·佚名《十八学士图》（局部）

二、品香境界

香，灵动高贵而朴实无华，奇妙深邃而平易近人。她陪伴着无数英贤走过沧桑风雨，她滋养了众多志士高贵的心灵，她架通起中华民族人天智慧的金桥，她催化出平实古奥的哲学思想。四百年前，《香乘·序》的作者周嘉胄说：“霜里佩黄金者，不贵于枕上黑甜；马首拥红尘者，不乐于炉中碧篆。”总结前贤对沉香的鉴赏与互动心得，在当下这个人心浮躁的时代，我们有缘相遇沉香，感受它的气息，省察它历经劫难终成正果的身世背景，只有洁身自好，修身养性，方不负与她相会的三生际缘。

“鼻观”的过程就是品味、感悟、印证的过程，通过香气净心虑性，远离是非杂念，完成人生的自我修养，感

宋·龙泉窑梅子青鬲式炉

悟人生真谛。

从品香的层次来看，可分为感受、感知、感悟三层境界。

感受：对香味的直接把握。准确嗅出它的甜味、凉气、花香、清新、奶韵等，为感知香味打好基础。宋人有“清、甘、温、烈、媚”五品之标准，可试予体味。这一环节，更多的是物质层面的内容，是对香材气味的直接感受。如果仅仅停留在这个环节，那就只能是对香的熏闻，对气味的简单感受，纯属小“技”，没有文化内涵的支撑，没有道的承载，仅仅是品闻香味，久而久之，会心生厌烦和麻木。但毋庸置疑，没有这个“物质”的环节，也就无法进入“精神”的环节，这是香学文化活动的物质基础。

感知：从物质上升至精神层面的阶段，“鼻”与“观”之间的层面。对香味的观思，使之“犹疑似”，触动我们的灵感，开始进入潜意识。黄山谷《跋韩魏公浓梅香方》“嫩寒清晓行，孤山篱落间”正此之谓也。而他的《深静香跋》一文：“此香恬澹寂寞，非其所尚，时下帷一炷，如见其人。”则是更深一层的感知。

感悟：对人生真谛的感悟，为“观”之上的层面。通过对香味的凝思，净心滤性，超然于物外，念天地之悠悠、宇宙之无限，从而达到神清气明之境界。

鼻观是建立在嗅觉之上的观想、反思、省悟；是理解

南宋·周季常、林庭珪《五百罗汉图·应身观音图》

陈少梅《东坡肖像》

了香的根本，凝神定性，发现自己的“本性心田”，从而获得智慧的过程。

沉浸体验品香的三个境界，最主要的是“静”：身静，放下手中的事，使自己的身体得到放松；心静，放下心中的事，使自己的心灵得到安宁；意静，摒弃杂念，感悟人生真谛。康熙皇帝仰慕三十年而不得一见的清初大儒李二曲先生，他以浅显易懂的“悔过自新”做实修功夫，统摄历代学者“明德”“复性”“知止”“致良知”的修身究理门路，说明人生所有的学问，无非“悔过自新”。他曾论及每日需有昧爽（凌晨）、中午、戌亥（傍晚）三炷香，以斋戒静坐的功夫，练养“虚明寂定”的境界。有学生问：“然则程必以香，何也?”曰：“鄙怀俗度，对香便别。限之一炷，以维坐性，亦犹猢狲之树、狂牛之栓耳。”通过“鼻观”感知香气，以香清心，以香定性，达到月明波静、风轻云淡、以静生慧的境界，感悟生命的意义。感悟可思接千里，感悟可意通万古。或叹宇宙之浩渺，或忆似水年华，或顿悟难解之惑，或消融胸中块垒，或感生之快乐，或达内心愉悦等等。

“生活在今日的世界上，心灵的宁静不易得。这个世界既充满着机会，也充满着压力。机会诱惑人尝试，压力逼人去奋斗，都使人心静不下来。……可你一定不要忘了回家的路，这个家就是你的自我，你自己的心灵世界。理论上讲，每个人都有一个心灵，但事实上却不尽然。有一些人，他们永远被外界的力量左右着，永远生活在外部喧闹的世界里，未尝有真正的内心生活。对于这样的人，心灵的宁静就无从谈起。一个人唯有关注心灵，才会因心灵被扰乱而不安，才会有寻求心灵宁静的需要。”（周国平《记住回家的路》）静，或者说宁静，对人生是如此的重要。香可以使我们静下来，使我们摆脱外界虚名浮利的诱惑，回归自我，关注美好的自性良田。用美妙的香味清洁我们的心灵，探究心灵的大美，走向广阔浩渺的内心世界，澄怀明理，享受无限的心灵之美。

人生苦短，容不得我们有那么多的忙碌。

品香是对心灵的滋养，它使人不经意间达到宁静安详的境界，这是香的神奇功能。日本东京教育大学名誉教授西山松之助，在品闻日本国宝级沉香“兰奢待”时，深深地被其感动：“我对兰奢待被称为世界上最珍奇绝妙的香，是确信无疑的。当端捧香炉在手中，静静品香之时，我原先充满想象、先入为主的感觉，轰然地崩溃瓦解了。它的香气是那么完美无瑕、不可言喻、圆润可人、恬静大方。我深切地感到了明朗、爽快、丰盈、温和，果然是名香啊！”

品香的层次越高，文化的因素就越多，对品香人的修养要求就越高。因此，品香的过程，实际就是人性不断自我调整、自我完善的过程。苏东坡有《和黄鲁直烧香二首》：

其一：

四句烧香偈子，随香遍满东南。

不是闻思所及，且令鼻观先参。

其二：

万卷明窗小字，眼花只有斓斑。

一炷烟消火冷，半生身老心闲。

这不但是闻香的写照，也是沧桑人生的感悟。芳香四溢的那一刻，是香美好形象的呈现，也是她生命最美丽光辉的时刻，但亦是她生命的最后谢幕。香气散尽，仅留余温尚存的灰烬，呈现“空寂’之境，仿佛无尽的欲望瞬间为一星火花燃尽。

香是入世的，亦是出世的，她兼具悲悯与超脱，永恒地指向“真、善、美”的广阔维度。

品香的三个境界，实际上就是从对事物表象的感受，上升到对事物抽象的概括，然后再上升为哲学层面的感悟。品香时的各种因素千变万化，品香人的个人学识、生活经历、人生追求不尽相同，品香的感受、感知、感悟也一定会异彩纷呈。品香的美妙正在此。

香如人生。

香供

香，连接着至高无上的佛、神、主、上帝和一颗颗平凡的心灵。

维摩诘问众香菩萨言：诸族姓子香积如来云何说法？彼菩萨曰：我土如来无文字说，但以其香，而诸菩萨自行，菩萨各各坐香树下，其香皆熏，一切同等，悉得一切香德之定。堪任得定，菩萨一切行无所著。

《维摩诘经·香积佛品》鸠摩罗什译

香在佛教、道教、基督教、伊斯兰教中，都是不可或缺的供养之物，这是因为香对人的精神活动有重大作用。古往今来，东方、西方的宗教都对香格外重视。

十四世纪玄奘三藏像

冉冉上升的馨烟，将人们由世俗生活带入宗教之境，刹那间，凡圣沟通，人神连接。虔诚的祈求、美好的期盼，一时间上达佛陀、神仙、天主、先知穆圣。

一、香与佛教

佛教在修炼禅悟过程中，非常重视对香的使用。佛教一般使用植物型香材。香供养为佛教供养的重要内容。香供养有涂香、末香、燃香三种方式。涂香是将香粉调制后涂抹全身，有增益精气、令身体芳香洁净、瞻睹爱敬等十种功德；末香是以香末撒布道场塔庙，“是以杂华末香……供养七宝妙塔”，有洁净之用；燃香是焚燃香料向诸佛祈祷，传递心意，“炉香乍爇，法界蒙熏。诸佛海会悉遥闻，随处结祥云”。在香炉中熏燃香料或香饼、香丸，虔心祈祝、行香，达到身心清洁。佛教的用香方法与佛教同时传入中国。《楞严经》云：“镜外建立十六莲华，十六香炉间华铺设，庄严香炉。纯烧沉水，无令见火。”沉水者，上品沉香也。熏闻时，不可有明火烟气出现，使香气舒缓而馥郁。

唐·狮子如意手持鹊尾炉

（一）香之高贵

香在佛教中有着崇高的地位，是净土中常见的庄严。芬芳的气味给人带来美好的感受，令人愉悦，而有德的修行者，心灵也会散发出馨香，令人敬仰。释迦牟尼在世时就对香推崇有加，佛门弟子与香烟相伴走过了两千多年岁月，寺庙处处香烟袅袅，居士之家必设鼎炉。

香的美好气味能使人忆念佛陀的悲悯、智慧，心生欢喜，心向往之，祈愿成就与佛陀同等圆满的生命境界。佛教认为香与人的智慧、德性有着特殊的关系，妙香与圆满的智慧相同相契。据佛经记载，佛陀说法时，周身毫毛孔窍会散发出妙香，普熏十方，震动三界。

佛教的经文中，常常用香来比喻得道者的心德。《佛说戒香经》记载，佛陀对阿难讲道，持守善德的人具“戒香”，此无上之香非世间众香所能相比，无论顺风、逆风都可畅达无碍。

《悲华经》《毗耶娑问经》中，香是净土中常见的殊胜庄严之一。在极乐世界中，有“香积净土”“众香国”，其处之佛为“香积如来”，以香开示众生，天人坐于香树下，闻妙香即可达到智慧功德圆满。

香也是修持的法门，佛陀常用香来讲述修心之法与禅理。《楞严经》里记载了香严童子体察香味的修持方法：“香严童子即从座起，顶礼佛足而白佛言：‘我闻如来教我

山西朔州崇福寺金代壁画

谛观诸有为相。我时辞佛宴晦清斋，见诸比丘烧沉水香，香气寂然来入鼻中。我观此气，非木、非空、非烟、非火，去无所著，来无所从，由是意销，发明无漏。如来印我得香严号，尘气倏灭，妙香密圆，我从香严得阿罗汉。佛问圆通，如我所证，香严为上。'”非烟，非火，只有香气寂然入鼻，不是隔火熏香，何能得此境界？去无所著，来无所从，执着意念尽销，得正果悟道。

大势至菩萨亦在楞严法会上讲道，修持者若能专诚地忆念佛性，则能受到加持与接引，“如染香人，身有香气，此则名曰香光庄严”。

《六祖坛经》忏悔品即以香比喻五分法身，其将无学圣者于自身成就的五种功德法，称为五分法身，并以香来比喻，称为戒香、定香、慧香、解脱香、解脱知见香。圣者虽逝，但他们的五分法身永存，令人景仰，从五分法身散发的香，非世间之香，而是心香，心香一瓣，弥漫十方，一切诸佛悉能闻此。

佛教之香是清凉世界的香，是超脱世俗欲火的香，它浸润修行者的心，使人维持正念，以正念相继入诸禅定，再从禅定中生出解脱一切的智慧，使行者自证解脱法身，证得诸佛功德无上之香。以智慧的香焚烧一切，这是佛法把香的境界从世间的用香转化升华到见香成佛的无量境界。

（二）香之美妙

香，是大自然中美好气味的凝聚。闻之可使人心变得洁净虚空，给品闻者一种极度的真实感和安全感。

《华严经》（卷第六十七）中记载，善财童子拜见卖香长者优钵罗华，请教如何修习菩萨道，拥有菩萨的智慧。卖香长者讲道：

我知道调配各种香的方法，包括一切熏香、烧香、涂香、末香。知道一切香王出生的地方，也非常清楚天香、龙香、夜叉香、干闼婆香、阿修罗香等等各种香。

我也清楚地知道治病的香、断除诸恶的香、生欢喜的香、增加烦恼的香、灭除烦恼的香、使人贪着有为法的香、使人厌离有为法的香、使人舍弃一切骄傲放逸的香、发心念佛的香、证解法门的香……

人间有种名为象藏的香，是因为龙族的互相争斗而生。如果有人焚烧这种象藏香丸，虚空就会生起大香云，在七日内降下细香雨。如果有人沾到这香雨，身体就会变成金色。如果衣服、宫殿、楼阁沾到，也会变成金色。嗅到这种香味的众生，七日七夜都会欢喜不已，身心快乐。还能除去各种疾病，人人都不相侵害，并且远离忧苦，不惊慌、不恐怖、不散乱、不嗔恚，都能慈心向善，志意清净……

在海里有种名为无能胜的香。如果有人能用它涂抹大鼓和螺贝，那么这些东西发出的声音，能让所有的敌人都

唐·绢本设色《引路菩萨图》

自动退散。

在阿那婆达多池边，出产一种名为莲花藏的沉水香，这种香丸状如芝麻，如果有人烧这种香，香气就会遍满十方，凡是闻到这香气的众生，都能身心清净，远离罪恶。

在雪山上有种名为阿卢娜的香，凡是嗅到这种香的众生，都能发起决心，远离各种染着……证得离垢三昧的境界。

在罗刹界中有种名为海藏的香，为转轮圣王所专用，他只要熏烧一个香丸，转轮圣王及他的四军就能飞腾到虚空之中。

善法天中有种名为净庄严的香，只要有人烧这香丸，诸天就都会一起念佛。

须夜摩天有种名为净藏的香，只要有人烧这香丸，夜摩天众皆云集天王面前，共同听闻佛法。

兜率天中有种名为先陀婆的香，如果有人烧这香丸，虚空就会兴起大香云，覆盖法界，雨下种种供养物品，供养诸佛菩萨……

最后，卖香长者告诉善财：我只知道这些调香制香的法门。至于如何能像大菩萨一样远离种种习气，断绝烦恼

北宋·《灌佛戏婴图》

的羁索，超越存有的生趣，以智慧香庄严自身，具足清净无着的智慧……就不是我能宣说的了。

《大庄严论经》（卷十）载，有个法师讲法时满口芬芳，阿育王闻之，心生疑惑："他口中到底含了什么好香，能有如此美妙的香气？"请他张开口，可口中空无一物，请他漱口，香气依然如故。阿育王说出了自己心中的疑惑。那个法师笑着说："这香既不是沉水香，也不是檀香或其他花、茎、叶之类的香，而是因为我往昔曾在众人面前赞叹迦叶如来的功德，口中才有如此的香气。而且自那时直到现在，香气美妙如初，昼夜不绝。"

（三）香之殊胜

佛教认为，香可以增长我们身体的诸根大种，并借香传递信息给诸佛菩萨。但最高明的用香方法则不仅如此，而是燃香供佛。心香就是用最至诚的心来直接面对佛。以有形的香加上无形的香，一个是庄严的表述，一个是心的常寂光明，以此供养诸佛，移相内熏，供养自身的法身佛，这是用香法门的极致。

供养、供香既是对佛菩萨的恭敬，也是一种重要的修持方法，象征并启示自身的烦恼止息，得到究竟的喜悦与自在。具体有形的供养是摄心表法，而内心的清净虔诚则更为重要，故称"心香"。只有心香永存，芳馨不退，才

五代 · 绢本《供养图》

得供养之真。

佛教中，有焚香供诸佛菩萨传达心意的传统。《贤愚经》中，富那奇长者焚香请求菩萨前来受供，第二天佛陀果然如其愿而来。中国佛教也有一个与其类似的故事：梁武帝崇尚佛法，当时最有名的法师是法云、云光、宝志三位。有一次，梁武帝想请三位法师到皇宫来应供，他想既然三位都是得道高僧，用一般方式来请就俗了。于是他在宫中焚香，并默默在心中向三位法师发出邀请。结果第二天中午只有宝志一人前来，另两位都没有接收到邀请信息，三人的修持在梁武帝心中高下立判。

佛教徒在诵经修法前往往会焚香，并诵赞《香赞》："炉香乍爇，法界蒙熏，诸佛海会悉遥闻，随处结祥云，诚意方殷，诸佛现全身，南无香云盖菩萨摩诃萨（三称）。"念诵的同时还要观想诸佛已经得到大香云的供养，而"诚意方殷，诸佛现全身"也是表达香与至诚之念配合感动诸佛现身的含义。

佛教认为，香不但能治病，能对人的情绪产生影响，也能开启智慧，使人精进修行，领悟佛法。不同的香味能抵达身体不同部位的经脉，改变人们的相对情绪和思考方式，对人的心理产生影响。

明·大圣引路王

（四）香之仪轨

上香供佛的根本意义，在于培养修行者的虔诚之心，若无诚心向佛，再隆重的仪轨也毫无意义。《金刚经》：“一切有为法，如梦幻泡影，如露亦如电，应作如是观。”只有诚心敬佛，才能以心印心，佛入于我，我入于佛，一切如来见于我真心道场。

唐·不空羂索观音图

因宗门和修持法门不同，具体上香仪轨也有所不同，下面为一般常见的供香方法，仅供参考。

上香

以端庄恭敬的动作点燃香，如有明火，用手轻轻扇灭；

正对参拜法像，双手持香举至额头，停留一刻，插入香炉；

上香三炷表达对佛法僧三宝的恭敬。

诵偈语

《供养偈》：观想诸佛菩萨，十方圣众，欢喜接受供养，一切有情亦皆安住于究竟安乐；观想、祈愿以此香供养诸佛贤圣，在无边世界中，都能普熏一切众生，共同证得无上圆满智慧。

《供养偈》：愿此香花云，遍满十方界，供养一切佛，遵法诸贤圣，无边佛土中，受用作佛事，普熏诸众生，皆共证菩提。

或为：愿此香花云，遍满十方界，一一诸佛土，无量香庄严，具足菩萨道，成就如来香。

叩拜、诵经、礼佛

礼敬之时，须恭敬至诚，缓缓拜起。宁可少拜，也不要草率匆忙。

观想佛菩萨感应如在眼前，可以默念：能礼所礼性空寂，感应道交难思议，我此道场如帝珠，诸佛如来影现中，我身影现如来前，头面接足皈命礼。

回向、祈愿、忏悔、发愿

双手合十，回向、祈愿（诵念或默念），如：

愿以此功德，庄严佛净土，上报四重恩，下济三途苦。若有见闻者，悉发菩提心，尽此一报身，同生极乐国。

愿以此功德，普及于一切，我等与众生，皆共成佛道。

愿以此功德，回向弟子历代先祖、冤亲债主，离苦得乐。

或为：愿以此功德，回向弟子眷属合家吉祥安康；某某人疾病早日康复；某某人往生净土，离苦得乐；某某人世间、出世间事业悉皆成就；某某人早开智慧，学业进步；某某地方灾障平息，吉祥平安，有情安乐，入于佛道，等等。

发愿，忏悔，如：弟子某某与累世父母、师长、历劫冤亲债主及法界一切众生，从过去世至尽未来际：众生无边誓愿度，烦恼无边誓愿断，法门无量誓愿学，佛道无上誓愿成。往者所造诸恶业，皆由无始贪嗔痴，从身语意之所生，今对佛前求忏悔，一切罪障罪根皆忏悔。

供香完毕

最后礼佛三拜，可念：供养完毕，一切恭敬。

二、香与道教

道教是中国本土的原生宗教，由张道陵（张天师）创立于东汉时期，距今已有1800年左右的历史，经过长期的历史发展而形成。道教以老子“一元论”哲学，构建起庞大的理论体系，其崇尚的“道生万物”的宇宙观，贯穿了中华民族的历史与文明。道教亦是一门研究养命修仙的学问，讲究与自然共生共荣的养生理念，寻求天人合一的长生之术。道教与中国的本土文化紧密相连，深深根植于中华文化的沃土中，并对中国传统文化各个层面产生深远影响。道教用香，源远流长。

道教的祭天、通神、辟邪等仪式都离不开香。香为道教的五供养（香、花、水、果、灯）之一，“天真用兹以通感，地只缘斯以达言，是以祈念存注。必烧之于左右，特以此烟能照玄达意”。上达三境十天，下彻九幽五道，是道教辅助修行、祈福、辟邪的必备之物。

道教最早关于用香的记载出自《三国志·吴书·孙破虏讨逆传》裴松志注引《江表传》：“时有道士琅邪于吉，

先寓居东方，往来吴会，立精舍，烧香读道书，制作符水以治病，吴会人多事之。”于吉是东汉末年道教创立时期的重要人物。

道教在南北朝时期发展迅速，早期的道教强调用香，《黄庭内景经·治生章·第二十三》云：“烧香接手玉华前，共入太室璇玑门。”“玄液云行去臭香，治荡发齿炼正方。”炼制“药金”“药银”时需焚香，“常烧五香，香不绝”。六朝时，道教已大量使用合香，选料、配方、炮制、修合已具备一定法度。唐初，高祖李渊尊老子为先祖，定道教为国教，道教迎来了全盛时期。白居易在《赠朱道士》一诗中写道：“醮坛北向宵占斗，寝室东开早纳阳。尽日窗间更无事，唯烧一炷降真香。”简洁形象的诗句，描绘了道教的修炼场景及用香。

宋代的皇室更是笃信道教，宫中的祭祀名目繁多：社稷效庙之常祀，祭祖祭神之祠祀，特殊天象、地理变异时特别祭祀，封禅之祭，道场科醮之祭，每祭必使用大量香料。崇尚道教的祭祀用香，成为宋代皇室用香的大宗。

元代统治者虽为马上武夫，但对道教曾经特别推崇，成吉思汗召见道教全真教龙门派创始人丘处机，尊为神仙，封其为大宗师，总领道教。免除道教税赋，以“全真教”派为代表的道教兴盛一时。明清已降，道教的发展趋缓并逐渐衰落。

降真香

北宋武宗元《朝元仙杖图》（局部）

（一）道教的用香特点

道家焚香十分讲究，一定要天然香料。在道教斋醮时，醮坛通常会焚燃降真香、沉香、青木香、白茅香等。作为与天地真神沟通的媒介，香一直是道教不可或缺的通灵之物。降真香、返风香、七色香、逆风香、天宝香、九和香、反生香、天香、百和香、信灵香为古代道教的十大名香，在各种仪式中广泛使用。特别是降真香，是道教中“斋醮”必不可少的香品。“斋”者，素食洁身；“醮”者，祭祀奉神。“斋醮”是道教法事中规格极高的礼仪。

降真香，道教用香圣品，《天皇至道太清玉册·奉圣仪制章》中把降真香定为“乃祀天帝之灵香也”。《仙传》中亦称：“烧之，感引鹤降。醮星辰，烧此香功为第一。度箓烧之，功力极验，降真之名以此。”降真香熏烧时，烟形独特，袅袅飞升，高扬不散。与诸香合和，依然牵引烟气，扶摇直上，俨然连接天上人间，仙凡两界。

道教烧香目的：一是供养诸神。香云缭绕，腾空供养，供养上界云府高真，中界岳渎威灵，下界水府仙官的三界诸神。二是传诚达信。所谓“香自诚心起，烟从信里来。一诚通天界，诸真下瑶阶”。三是招返亡魂。全真仪范中有“一炷返魂香”，而广东更有“三炷返魂香”之说。四是清净身心。王重阳有词曰：“身是香炉，心同香子，香烟一炷分明是，依时焚透昆仑，缘空香泉袅祥瑞。”

道教烧香的仪轨：先选三支香，不要断香。点燃香（点燃后若起明火，可左右摆灭，不能吹灭），面对神像，双手举香与额齐，躬身敬礼。用左手上香，三炷香要插直、插平，间隔不过一寸宽，以表示“寸”（诚）心。上香毕，即行叩拜礼。

道家有《上香偈》云：

谨焚道香、德香、无为香、无为清静自然香、妙洞真香、灵宝惠香、朝三界香，香满琼楼玉境，遍诸天法界，以此真香腾空上奏：焚香有偈，返生宝木沉水奇材，瑞气氤氲，祥云缭绕，上通金阙，下入幽冥。

（二）道教的合香

道教的用香以合香为主。道教的十大名香，无一不是合香。包括道教经典所称降真香，亦是以降真香为主料的合香之名称，并非一味降真香单烧。单烧降真香过于清烈，需用各种香花与降真香一起蒸制，降低它的清烈，使香气更加柔和。宋元时期的养生书籍《寿亲养老新书》（卷三）中，记载了一款名降真香的香方：“降真香一斤，沉香四两，龙脑一斤，蜜和之。虚堂清夜宴坐时焚之，此方名

宋 ·《写神老君别号事实图》（局部）

为降真香。”

道教的合香讲究阴阳五行，修合中有严格的法度。根据香料的五行属性，使之相互生发，导顺治逆。如东汉时期的道教名香“灵犀香”，即规定须甲子日配料、丙子日研磨、戊子日调和、庚子日制香、壬子日窖藏、再到甲子日出窖，一款合香的制成需六十天时间，极是讲究。

道教的合香，借鉴中药的君、臣、佐、使理论，不是简单的香料混合，机械地制成香品，而是人与香的和谐、香与天时地利的相合。

（三）道教对中国香学文化的影响

中国香学文化是在本土的文化基础上起步的，受早期的道家思想、儒家思想影响至深。道家的养生养性理念一直影响中国香学文化的发展，早期的香具——博山炉，便是典型的道家理念的体现：博山炉上部的仙山瑞兽、神仙人物，正是长生不老、得道成仙的象征。道家在修炼境界上的追求和表述，实际也影响了中国香席、品香境界的形成。陆游有诗云：“欲知白日飞升法，尽在焚香听雨中。”白日飞升或羽化是道教成仙之征兆。相对于儒家的入世而言，道家讲究出世修炼，独善其身。所有的香事活动，尤其是一人的坐香、品香，皆为修心养性。香，只是一个平台、一种媒介、一种心灵修炼的助益。

“香以养生”是受道家《黄帝内经》的影响，讲究“性命双修”。而“香以载道”这个中国香学文化的本质特征，则是受儒道思想的双重影响，通过“香”追求心灵境界的提升，借助“香”完成天人合一。道教的经典和哲学思想，推动中国香学文化不断完善对“道”的追求，并使之达到卓越的精神高度。道德的提高、心灵的完美、智慧的圆融成为中国香学文化追求的最高境界。

三、香与基督教

基督教是对信奉耶稣基督为救世主各教派的统称，与佛教、伊斯兰教并称世界三大宗教。基督教与香的渊源甚深，乳香、没药、沉香是《圣经》中多处提到的香料。

（一）《圣经》中的香

《圣经》涉及的中东新月湾这块美好的土地，本身便出产很多香料，加上当时海运发达，有大量香料进口转销，这里变成为“香的天堂”。

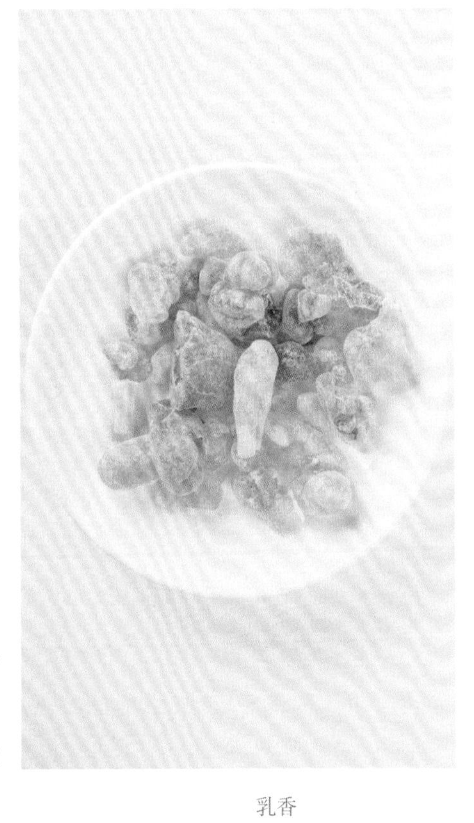

乳香

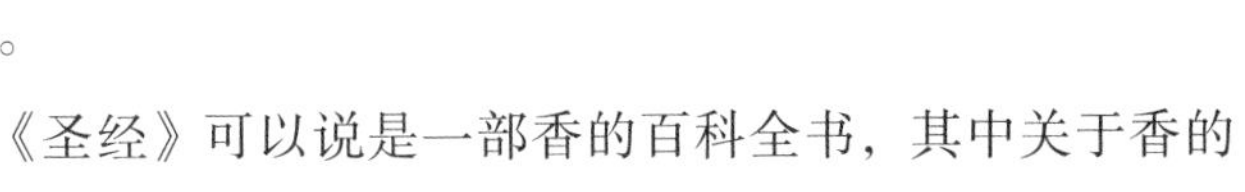

《圣经》可以说是一部香的百科全书，其中关于香的

气味、香料、产香的植物、香的仪式、香具、香事等资料，有四百多处。

《创世纪》第三十七章二十五节记载善于经商的以实玛利人，贩运香料的情形：

见有一伙米甸的以实玛利人，从基列来，用骆驼驮着香料、乳香、没药，要带到下埃及去。

《创世纪》第四十三章十一节雅各派儿子约瑟和便雅悯去埃及购买粮食，嘱咐他们：

他们的父亲以色列说，若必须如此，你们就当这样行，可以将这地，土产中最好的乳香、蜂蜜、香料、没药、榧子、杏仁都取一点收在器具里，带下去送给那人做礼物。

《民数记·第二十四章》载：

如接连的山谷，如河边的园子，如耶和华所栽的沉香树，如水边的香柏木。

《雅歌》第四章新郎用尽人间最美的词汇赞美新娘：

封闭的泉源。你园内所种的结了石榴，有佳美的果子，并凤仙花，与哪哒树，有哪哒和番红花、菖蒲和桂树，并各样乳香木、没药、沉香与一切上等的果品。你是园中的泉、活水的井、从黎巴嫩流下来的溪水。

《以赛亚书》第六十四章描述上帝决定亲自解救被掳的以色列人，并重建耶路撒冷城。耶和华荣光兴起，万民归顺，盛况空前：

大海丰盛的货物，必转来归你，列国的财宝也必来归你，成群的骆驼，并米甸和以法的独峰驼，必遮满你。示巴的众人都必来到，要奉上黄金、乳香，又要传说耶和华的赞美。

《马太福音》第二章记载耶稣降生时，东方有几个会观星象的博士携礼前来拜见：

在东方所看见的那星，忽然在他们前头行，直行到小孩子的地方，就在上头停住了。他们看见那星，就大大的欢喜。进了房子，看见小孩子和他母亲马利亚，就俯伏拜那小孩子，揭开宝盒，拿黄金、乳香、没药为礼物献给他。

乳香，是《圣经》中提到次数最多的香料，具有神圣的特质，在基督教中广泛使用。

（二）基督教的用香

同其他宗教不同，基督教信徒礼拜、祷告时基本不使用燃香熏香的方式供圣。而用敬献香粉、涂抹香膏的方法供养。

《出埃及记》第三十章讲到“圣香”的调制：

耶和华吩咐摩西说，你要取馨香的香料，就是苏合香、香螺和白松香，这馨香的香料，和净乳香，各样要一般大的分量。你要用这些加上盐，按做香之法，做成清净圣洁的香。这些香要取点捣得极细，放在会幕内法柜前，我要在那里与你相会，你们要以这香为至圣。你们不可按这调和之法，为自己做香，要以这香为圣，归耶和华。凡做香和这香一样，为要闻香味的，这人要从民中剪除。

四种香料加上盐便是圣香，会是何种味道？信众敬畏无所不能的上帝之威当然不敢试做试闻。“上帝的圣香”圣洁而至高无上，不信之人不可制亦不可闻，这已经超越了香的品闻欣赏，变成一种精神的象征。素祭是基督教奉神的祭祀之一，以五谷为祭品，表示对神的笃信和奉献。其中往往要在祭品上加上乳香。《利未记》第二章记载：

若有人献素祭为供物给耶和华，要用细面浇上油，加上乳香，带到亚伦子孙作祭司的那里。祭司就要从细面中取出一把来，并取些油和所有的乳香，然后要把所取的这些作为纪念，烧在坛上，是献与耶和华为馨香的火祭。

若向耶和华献初熟之物为素祭，要献上烘了的禾穗子，就是轧了的新穗子，当作初熟之物的素祭，并要抹上油，加上乳香，这是素祭。

安息日要进行有细面饼和乳香的火祭。《利未记》第二十四章说：

你要取出细面，烤成十二个饼，每饼用面伊法十分之二。要把饼摆列两行，每行六个，在耶和华面前精金的桌子上。又要把净乳香放在每行饼上，作为纪念，就是作为火祭，献给耶和华。

涂抹香膏也是基督教的供香方法。香膏的主要成分为橄榄油，再加其他香料在锅中熬制而成。把香膏涂抹或浇在人的头上，或是物体上，使神的属性依附其上。香膏有特定用途，并非一般人可以使用。《出埃及记》第三十章讲，可以涂抹香膏的有：会幕、法柜，桌子与桌子的一切器具，灯台和灯台的器具，香坛、燔祭坛和坛的一切器具，洗濯盆和盆座。

耶稣被钉死于十字架上，其后事亦用到了香。《约翰福音》第十九章记载：

约瑟……来到彼拉多……把耶稣的身体领取了。又有尼哥底母，就是先前夜里去见耶稣的，带着没药和沉香约有一百斤前来。他们就照着犹太人殡葬的规矩，把耶稣的身体用细麻布加上香料裹好了。……

基督的信徒还喜欢用香料熏衣服、床榻。《诗篇》第四十五章描写所罗门的婚礼：

用喜乐油膏你，胜过膏你的同伴。你的衣服，都有没药、沉香、肉桂的香气。

《旧约·箴言》第七章还记载了用熏衣服的配方香料熏床榻。

基督教使用的香料还包括檀香、香柏等等，尤其是香柏使用量较大。

四、香与伊斯兰教

香对于伊斯兰教而言，兼顾世俗用途和精神享受之功效。世俗用途因生活所需，旨在美化环境，增加生活情趣，而精神生活多表现在宗教活动场所或与之有关的事宜中。伊斯兰教众的居住地阿拉伯半岛具备香料生长的特殊气候与土壤，在开发利用这些自然资源时，他们已经掌握了收获、加工香料的基本技能。同时，伊斯兰教认为使用香料属于圣行，是高尚精神生活与美好物质享受的完美结合。

（一）伊斯兰教用香的历史渊源

四千年前，古埃及人就开始使用香料。当时的法老曾从东非获取了三十一棵香树，这些“战利品”释放出的香味令法老叹为观止。从此，香料便成为伊斯兰教众不可或缺的物资。烹饪食品、治疗伤口、防腐、美容、神庙祭祀等，无一不与香料有关。香料特有的防腐功能，更使“木乃伊”成为考古界的研究热点。世界战争史上，“香料降将军”的佳话让人惊叹不已，古埃及艳后克里奥佩特拉香熏玉体、橄榄油美发，风情万千，恺撒和安东尼对其迷恋不已，征服埃及的梦想遂成泡影。

来自埃塞俄比亚的香料之树在埃及种植获得成功后，

明・方形阿文炉

被引种到阿拉伯半岛的南部地区。特殊的气候及土壤条件，使香料树成为该地区最富有生命力的树种之一。人们从这些舶来品中发现了出人意料的奇异功能后，种植面积便逐渐扩大，从香树中提取分泌物，用富余的香料与其他地区的居民进行贸易交流。古希腊诗人、历史学家希罗多德（前484—前425）曾写道："这个地区遍地幽香，甜味沁人心脾。"真实地描写了阿拉伯半岛南部地区香料的生长规模与令人叹服的质量，对其予以高度评价。

当香料生产达到一定数量的时候，香料跨地区贸易条件便随之成熟，香料成为东西方市场最耀眼的亮点。香料生意成为丝绸之路物资贸易的大宗。十世纪后，香料已遍布亚非欧，带给人们的不仅是实惠，还有无尽的芬芳、喜悦、欢乐与幸福。乳香、没药等香料为部落、民族、国家间建立永久联系做出了不可磨灭的贡献。香料以其和平的方式在华夏民族与阿拉伯民族的交流中扮演着重要的角色。史料载，阿拉伯商人运到中国的商品分为香药、犀象、珍宝三大类，香药为主，销路最广。阿拉伯香料对东西方民族的影响不单单反映在常见的宗教活动中，政治生活中也不乏香料的身影。

阿拉伯商人掌握大量的香料，在中国的香料消费市场中举足轻重。北宋中期以前，国人使用最多的香料为阿拉伯半岛所产乳香。据宋神宗熙宁十年（1077）的外贸统计，广州一地所收乳香就达三十四万余斤。乳香系榷货，由政府垄断。除“茶盐矾之外，惟香之为利博”。五代十国李珣的《海药本草》多记海外名香奇药，为李时珍《本草纲目》多处引用。李珣（约855—930）祖籍波斯，其祖先为波斯人。本为伊斯兰回回人，其家族以贩卖香药为业。

香料的跨民族贸易刺激了文化的交流与传承，使不同生活理念的人们对源自阿拉伯半岛的香料有了相近的认同。伊斯兰商人远航世界各地，在香料交易的同时，也传播发展了伊斯兰教文化。

（二）盛产香料的阿拉伯半岛

阿拉伯半岛的香料主要集中在阿曼苏丹国的佐法尔地区，有七千年的种植历史，能萃取香料的树达36种之多，被誉为香料之冠的乳香的原料树就有26种。阿曼人在种植、加工香料的过程中积累了丰富的经验，他们依据气候条件确定最佳收获时节，能使香料树产生树胶的量达到最大。每年4月份开始采收树胶，一直持续到10月份。根据树木年龄的大小，人们用木质的器具在树干上自上而下划开10到30个不等的小口子，作为采集树胶的方法。每半个月将凝固的分泌物收集一次。经过加工和提炼后，便成为乳香成品。佐法尔地区每年有约七千吨乳香的总产量。明代旅行家马欢随郑和下西洋之际，记载当地用香的盛况：“长幼俱沐浴，盛服涂容体，或蔷薇露或沉香水熏衣及体，又以炉燃沉檀香，然后行礼，礼既乃散，香满街市，半饷乃已。……厥产乳香，乃树脂也。”

阿拉伯半岛南部的诸多港口，曾是古代香料对外贸易的中转站，他们通过这些贸易港口，将罗马帝国管辖区域内能萃取香料的植物根茎、花卉、果实等贩运到地中海沿海城市，进而再运到欧亚非大陆，满足不同阶层人们对香料的需求。

阿拉伯香料带给人们物质享受的同时，也包含着特殊的精神寄托。经过数千年的使用和贸易往来，人们已经从中深刻领会出香料特殊的裨益。阿拉伯伊斯兰香料悠久的历史底蕴、丰富多彩的文化内涵、种类繁多的家族成员、神圣的精神境界，是其他物质不可媲美的。尽管香料的产地很多，但伊斯兰香料始终雄踞世界香料市场之首，其纯正的天然品质受到消费者的青睐。

（三）伊斯兰教的用香

伊斯兰教不仅仅是宗教信仰，而且旨在引导美的生活，建设和谐伊斯兰社会的生活理念。伊斯兰教的先知穆罕默德在圣训中多次提到香料及用法。先知穆罕默德的弟子艾奈斯·本·马立克（612—712）传述：“我从来未闻过比真主的使者的气味更美的香味，不管是龙涎香、麝香，

明·钵式阿文炉

还是其他任何东西的香味。”历代先贤但凡重大事件，必施香而后为。伊斯兰教四大法学家之一的伊玛目·马立克（715—795）向来访者讲述圣训前都要洗大小净，梳妆整齐。其间，还燃烧香料直至讲述结束。据记载，先知穆罕默德出嫁女儿法蒂玛时，先派人在她的衣服上撒香料。这一点成为后来的伊斯兰社会使用香料一种仪轨。穆斯林在较为庄重的场合，一定要使用香料。每次完成小净，教众都会自觉涂抹香料后才去履行拜功；埋葬去世的教友，要在裹尸布、墓穴中撒足够量的香料混合物。

伊斯兰教认为点香是穆圣在内的一切圣人的逊乃提。香来自天堂，直通天堂。点香后，天使、圣贤的灵魂会来到点香的场所，吉庆会随之降临。点香后的诵经、赞圣、礼拜、念救济、念济克尔等等的尔麦力远远贵于不点香时的尔麦力。

阿拉伯人的世俗事务中，香料绝对是主角。如果没有香料，活动就显得没有档次或没有达到应有的境界。他们在重大场所都使用香料，如家添人丁、老人去世、姑娘出嫁、贵客临门等等。不论是现实生活中还是文学作品中，都显示了香料的重要性。《一千零一夜·第三个僧人的故事》中早已描绘过熏香的场景：“首先闻到一股从来没闻过的馨香气味。……旁边摆着两个大香炉，里面的麝香和龙涎香，泛着馨香气味，弥漫着整个屋子。”那不是文人墨客的华丽辞藻，事实上，香料已经完全融入阿拉伯民族的生活，而且成为他们亘古不变的美好习惯。

阿拉伯人根据香料的不同特点区别使用，沉香几乎是全民皆用的香料，使用范围广泛。安息香的市场在乡村，乳香是富裕者的日常消费品，混合香料是都市丽人的钟爱。像利雅得等大城市更钟爱由多种香料调配而成的香脂，这类香脂是一种高端的混合香料，包括指甲花、玫瑰汁、沉香油、黑白麝香、龙涎香、檀香油、藏红花油等多种香料的精华，调制发酵后压成块状出售，销路极好。另外，像香草、松香等混合而成的香料，是中等城市妇女美容护肤的首选。清香型指甲油，是指甲花、沉香末、玫瑰花汁的混合物。檀香与樟脑的调和物也被看好。在一些社交活动中，纯天然原料的阿拉伯香料的芬芳弥漫于空气中，成为人们时尚的追求。

香药

治病救人的香。

清·沉香山子

量酌香尘尽左旋，曾烦巧匠为雕镌。
萤穿古篆盘红焰，凤绕回文吐碧烟。
画内仅容方寸地，数中元有范围天。
老来无复封侯念，日日移当绣佛前。

明·瞿佑《香印》

古代的香和药是不分的，几乎所有的香料都可入药，统称香药。香既是沟通天人、敬奉祖先的妙物，亦是驱秽致洁、疗疾养生的圣品。

沉香入药，始于东汉晚期，早期的应用相对朴素简单。隋唐时期，人们对沉香的药性功效有了较为深刻的了解，临床应用相对多了起来。宋代以后，沉香的药用功效得到更充分的利用。明代起，对沉香的认识及药用更加全面。历经清朝、民国，直到现在，沉香的药用价值得到越来越高的重视。

现代科学研究证明，沉香内含的芳香物质主要为两大类，即倍半萜类和色原酮类化合物，其中，色原酮类化合物是自然界中具有多种生物活性的物质，具有抗炎、抗菌、抗病毒等多种功效。现代医学多将其用于治疗和预防心脑血管、肿瘤、骨质疏松、腹泻等疾病。此类药物多从色原酮类化合物中提取合成，故沉香具有极高的药用价值。

一、沉香的药用历史

沉香作为药物使用，最早出现在汉末的《名医别录・上品卷第一》“沉香”条，是历代医家在《神农本草经》的基础上，补录365种药物，并分别记载其性味、功效、主治、毒性、产地等。由于其为历代陆续汇集而成，故称《别录》。南北朝时期梁朝的陶弘景（456—536）曾对其辑著。这部医学著作把沉香列为上品，曰：“沉香、熏陆香、鸡舌香、藿香、詹糖香、枫香并微温。悉治风水毒肿，去恶气。”其后陶弘景的《本草经集注》中补充云：“此六种香皆合香家要用，不正复入药，唯治恶核毒肿，道方颇有用处。”

唐代苏敬（599—674）的《新修本草》（卷第十二）记载：“沉香、青桂、鸡骨、马蹄、栈香等，同是一树，叶似橘叶，花白，子似槟榔，大如桑葚，紫而味辛。树皮青色，木似榉柳。”随后唐代陈藏器（约687—757）的《本草拾遗·木部》云：“蜜香，味辛，温，无毒。主臭，除鬼气。”又第八卷说：“沉香，其枝节不朽，最紧实者为沉香，浮者为煎香，以次形如鸡骨者为鸡骨香，如马蹄者为马蹄香，细枝未烂紧实者为青桂香。”并针对苏敬《新修本草》的描述作了补充：“（沉香）枝叶并似椿，苏云如橘，恐未是也。”其实苏陈二人讲的都对，苏敬写的是越南蜜香树，陈藏器说的是岭南白木香。这也表明，唐代药用沉香已经包括国产沉香和进口沉香。

五代时，李珣所著《海药本草·木部》大量收录了进口香药，书中记载：“沉香，味苦，温，无毒。主心腹痛，霍乱，中恶邪鬼疰，清人神，并宜酒煮服之。诸疮肿，宜入膏用。”书中记载了沉香治疗腹痛、霍乱、疮痛肿毒，有醒神安神的作用，并且提到药用方法，宜煮酒用，也可入膏剂。

清·黄花梨香箸瓶

五代时期另一部本草著作《日华子本草·木部》则对沉香进行了较为全面的说明："沉香，味辛，热，无毒。调中，补五脏，益精，壮阳，暖腰膝，去邪气，止转筋吐泻冷气，破症癖，冷风麻痹，骨节不任，风湿皮肤痒，心腹痛气痢。"书中详细地描述了沉香的药用功效。可以看出，五代时期，对沉香的药用功效、使用方法，已经有了较为系统的认识。

入宋以后，沉香的药用价值得到了更加充分的认识，先是纠正了前人对沉香的一些错误认识，在功效和药用方法上也有了新的见解。刘翰、马志等编著于宋开宝年间《开宝本草·木部》曰："沉香、熏陆香、鸡舌香、藿香、詹糖香、枫香并微温，悉疗风水毒肿，去恶气。熏陆、詹糖去伏尸，鸡舌、藿香治霍乱、心痛。枫香治风瘾疹痒毒。"宋代苏颂（1020—1101）著《图经本草·木部》，对沉香进行了详细记载："沉香、青桂香、鸡骨香、马蹄香、栈香，同是一本，旧不着所出州土，今唯海南诸国及交、广、崖州有之。其木类椿、榉，多节，叶似橘，花白，子似槟榔，大如桑葚，紫色而味辛，交州人谓之蜜香。欲取之，先断其积年老木根，经年其外皮干俱朽烂，其木心与枝节不坏者，即香也；细枝紧实未烂者为青桂。坚黑而沉水为沉香。半浮半沉与水面平者为鸡骨，最粗者为栈香。又云栈香中形如鸡骨者为鸡骨香，形如马蹄者为马蹄香。然今人有得沉香奇好者，往往亦作鸡骨形，不必独是栈香也；其又粗不堪药用者，为生结黄熟香；其实一种，有精粗之异耳。并采无时。”

《图经本草》把与沉香混淆的熏陆香、鸡舌香、苏合香、檀香、詹糖香、乳香、枫香等，均列在沉香条下，予以说明辨析。后来的“本草”记载对上述香药都各分条目，避免临床用药错误。

宋代寇宗奭《本草衍义》（卷十三）对沉香的药用做了详细说明：“然《经》中止言（沉香）疗风水毒肿，去恶气，余更无治疗。今医家用以保和胃气，为上品药，须极细为佳。今人故多与乌药磨服，走散滞气，独行则势弱，与他药相佐，当缓取效，有益无损。”宋代唐慎微（约1056—约1136）的《经史证类备急本草》（卷十二）载：“沉香，微温。疗风水肿毒，去恶气。陶隐居云：此香合香家要用，不正入药。惟疗恶疾毒肿，道方颇有用处。”

北宋时期沈括在《梦溪笔谈》（卷二十二）中记载：“段成式《酉阳杂俎》记事多诞，其间叙草木异物，多谬妄，率记异国所出，欲无根柢。如云：‘一木五香：根，旃檀；节，沉香；花，鸡舌；叶，藿香；胶，熏陆。’此尤谬。旃檀与沉香，两木元异。鸡舌，即今丁香耳，今药品中所用者亦非藿香自是草叶，南方至多。熏陆小木而大叶，海南亦有，熏陆乃其胶也，今谓之乳头香。五物迥殊，元非同类。”把《名医别录》中的几种名称记载予以更正。

清康熙·掐丝珐琅球式香熏

随着人们对沉香认识的不断深入，南宋时期已经开始单列奇楠香，明代本草类药学专著都专门记载奇楠香的药用功效。沉香的药用也更加广泛。明代陈嘉谟（1486—1570）《本草蒙筌》（卷四）收载沉香，曰："沉香，味辛，气微温。阳也，无毒。出南海诸国，及交、广、崖州。大类椿榉节多，择老者砍仆。渍以雨水，岁久，木得水方结香，使皮木朽残，心节独存。坚黑沉水，燔极清烈，故名沉香。但种犹有精粗，凡买须当选择。黄沉结鹧鸪斑者方是，角沉似牛角黑者为然。二种虽精，尚未尽善。倘资主治，亦可取功。若咀韧，音软柔，或削自卷，此又名黄蜡沉也。品极精美，得者罕稀。应病如神，入药甚捷。堪为丸作散，忌日曝火烘。补相火抑阴助阳，养诸气通天彻地。转筋吐泻能止，噤口痢痛可驱。……按《衍义》云：沉香保和卫气，为上品药。今人多与乌药磨服，走散滞气。独行则势弱，与他药相佐，当缓取效，有益无损。余药不可方也。"

明代药学巨著《本草纲目·木部》第三十四卷记载了沉香，对其品种、药效和附方做了全面总结。书中指出："沉香品类，诸说颇详，今考……诸书，撮其未尽者补之云。"释名沉香曰："沉香，木之心节置水则沉，故名沉水，亦曰水沉。半沉者为栈香，不沉者为黄熟香。南越志言交洲人称为蜜香，谓其气如蜜脾也。梵书名阿迦卢香。"讲其功效曰：

唐·引路菩萨像

“治上热下寒，气逆喘急，大肠虚闭，小便气淋，男子精冷。”并附方曰：“诸虚寒热，冷痰虚热用冷香汤：用沉香，附子（炮）等分，水一盏，煎七分，露一夜，空心温服。治胃冷久呃，用沉香、紫苏、白豆蔻各一钱，为末。心神不足，心火不降，水不升，健忘惊悸，用朱雀丸：用沉香五钱，茯神二两，为末，炼蜜和丸，小豆大。每食后，人参汤服三十丸，日二服。肾虚目黑，暖水脏，用沉香一两，蜀椒去目，炒出汗，四两，为末，酒糊丸梧子大。每服三十丸，空心盐汤下。治胞转不通，用沉香、木香各二钱，为末，白汤空腹服之，以通为度。大肠虚闭，因汗多，津液耗涸者，沉香一两，肉苁蓉酒浸焙二两，各研末，以麻仁研汁作糊，丸梧子大。每服一百丸，蜜汤下。治痘黑陷，用檀香、乳香等分，爇于盆内。抱儿于上熏之，即起。”

清代医家在沉香药效的应用上多有见解，清初三大名医之一张璐（1617—1699）所著《本经逢原》（卷三）载：“沉香专于化气，诸气郁结不伸者宜之。温而不燥，行而不泄，扶脾达肾，摄火归元。主大肠虚秘，小便气淋，及痰涎血出于脾者，为之要药。”并说明“气虚下陷人，不可多服”。

清代吴仪洛（1704—1766）所著《本草从新》（卷七）曰：“沉香，宣、调气、重暖胃。辛，苦，性温。诸木皆浮而沉香独沉，故能下气而坠痰涎。怒则气上，能平肝下气。能降亦能升，故理诸气而调中。……治心腹疼痛。噤口毒痢，症癖邪恶，冷风麻痹，气痢气淋，肌肤水肿，大肠虚闭。气虚下陷。阴亏火旺者。切勿沾唇。”并且指出：“色黑沉水，油熟者良。香甜者性平，辛辣者性热。鹧鸪斑者名黄沉，如牛角黑者名角沉，咀之软、削之卷者名黄蜡沉，甚难得。半沉者为煎香、栈香，勿用；鸡骨香虽沉而心空，并不堪用；不沉者为黄熟香。”其用法为“入汤剂，磨汁冲服。入丸散，纸裹置怀中，待燥碾之。忌火”。

清代医学家赵学敏（约1719—1805）则在其所著《本草纲目拾遗·木部》中记载了飞沉香：“海南人采香，夜宿香林下，望某树有光，即以斧斫之，记其处，晓乃伐取，必得美香。又见光从某树飞交某树，乃雌雄相感，亦斧痕记取之，得飞沉香，功用更大。此香能和阴阳二气，可升可降。外达皮毛，内入骨髓，益血明目，活络舒筋。”

清代黄宫绣（1730—1817）《本草求真》（上编·卷一）记载：“沉香专入命门，兼入脾。辛苦性温，体重色黑，落水不浮，故书记能下气坠痰；气香能散，故书载能入脾调中；色黑体阳，故书载能补火、暖精、壮阳。是以心腹疼痛，噤口毒痢，症癖邪恶，冷风麻痹，气痢气淋，冷字气

清・沉香油膏

字宜审。审其病因属虚属寒，俱可用此调治。盖此温而不燥，行而不泄，同藿香、香附，则治胃虚呃逆；同紫苏、白豆蔻，则治胃冷呕吐；同茯苓、人参，则治心神不足；同川椒、肉桂，则治命门火衰；同肉苁蓉、麻仁，则治大肠虚秘。古方四磨饮、沉香化气丸、滚痰丸用之，取其降泄也。沉香降气散用之，取其散结导气也。黑锡丸用之，取其纳气归元也。但降多升少，气虚下陷者，切忌。”这部本草专著全面总结了清代以前本草学者对沉香药用功效的研究成果。

至于奇楠香这沉香中最高级别的香材，入药亦有特殊效用，因资源奇缺，以至清中期以后的药学著作中难以见到。

明末清初成书的卢之颐（1599—1664）《本草乘雅半偈・别录・上品・沉香》云：

> 奇楠香与沉同类，因树分牝牡，则阴阳形质，臭味情性，各各差别，其成沉之本为牝为阴，故味苦浓，性通利，臭含藏，燃之臭转胜，阴体而阳用，藏精而起亟也；成楠之本为牡为阳，故味辛辣，臭显发，性禁止，能闭二便，阳体而阴用，卫外而为固也，至若等分黄栈品成四结状肖四十有二则一矣。第牝多而牡少，独奇楠香世称至贵，亦得固之以论高下。

且载:“奇南一品，本草失载，后人仅施房中术。”无上之品奇楠香仅用于枕席，未免暴殄天物。

清代李调元《粤东笔记·伽楠》亦有沉香、奇楠香牝牡阴阳之说:

伽楠本与沉香同类，而分阴阳。或谓沉，牝也，味苦而性利。其香含藏，烧乃芳烈，阴体阳用也。伽楠，牡也，味辛而气甜。其香勃发，而性能闭二便，阳体阴用也。

二、沉香的药性

早期的本草对沉香药性的了解甚少，到五代时才有提及。《名医别录》称其“微温”,《海药本草》谓其“味苦，温，无毒”,《本草纲目·木部》称其“辛，微温，无毒……咀嚼香甜者性平，辛辣者性热”。明代李中梓(1588—1655)《本草通玄》(卷上)云“沉香，温而不燥，行而不泄，扶脾而运行不倦，达肾而导火归元”，意为性温，主降，归脾肾二经。明代缪希雍(约1546—1627)《本草经疏》(卷二)说“入足阳明、太阴、少阴，兼入手少阴、足厥阴经”，意为主入胃、脾、肾、兼入心肝经。而《本草经解》(卷二)又谓其“足少阳胆经、足厥阴肝经、手太阴肺经”，即入胆、肝、肺经。明代钱允治(1541—1624)《雷公炮制药性解》云:“沉香属阳而性沉，多功于下部，命肾之所由入也。”明代贾所学在《药品化义》（卷二）中称：“沉香，入肺、肾二经。纯阳而升，体重而沉，味辛走散，气雄横行，故有通天彻地之功，……且香能温养脏腑，保和卫气。若寒湿滞于下部，以此佐舒经药，善驱逐邪气；若跌扑损伤，以此佐和血药，能散瘀定痛；若怪异诸病，以此佐攻痰药，能降气安神。”总之，沉香性温或热，味辛、苦，归脾、胃、肾、肺经，有行、降之性，无毒。

2015年版《中国药典》记载沉香“辛、苦，微温。归脾、胃、肾经”。南京中医药大学编著的《中药大辞典》称沉香“辛、苦；温。入肾、脾、胃经”。王国强《全国中草药汇编》（人民卫生出版社，2014年版）载沉香“辛、苦，微温。归脾、胃、肾经”。

如上所述，沉香性温，味辛、苦，主归脾、胃、肾经，兼归肺、胆、肝经，主行主降，无毒。

三、沉香的功能主治

沉香的功能主治，以行、降、温为主。行气、温中、纳气，兼有保和、卫气、暖精、壮阳之功。

《全国中草药汇编》载沉香可行气止痛、温中止呕、纳气平喘，用于胸腹肿闷疼痛、胃寒呕吐呃逆、肾虚气逆

元・月白青瓷鱼耳炉

喘急，从主治看，偏于行气。《中药大辞典》记载沉香可降气温中、暖肾纳气，用于治气逆喘息、呕吐呃逆、腹脘胀痛、腰膝虚冷、大肠虚秘、小便气淋、男子精冷，偏重于降气暖肾。《中华本草》称其可行气止痛、温中降逆、纳气平喘，用于脘腹冷痛、气逆喘息、胃寒呕吐呃逆、腰膝虚冷、大肠虚秘、小便气淋。

历代的本草著作虽然大都把沉香列为药之上品，但在临床应用上也有用药禁忌，《本草经疏・木部》云："中气虚，气不归元者忌之；心经有实邪者忌之；非命门真火衰者，不宜入下焦药用。"《本草汇言・木部》曰："阴虚气逆上者切忌。"《本草逢原・卷三・香木部》云："气虚下陷人，不可多服。"《本草从新・木部》云："阴亏火旺者，切勿沾唇。"《雷公炮制药性解・木部》云："然香剂多燥，未免伤血，必下焦虚寒者宜之。若水脏衰微，相火盛炎者，误用则水益枯而火益烈，祸无极矣。今多以为平和之剂，无损于人，辄用以化气，其不祸人者稀。"

四、沉香的配伍应用

沉香的配伍应用广泛，目前已经和其他中药配伍，制成了多种中成药。

海南黄熟香

（一）十香止痛丸

香附（醋炙）160g，乌药80g，檀香40g，延胡索（醋炙）80g，香橼80g，蒲黄40g，沉香10g，厚朴（姜汁炙）80g，零陵香80g，降香40g，丁香10g，五灵脂（醋炙）80g，木香40g，香排草10g，砂仁10g，乳香（醋炙）40g，高良姜6g，熟大黄80g。

功能与主治：疏气解郁，散寒止痛。用于气滞胃寒，胃脘刺痛，腹部隐痛。

（二）沉香化滞丸

沉香6g，牵牛子（炒）6g，枳实（炒）6g，五灵脂（制）6g，山楂（炒）6g，枳壳（炒）10g，陈皮10g，香附（制）10g，厚朴（制）10g，莪术（制）10g，砂仁10g，三棱（制）4g，木香4g，青皮4g，大黄30g。

功能与主治：理气化滞。用于饮食停滞引起的胸膈胀满，消化不良，吞酸嘈杂，腹中胀满。

（三）礞石滚痰丸

金礞石（煅）40g，沉香20g，黄芩320g，熟大黄320g。

功能与主治：逐痰降火。用于痰火扰心所致的癫狂惊悸，或喘咳痰稠、大便秘结。

（四）暖脐膏

当归80g，白芷80g，乌药80g，小茴香80g，八角茴香80g，木香40g，香附80g，乳香20g，母丁香20g，没药20g，肉桂20g，沉香20g，人工麝香3g。

功能与主治：温里散寒，行气止痛。主治寒凝气滞，小腹冷痛，脘腹痞满，大便溏泻。

（五）周氏回生丹

五倍子60g，檀香9g，木香9g，沉香9g，公丁香9g，甘草15g，千金子霜30g，红大戟（醋炙）45g，山慈菇45g，六神曲（麸炒）150g，人工麝香9g，雄黄9g，冰片1g，朱砂18g。

功能与主治：祛暑散寒，解毒辟秽，化湿止痛。用于霍乱吐泻、痧胀肿痛。

（六）沉香舒气丸

沉香15g，香附（醋炙）600g，青皮（醋炙）600g，枳壳（去瓤，麸炒）600g，柴胡300g，乌药300g，木香195g，郁金600g，延胡索（醋炙）600g，片姜黄300g，五灵脂（醋炙）300g，厚朴（姜炙）600g，槟榔600g，草果仁300g，豆蔻117g，砂仁117g，山楂（炒）300g，甘草150g。

功能与主治：舒气化郁，和胃止痛。用于肝郁气滞、

清·金累丝香囊

肝胃不和引起的胃脘胀痛，两胁胀满疼痛或刺痛，烦躁易怒，呕吐吞酸，呃逆嗳气，倒饱嘈杂，不思饮食。

（七）沉香化气丸

沉香25g，香附（醋制）50g，木香50g，陈皮50g，六神曲（炒）100g，麦芽（炒）100g，广藿香100g，砂仁50g，莪术（醋制）100g，甘草50g。

功能与主治：理气疏肝，消积和胃。用于肝胃气滞，脘腹胀痛，胸膈痞满，不思饮食，嗳气泛酸。

（八）理气舒心丸

当归66g，沉香13.3g，茯苓66.6g，木香13.3g，香附（醋制）66.6g，姜黄13.3g，莪术（醋制）66.6g，蒲黄20g，佛手80g，五灵脂20g，陈皮80g，枳实（炒）60g，青皮（醋制）80g，枳壳（炒）60g，麦芽（炒）93g，香橼120g，三棱（醋制）33.4g，丹参26.6g。

功能与主治：解肝郁，行气滞，祛胸痹。用于气滞血瘀症状冠心病，心绞痛，心律不齐，气短腹胀，胸闷心悸。

（九）十香丸

沉香100g，木香100g，丁香100g，小茴香（炒）100g，香附（制）100g，陈皮100g，乌药100g，泽泻（盐水炒）

100g，荔枝核（炒）100g，猪牙皂100g。

功能与主治：疏肝行气，散寒止痛。用于气滞寒凝引起的疝气、腹痛等症。

（十）苏合香丸

苏合香50g，安息香100g，冰片50g，水牛角浓缩粉200g，人工麝香75g，檀香100g，沉香100g，丁香100g，香附100g，木香100g，乳香（制）100g，荜茇100g，白术100g，诃子肉100g，朱砂100g。

功能与主治：芳香开窍，行气止痛。用于中风、中暑，痰厥昏迷，心胃气痛。

（十一）苏子降气丸

紫苏子（炒）145g，厚朴145g，前胡145g，甘草145g，姜半夏145g，陈皮145g，沉香102g，当归102g。

功能与主治：降气化痰，温肾纳气。用于气逆痰阻之咳嗽喘息、胸膈满闷、咽喉不利、头昏目眩、腰痛脚弱、肢体倦怠等症。

（十二）通窍镇痛散

石菖蒲125g，郁金125g，荜茇125g，香附（醋炙）125g，木香125g，丁香125g，檀香125g，沉香125g，苏合香125g，安息香125g，冰片37.5g，乳香125g。

功能与主治：行气止痛，活血通窍。用于痰瘀闭阻、心胸憋闷疼痛，或中恶气闭、霍乱吐泻。

（十三）紫雪散

石膏114g，北寒水石114g，滑石114g，磁石114g，玄参48g，木香15g，沉香15g，升麻48g，甘草24g，丁香3g，芒硝（制）480g，硝石（精制）96g，水牛角浓缩粉9g，羚羊角4.5g，人工麝香3.6g，朱砂9g。

功能与主治：清热开窍，止痉安神。用于热入心包、热动肝风症，高热烦躁，神昏谵语，惊风抽搐，斑疹吐衄，尿赤便秘。

（十四）温经丸

党参500g，黄芪200g，茯苓300g，白术（麸炒）500g，附子（制）100g，肉桂300g，干姜200g，吴茱萸（制）200g，沉香100g，郁金200g，厚朴（姜制）100g。

功能与主治：养血温经，散寒止痛。用于妇女血寒，经期腹痛，腰膝无力，湿寒白带，血色暗淡，子宫虚冷。

（十五）舒肝保坤丸

香附（醋炙）90g，沉香12g，木香12g，砂仁12g，厚朴（姜炙）18g，枳实12g，山楂（炒）18g，莱菔子（炒）18g，陈皮18g，半夏（制）18g，草果（仁）18g，槟榔18g，桃仁（去皮）12g，红花6g，当归24g，川芎18g，益母草30g，白芍18g，五灵脂（醋炙）18g，官桂12g，干姜6g，蒲黄（炭）18g，艾叶（炭）18g，黄芪（蜜炙）24g，白术（麸炒）18g，茯苓24g，山药18g，防风18g，山茱萸（酒炙）18g，阿胶18g，黄芩18g，木瓜18g，石菖蒲12g。

功能与主治：舒肝调经，益气养血。用于血虚肝郁、寒湿凝滞所致的月经不调、痛经、闭经、产后腹痛、产后腰腿痛。

（十六）梅花点舌丹

没药30g，硼砂30g，雄黄30g，熊胆粉30g，乳香30g，血竭30g，葶苈子30g，冰片30g，沉香30g，蟾酥60g，人工麝香60g，朱砂60g，牛黄60g，珍珠90g。

功能与主治：清热解毒，消肿止痛。治疗毒恶疮、无名肿毒、红肿痈疖、乳蛾、咽喉肿痛。

（十七）沉香顺气丸

沉香6g，砂仁30g，广木香30g，陈皮90g，青皮（制）60g，陈佛手300g，炒枳实30g，白蔻仁30g，粉甘草30g。

功能与主治：顺气，消食，化痰。用于寒湿气滞、胸腹胀满、咳嗽作呕。

（十八）沉香舒郁丸

木香120g，沉香100g，陈皮100g，厚朴（姜制）100g，豆蔻80g，砂仁80g，枳壳（麸炒）70g，青皮（醋制）40g，香附（醋制）40g，延胡索（醋制）40g，柴胡40g，姜黄30g，甘草30g。

功能与主治：舒气开胃，解郁止痛。用于胸腹胀满、胃部疼痛、呕吐酸水、消化不良、食欲不振、郁闷不舒。

（十九）宽胸舒气化滞丸

牵牛子（炒）120g，青皮（醋炙）12g，沉香6g，木香6g，陈皮12g。

功能与主治：舒气宽中，消积化滞。用于肝胃不和、气郁结滞引起的两胁胀满、呃逆积滞、胃脘刺痛、积聚痞块、大便秘结。

（二十）平安丸

木香，香附（醋制），延胡索（醋制），青皮（醋制），枳实，槟榔，沉香，山楂（炒），六神曲（麸炒），麦芽（炒），豆蔻仁，砂仁，丁香，母丁香，肉豆蔻（煨），白术（麸炒），茯苓，草果仁，陈皮，各30g。

功能与主治：疏肝理气，和胃止痛。用于肝气犯胃所致胃痛、胁痛、胃脘疼痛、胁胸胀满、吞酸嗳气、呃逆腹胀。

（二十一）十香返生丸

沉香30g，丁香30g，檀香30g，土木香30g，香附（醋制）30g，降香30g，广藿香30g，乳香（醋炙）30g，天麻30g，僵蚕（麸炒）30g，郁金30g，莲子心30g，瓜蒌子（蜜炙）30g，金礞石（煅）30g，诃子肉30g，甘草60g，苏合香30g，安息香30g，人工麝香15g，冰片7.5g，朱砂30g，琥珀30g，牛黄15g。

功能与主治：开窍化痰，镇静安神。用于中风痰迷心窍引起的言语不清、神志昏迷、痰涎壅盛、牙关紧闭。

郑重提示：本书所列处方或中成药，须经医生诊断开方方可使用，切忌自行使用。

香常

有了香的存在，琐碎无趣的日常起居生活，便会升起美好的诗意。

素烟袅双缕，暗馥生半室。鼻观静里参，心原坐来息。有客臭味同，相看终永日。

元·薛汉《箸香》

香花、香草、香木因其气味芳香而受到古人的注意。他们在日常生活中常常留意这些芳香植物的生长状况与功用，发现了许多具有温中理气、活血化瘀、祛风除湿、发散清热等对人体有益的芳香植物，为调味增香、熏制香茶、酿制香酒等食品加工提供了丰富的芳香原料。

一、香料与烹饪调味

我国的香食文化源远流长，香羹、香饮、香膳从上古延续至今。作为去腥解毒、增进食欲、增加食物清香的调料，人们将芳香植物使用在酱、卤、烧、炖、煮、蒸、煎、氽等烹饪方法中。桂花糖、梅花粥、苍耳饭等芳香食物都是中国古人的发明创造。从文献记载来看，将芳香材料运用到调味增香中，可追溯至上古时期，那时椒桂等芳香植物已被使用。到春秋战国时期，人们对香料的使用已经比较多了。《诗经》中关于花椒、甘草等近六十种芳香植物的生长、采集与使用状况在相关诗篇中都有记载。战国以后，随着园圃业的发展以及人们对芳香调料认识的深入，香料品种逐渐丰富。《周礼》《礼记》记载这个时期可用于蔬菜与调味的芳香植物有芥、葱、蒜、梅等，专用于调味的辛辣芳香料主要有花椒、桂皮、生姜等。当时人们主要是直接食用这些芳香植物。这一时期所用香料都是中国原生的本土香料。

汉至南北朝期间，在陆上丝绸之路开通的同时，域外食用香料与饮食文化也传入中国，调味香料品种丰富起来。除了本土香料外，孜然、胡芹、胡荽、荜茇、胡椒等域外调味香料也多有使用。北魏的贾思勰《齐民要术》(卷九)记载的制作“五味脯”“胡炮肉”“鳢鱼汤”等食物中，都使用本土与域外香料调味增香。

唐宋以后，中外交流活跃，东南亚及西亚多个国家基本都与中国有贸易活动，砂仁、茉莉、豆蔻、干姜、丁香等可使用香料随着朝贡或贸易等方式传入中国。宋代林洪在他的饮食文献《山家清供》(卷下)中提到将剔去花蒂并洒上甘草水的桂花与米粉合蒸，制作被称为“广寒糕”的点心。另外，用梅花与檀香制作的“梅花汤饼”，用苍耳制作的“苍耳饭”，用菊花、香橙与螃蟹一起腌熏制作的“蟹酿橙”，用菊花、甘草汁放入米中制成的可明目延年的“金饭”，用荷花、胡椒、姜与豆腐制成的“雪霞羹”，以及“梅粥”“木香菜”“蜜渍梅花”“通神饼”“麦门冬煎”“梅花脯”“牡丹生菜”“菊苗煎”等香花、香草食物的制作与使用，在《山家清供》中都有记载。

元代已出现将菜类香料与调味类香料分类记载的文献。元代贾铭的《饮食须知》将食用香料分为菜类与味类，菜类包括韭菜、大蒜、薤、葱等，味类包括食茱萸、川菽、

明·五龙篆香炉

胡椒等。明代《便民图纂》（卷十五）第一次记载了包括“大料物法”“素食中物料法”“省力物料法”“一了百当”在内的调味香料的调配制作方法。官桂、良姜等香料在调配这些“物料法”的过程中都有使用，最后或制为饼状，或制为圆丸状，或制为粉末状，或制为膏状，需要用的时候在食物中放入适量的这些复合调料，即可做成风味多样的食物。由此可知调味香料在饮食中的使用已很普遍，对当时以及后来饮食业的发展起到了很大的推动作用。

清代以来，香料在调味增香中的使用方法渐次增多，相关文献记载多为对香料功能与使用的总结。清代顾仲的养生著作《养小录》指出：牡丹花瓣、兰花、玉兰花瓣、腊梅、萱花、茉莉、金雀花、玉簪花、栀子花、白芷等可制为香茶与香花菜肴，可以生食，也可熟食。这是对香花制作与使用较丰富的记载。清夏曾传《随园食单补证·作料单》总结出花椒、桂皮等在烹饪中的调味功能。该文献认为花椒用处最大，是除诸气（腥、臊、膻）之物，素菜中的腌菜也宜用之。同时指出，桂皮、茴香能除牛、羊等动物肉的腥膻气，但不可多，用丁香则太烈，砂仁则太香，均不甚宜。因胡椒、丁香等香料具有去味增香、增加食欲等功能，皇宫御厨和普通家庭的饭菜里都有它们的身影。在《食经》《食谱》《中馈录》《馔史》《饮膳正要》《云林堂饮食制度集》《越乡中馈录》等各个历史时期的饮食文献中均有记载。调味香料在我国烹调史上具有重要地位。

二、香料入茶

茶中添香是对芳香植物的一种使用方式，茶叶与桂花、兰花、玫瑰、茉莉、沉香等芳香植物一起熏制或香花、香草单独冲泡，即可制成芳香可口的香茶。

据文献记载，香茶的兴盛始于宋代，当时《香谱》《香录》等香料文献中有关于香茶制作的零星记载。据宋代蔡襄《茶录·香》记载："茶有真香，而入贡者微以龙脑和膏，欲助其香。"宋代赵汝砺的《北苑别录》中也记载向皇宫进贡的大小龙团加龙脑香之事。香料文献指出用桂花冲泡的香茶，可使满屋馨香，菊花次之，"二花相为先后，可备四时之用"。此时所用的香料基本是桂花、菊花、梅花、茉莉、龙脑、麝香等芳香料。宋代以后，随着檀香、缩砂、龙脑香等异域香料的大量传入，可制为香茶的芳香原料丰富起来。

《便民图纂》《遵生八笺》《竹屿山房杂部》等明代饮食起居类文献中关于香茶的记载比较丰富。《便民图纂》（卷十四）记载了"法煎香茶""脑麝香茶""百花香茶""天香汤（茶）""缩砂汤（茶）""熟梅汤（茶）""香橙汤（茶）"的制作方法。香茶是茶叶与香料放在一起熏

清·青白玉炉瓶三事

制而成的。香汤只用芳香花草制成，其中不含茶叶。

熏制香茶的方法主要是用适量的香料与茶叶放在密封的容器中，一般窨三天以上，窨的时间越长，香味越浓。适合窨制茶叶的香料主要有具备浓厚香味的龙脑、麝香等。在缩砂汤、熟梅汤、香橙汤中，缩砂、熟梅、香橙是主要香料，还有香附子、檀香、生姜等香料作为辅料。用特定的方法配制做出的香汤，外观、口感、质量与功能都堪称一绝。《遵生八笺·燕闲清赏笺》提到的用桂花制作香汤的方法有两则，比前人直接利用香花、香草冲泡制为香茶的程序复杂，但该茶耐贮存，值得后人借鉴。

第一则是清晨将盛开带露银桂打下，捣烂为花泥，榨干水分；再按每斤桂花泥加一两甘草（碾成粉末）、十个盐梅（捣成泥）搅拌均匀，做成香饼，用瓷罐封存。需要用的时候，在“沸汤中加入适量的桂花香饼”，即成“天香汤”。甘草具有润肺的作用，加入了甘草的“天香汤”具有理气润肺的功效。现代利用青梅浆保存桂花的技术就是借鉴古人制作“天香汤”的方法。第二则是将烘干的桂花末与干姜末、甘草末拌均匀，加入少量的盐，最后将它们密封在瓷罐中，需要时在“汤水中加入适量的香末”，即成“桂花汤”。干姜具有活血的功能，所以“桂花汤”对人体具有活血理气的作用。

明代朱权在《神隐》一书的“仙家服食”写有一个沉

香汤的制作方法：“先用净瓦一片，放灶中烧微红，安平地上焙香一片，以瓶盖定，约香气尽，速倾滚汤入瓶中，密封盖。檀香、速香之类，亦以此法为之。”比现在的沉香煮水要讲究许多。

清代《养小录·饮之属》指出：凡一切有香无毒之花、草、叶都可制为香茶。顾仲将可以被制为香茶的香花、香草品种一一罗列出来，其中提到的橘叶、桂叶等三十多种香花、香叶、香草，都可以直接用开水冲泡或与茶叶熏制为香茶。同时，他指出“凡诸花及诸叶香者，俱可蒸露，入汤代茶，种种益人，入酒增味，调汁制饵，无所不宜”。茶、酒、饼等食物中都可添加用该方法提取的香露，而且调配出的食物香味纯正、稳定。当时人们利用芳香植物的方法已接近现代水平。

饮用香茶能缓解压力、帮助睡眠、提升精神、帮助消化、美容养颜、增强免疫力。长期服用能调节生理机能，对于易患感冒以及患慢性病的人，能从有效改善体质，而且绝大多数没有副作用。香茶诱人的香味与养生的功能，是其从宋明盛行至今的原因所在。

三、香料入酒

任重《焚香赋诗图》

中国古代制作香酒的方式，或是将单一香料浸入酒中，或是将多种香料按比例混合在一起浸入酒中，或是用香料制为香曲再制香酒，或是将香料与酒存在一起熏香。

历史文献记载与出土文物证明，早在四千年前的夏朝，人们已掌握酿酒技术，学会了利用芳香植物制作香酒。他们发现香酒不仅气味芳香，而且对人体有益。《尚书·说命》中提到用糵（麦芽）做成的甜酒叫醴，用秬（黑黍）和郁金香草做成的香酒叫鬯，是我国关于香酒制作的最早记载。“鬯”是商周时期用作敬神和赏赐的珍品。后来人们一直将郁金香称为“鬯草”，意为制作香酒的草，而酿酒人被称为“鬯人”。《诗经》中也有“瑟彼玉瓒，黄流在中”“釐尔圭瓒，秬鬯一卣”等关于郁金香酒的记载。可以看出商周时期人们已经学会制作香酒，当时的酿酒业已较为发达。

随着人们对芳香植物认识的提高、人工栽培芳香植物品种的增多，除了郁金香以外，桂、白芷、菖蒲、菊花、牛膝、花椒等芳香植物都逐渐被古人用来制作香酒。《楚辞·九歌》：“蕙肴蒸兮兰藉，奠桂酒兮椒浆。”《汉书·礼乐志》中更有“牲茧栗，粢盛香，尊桂酒，宾八乡”，桂酒已成为当时祭祀与款待宾客的美酒。到汉代已形成腊日饮“椒（花椒）酒”、农历九月初九饮“菊花酒”的习俗。北魏贾思勰《齐民要术》（卷八）记载的“作粱米酒法、作灵酒法、作和酒法”中，都使用到了姜辛、桂辣、荜茇等对人体有益的香料。晋张华《博物志·杂说》记载的“胡椒酒法”中，使用了具有温里活血作用的干姜与胡椒，为了使该酒品尝起来香甜可口，还特别加入了安石榴汁，张华认为这就是胡人的“荜茇酒”。

魏晋南北朝时期以后，酿酒技术又有了进一步提高，主要体现在“曲”的加工与使用方面。古人为了使酿出的酒口感更加香醇，便尝试着在酒曲中添加桑叶、苍耳、艾、茱萸等香料制作出“香曲”，使酒具有特殊的风味。值得一提的是嵇含《南方草木状·草类》中第一次提到的“草曲”的制作方法：“杵米粉杂以众草叶，冶葛汁，涤溲之，大如卵，置蓬蒿中荫蔽之，经月而成，用此合糯为酒……”这些都是中国南方特有的制曲方法，这些“草曲”是“香曲”制作的雏形。

到了宋代以后，豆蔻、阿魏、乳香等可制为香酒的香料大量传入中国，芫荽酒、茉莉酒、豆蔻酒、木香酒等香酒纷纷出现，而且开始走进普通百姓的生活。朱翼中承袭嵇含制作“草曲”的思想，开拓性地在《北山酒经》（中卷）中记载了用官桂、川椒等香料与面粉、酒药一起制作香泉曲、香桂曲、瑶泉曲、金波曲、滑台曲、豆花曲、小酒曲等“芳香酒曲”的方法。此时，制作香酒的方式不再像南北朝之前那样只是单一浸泡，出现了将香料与酒存在一起熏香的技术。明代冯梦祯的《快雪堂漫录》记载的制作“茉莉酒”的方式，采用的就是将香料与酒存放在一起熏香的方法。可以看出，此时制酒工艺已较考究。同时，利用香酒养生祛病开始盛行。人们制作并服用“苏合香酒”便是一个例子。当时宫中与民间都流行服用苏合香酒，据称该酒具有和气血、辟外邪、调五脏等功能。宋代彭乘《墨客挥犀》(卷八)载有:“王文正太尉气羸多病。真宗面赐药酒一瓶，令空腹饮之，可以和气血，辟外邪。文正饮之大觉安健，因对称谢，上曰‘此苏合香酒也’。”该酒是用酒与苏合香丸同煮制成，配比为每一斗酒加一两苏合香。因皇帝经常赐给近臣服用，并且口感与效果都较好，百姓之家也纷纷效仿制作该酒，盛极一时。明代宋诩的《竹屿山房杂部·酒制》中记载了包括菖蒲酒、希莶酒在内的十五种用单一香料制成的香酒，在该卷中还记录杏仁烧酒和长春酒两种香酒。杏仁烧酒用了包括艾、芝麻、薄荷叶、小茴香在内的近十种香料。《遵生八笺·饮馔服食笺》中记

清·奇楠香芭蕉梅花双清图雕件

宋·刘松年（传）《听琴图》

载了包括建昌红酒、五香烧酒在内的十一种香酒。同时，在“菊花酒”条下还提出“凡一切有香之花，如桂花、兰花、蔷薇，皆可仿此为之”。

现在，不少香友也在用沉香泡酒，增加酒的香气，改变酒的口感。但制作时要将沉香清理干净，选择质量上乘的白酒去泡。一般情况下，每公斤白酒浸泡的沉香不要超过十克，避免浓度过大，饮用时刺激过大，反有不适之感。另外，一定要密封保存。泡好的沉香酒散发着迷人的气味，有着独特的香韵和口感。

至于用奇楠泡酒，一般使用剖取奇楠时产生的“勾丝”。泡好的奇楠酒颜色红润油亮，口感绵软，饮用一口，奇楠香味在齿间窜动缭绕，满口生津。然奇楠香药性纯阳，单独一味泡酒，饮之易上火，需用复方，加添石斛等滋阴之物，方可饮用平衡。

四、香与家居环境

熏香可以改变环境气场，改善家居氛围，使居住其中的人产生素净、安详的感觉，从而使内心平和、舒适、愉悦。

焚香可以祛秽致洁。香烟香味可以消除房间的潮湿、杂味等不好的味道，使人神清气明。现代科学研究已经表明，沉香的烟气具有一定的杀菌消毒作用。一般居住环境每天熏香或点燃线香一两次，就会有很好的香味。沉香的气味附着性非常强，长期熏香，会改变房间的气场环境，更加适合居住。

沉香有轻度镇静的作用，焚香能够使人的心灵放松，情绪稳定，不浮躁也不压抑，可以使人更好地休息。

现代建筑设计很少考虑人与自然、人与环境的融合协调。狭窄矮小的空间、林立的水泥建筑物容易使人心理压抑、紧张、亢奋等。用香的气息去改善环境，将对人的不利因素消弭于无形。女性在经期往往陷入莫名的情绪低谷，并有明显的抑郁症状，利用香气可以改善郁闷的心情。玫瑰花与沉香、安息香、乳香、龙脑香等配合使用，可以减少兴奋冲动，改善人际关系，增加融洽和谐。

香家

彪炳史册的香学文化大家。

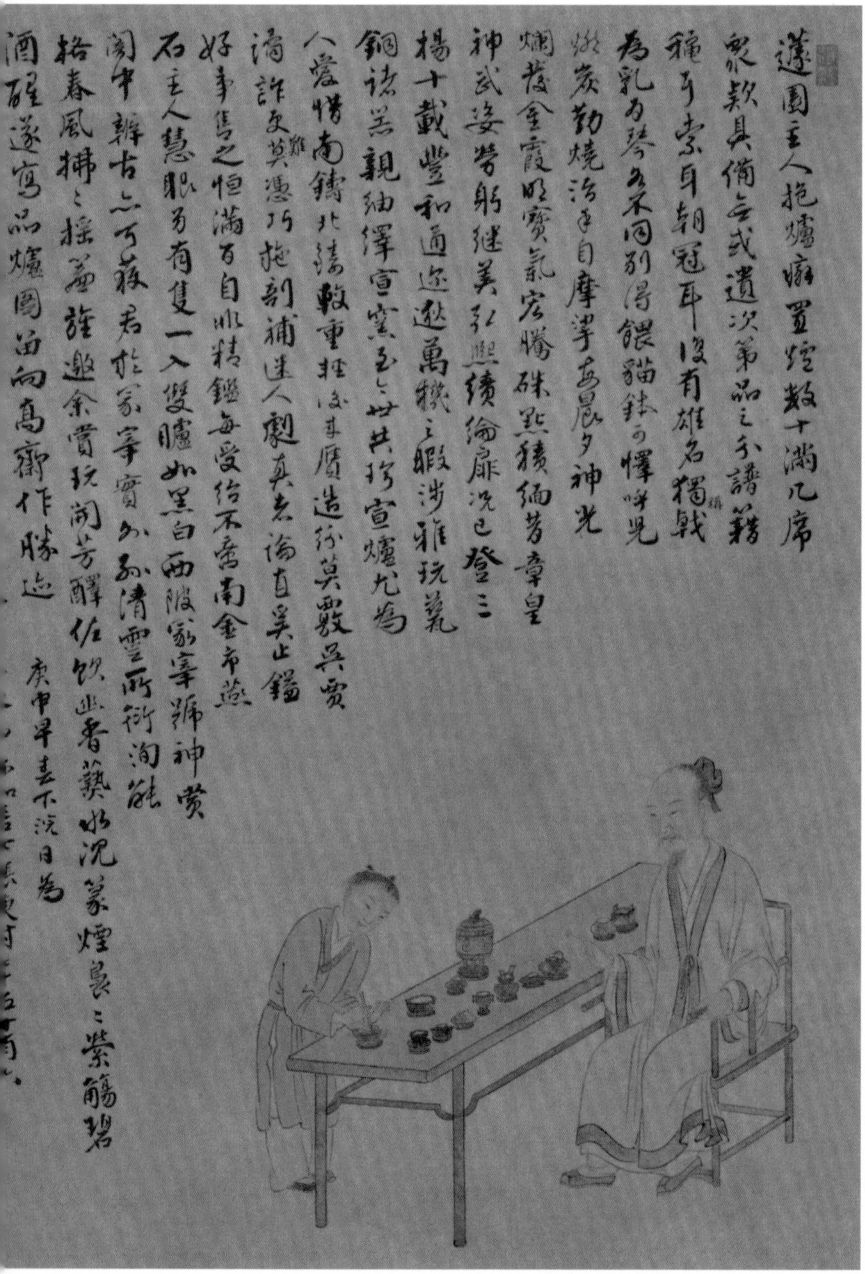

半阴未雨，洞房深、门掩清润芳晨。古鼎金炉，烟细细，飞起一缕轻云。罗绮娇春。争拢翠袖，笑语惹兰芬。歌筵初罢，最宜斗帐黄昏。楼上念远佳人。心随沉水，学兰俱焚。事与人非，争似此、些子香气常存。记得临分。罗巾余赠，尽日把浓熏。一回开看，一回肠断重闻。

曹勋《念奴娇》

丁谓

丁谓，字谓之，后更字公言。生于宋太祖乾德四年（966），卒于仁宗景祐四年（1037）。江苏吴县人。

太宗淳化三年（992）进士，真宗天禧四年（1020）担任宰相，乾兴元年（1022）封晋国公，同年七月，因袒护宦官雷允恭擅自移改宋真宗陵穴事，被仁宗罢相，贬海南崖州司户参军，在此期间撰写了《天香传》。天圣三年（1025）十二月徙雷州司户参军。天圣八年（1030）十二月徙道州司户参军。明道二年（1033）授秘书监致仕，居光州。景祐四年，卒于光州。

丁谓早年担任福建路转运使，监造北苑贡茶近五年，茶中入香使他对香料熟悉。后久值禁中，知晓宫中用香，得以见识上品香料。乾兴元年被贬海南，亲临崖香产地考察，写出《天香传》。他在这篇为沉香立传的名文中，确立了中国香学品评标准：味清、烟润、气长。对海南崖香进行了分类别级：四名十二状，四名为四个别级，即沉香、栈香、黄熟、生结。十二状是崖香的十二种形状。高度评价了海南崖香，称之为天香。盛赞崖香"掌握之有金玉之重，切磋之有犀角之劲，纵分断琐碎，而气脉滋益，用之与臭块者等"。"但文理密致，光彩明莹，斤斧之迹，一无所及。置器以验，如石投水，此宝香也，千百一而已矣。夫如是，自非一气粹和之凝结，百神祥异之含育。则何以

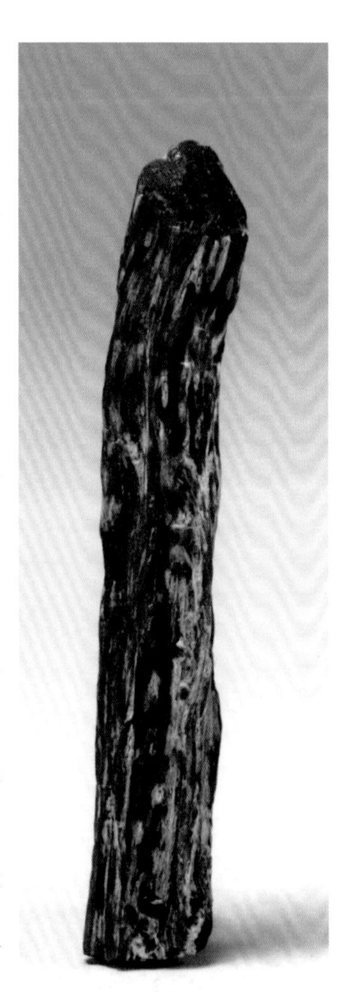

海南紫奇楠

群木之中，独秉灵气，首出庶物，得奉高天也。”爇之则“高烟杳杳，若引东溟，浓腴涓涓，如练凝漆，芳馨之气，持久益佳。”在书中还说明北宋时期广州为香料的主要贸易港口。

沈立

沈立，字立之。生于真宗景德四年（1007），卒于神宗元丰元年（1078）。安徽和县人。

仁宗天圣年间进士，历任益州判官、沧州知州、右谏议大夫、江宁府知府，提举崇善观。

他藏书丰富，自辑成《香谱》，为北宋最早之香谱。记载香事内容丰富。但其书已佚。

苏轼

苏轼，字子瞻，号东坡居士。生于仁宗景祐三年（1036），卒于徽宗建中靖国元年（1101）。四川眉山人。

仁宗嘉祐二年（1057）进士，嘉祐六年（1061）授大理评事、签书凤翔府判官。神宗时，因反对王安石变法，被外放杭州通判。神宗元丰二年（1079）因“乌台诗案”入狱，后被贬黄州。哲宗即位后升任翰林学士，后因反对旧党，以龙图阁学士身份，任杭州太守。哲宗绍圣五年（1098）被贬儋州（海南）昌化军。

明·印香盘

苏轼一生与香结缘，香气伴随着他一生不断的贬迁流徙。到海南后，他更是亲密接触崖香，对崖香有了更深刻的认识，写出了脍炙人口的《沉香山子赋》，高度赞扬了海南崖香的金坚玉润、鹤骨龙筋、膏液内足、把握兼斤。

黄庭坚

黄庭坚，字鲁直，号山谷道人。生于仁宗庆历五年（1045），卒于徽宗崇宁四年（1105）。江西修水人。

英宗治平四年（1067）进士，历任叶县县尉、国子监教授、校书郎、秘书丞、涪州别驾等。

他一生爱香成癖，咏香诗文众多，更能亲自调配香方，选择香品严格，鉴香品香水平高超。宋代的合香方一经黄庭坚欣赏，便会声名鹊起。有《黄太史四香跋文》名世。他与苏轼常常赠香为礼，诗词唱和。黄庭坚品香审美境界高超，评香跋文隽永清丽，令人回味无穷。

洪刍

洪刍，字驹父。生于英宗治平三年（1066），卒于高宗建炎二年（1128）。江西建昌人。为黄庭坚外甥，治学用香均受到其影响。

哲宗绍圣元年（1094）进士，历任黄州录事参军、推官、宣德郎、左谏议大夫。

他所著《香谱》为现存最早、保存较为完整的香谱，其中对于历代用香史料、香品、用香方法、各种合香配方均广而收之。并将香事分为香之品、香之异、香之事、香之法四大类，为其后各家香谱所依循。

颜博文

颜博文，字持约。生年不详，卒于高宗绍兴二、三年间（1132、1133）。山东陵县人。

徽宗政和八年（1118）进士，任秘书省著作郎官，因参与张邦昌立伪帝事，南渡后贬为澧州安置，绍兴二年又移贺州安置，不久即卒。

他所著《香史》的时间在徽宗政宣间。此书虽佚，但从陈敬《香谱》所辑之文仍可看到。《香史》有四项特色：一是注重熏闻之法；二是注重品香环境；三是仔细说明合香的修治合和之法；四是对古人所用香料进行了详细考证。其文虽短，然对后世影响甚大。

曾慥

曾慥，字端伯，号至游居士。生年不详，卒于高宗绍兴二十二年（1152）。福建南安人。

靖康初为仓部员外郎，因参与张邦昌立伪帝事，高宗绍兴元年（1131）罢官，秦桧当国时任湖北京西路宣抚使，绍兴二十一年（1151）知庐州，次年卒于任上。

曾慥《香谱》《香后谱》成书于高宗绍兴六年（1136）。《香谱》主要是辑沈立香谱。《香后谱》则纯为曾氏所编，删取精到，对香学史料、本朝香史亦不乏记载。所载香方多以君臣佐使配伍为则，颇多讲究。

明·铜鎏金宝鸭香熏

叶廷珪

叶廷珪，字嗣忠，号翠岩。生卒年不详。福建瓯宁人。

徽宗政和五年（1115）进士，历任德兴知县、福清知县、太常寺丞、兵部郎中，高宗绍兴十九年（1149）知泉州军州事兼市舶司。

他管理泉州市舶司期间，征收蕃香税银，榷卖香药，从蕃商访探香料贸易实务，写下了专论南蕃诸香的《南蕃香录》一书，记录了海外香料与贸易之事。此书广为宋人引用，成为记录地方与海外贸易和物产的范例，具有很高的史料价值。

赵汝适

赵汝适，字时可。生于孝宗乾道六年（1170），卒于理宗绍定四年（1231）。浙江台州人。

光宗绍熙元年（1190），以祖泽补将仕郎，历任从政郎、文林郎、绍兴府观察判官、武义知县、临安府通判、朝请郎。宁宗嘉定十七年（1224）任福建路市舶司提举。

宝庆元年（1225），赵汝适的《诸蕃志》完成。该书的下卷《志物》记录了输往泉州港的主要商品四十七种，兼论海南各地物产，详细记录了香材的产地、性状、制作和用途。具有较高的史料价值。

范成大

范成大，字至能，号石湖居士。生于徽宗靖康元年（1126），卒于光宗绍熙四年（1193）。江苏吴县人。

绍兴二十四年（1154）进士，乾道六年（1170）出使金国，乾道八年知静江府兼广西经略安抚使，管理南方诸蛮。后历任成都、建康等地行政长官。淳熙时，官至参知政事。后因与孝宗意见相左去职，晚年隐居故乡石湖。卒谥文穆。

他《桂海虞衡志》专设《志香》一篇，记载国内各地及交趾所产之香。他高度评价海南崖香“大抵海南香气皆清淑，如莲花、梅英、鹅梨、蜜脾之类。焚一博投许，芬翳弥室，翻之四面悉香，至煤烬气不焦，此海南香之辨也”。对崖香认识到位，品评准确。

周去非

周去非，字直夫。生于高宗绍兴四年（1134），卒于孝宗淳熙十六年（1189）。浙江温州人。

孝宗隆兴元年（1163）进士，历任静江府县尉、州学教授、通判等职。

淳熙五年（1178）周去非著《岭外代答》一书，记两广的物产风俗。其中《香门》专篇记录香品七条十一种。但多从范成大《志香》文字，亦补充其所记，对宋时香品产地及特性提供了翔实的资料。

陈敬

陈敬，字子中。宋末元初人，生卒年不详。河南洛阳人。

所著《陈氏香谱》为其子陈浩卿刊刻完成。该谱记载了古今香品、香异、诸家修制，印篆、凝和、佩熏、涂傅等香，饼、煤、器、珠、药、茶，莫不网罗搜讨，一一具载。是宋末元初集大成式的香学著作。

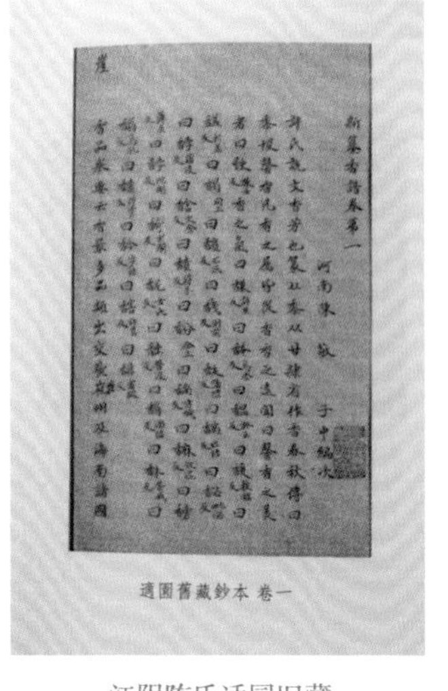
新纂香譜卷第一
河南陳 敬 子中編次
適園舊藏鈔本 卷一

江阴陈氏适园旧藏《新纂香谱》抄本

朱权

朱权，号臞仙、涵虚子、壶天隐人、丹丘先生、玄州道人、妙道真君、遐龄老人等。生于明洪武十一年（1378），卒于明英宗正统十三年（1448）。

清·竹雕香盒

朱权为明太祖朱元璋第十七子，洪武二十四年（1391）册封藩王，逾二年就藩大宁（今内蒙古赤峰），封号宁王。曾带兵八万，威镇北荒，屡建功业。朱元璋死后，皇孙朱允炆继位，朝臣谋削诸藩势力。燕王朱棣起兵发难，朱权被挟裹其中，以一句“事成当中分天下”为诱饵，夺其军队，将朱权罗入燕军，“时时为燕王草檄”。朱棣称帝后背信弃诺，把朱权改封于南昌。退出政治漩涡，转而讲述黄老，慕仙于道，莳花艺竹，鼓琴读书，不但保全身家性命，更重要的是以自己的才华和精力，在文化艺术领域开辟了一个辉煌的王国。他的一生对传统文化多有研究，编纂的著作多达一百三十七种，内容涉及历史、文学、艺术、戏剧、医学、农学、宗教、兵法、历算、杂艺等方面。在香学、茶学、古琴、养生等方面造诣颇深。

朱权的《焚香七要》从香炉、香盒、炉灰、炭团、隔火砂片、炉灰的保养、匙箸七个方面，对器具的选用、香灰炭团的制作养护，尤其是对隔火熏香之法进行了详细论述，文章短小精到，显示出他高超的用香水平。其内容多为明中晚期诸家论香时所引用，对后世文人香事产生了重大影响。同时，对日本“香道”的发展和规范也起到了重要作用。被日本香道界奉为早期香道经典的《香志》，其书内容大都摘自高濂《遵生八笺》之“焚香七要”，而高濂是引用朱权的“焚香七要”之内容的。

周嘉胄

周嘉胄，字江左，生于明万历十年（1582），约清顺治十五年到十八年（1658—1661）间卒。今江苏扬州人。

他是明末清初名士，著名收藏家，擅长字画装裱。另著有《装潢志》。他的《香乘》一书的编写历经二十多年时间，是中国古代内容最为丰富的一部香学专著，汇集了香史、香料、香具、香方、香文、香典、香异等内容。《四库全书提要》称它："大凡香中名品、典故、史实及修合、鉴赏诸法，无不旁征博引，一一载其始末。"《香乘》是有史以来搜罗资料最为全面、篇帙最为繁多的香学著作。

高濂

高濂，字深甫，亦作深父，号瑞南道人、湖上桃花鱼，约出生于嘉靖六年（1527），卒于万历三十一年（1603）。钱塘（今杭州）人。

仕历不详，约在万历年间担任鸿胪寺官员。晚年归乡，居杭州终老。

他工诗文，通医理，精于音律。家富藏书，室名雅尚斋。著有诗文集《雅尚斋诗草》，剧本《玉簪记》《节孝记》等。杂著《遵生八笺》深受世人好评。其中"燕闲清赏笺"专设《论香》一篇，集中收录了香料、香方、香具等数十则。

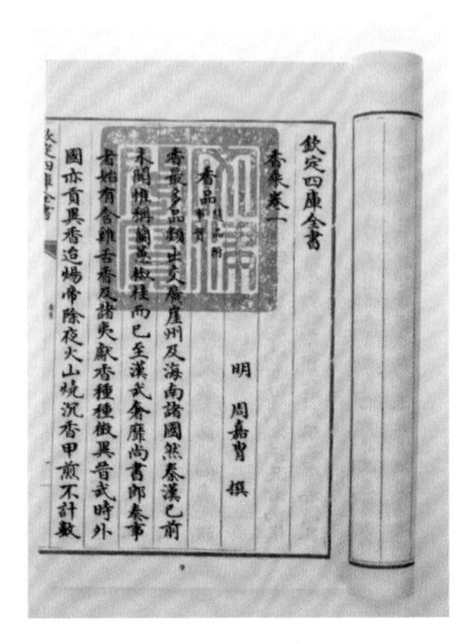
欽定四庫全書
香乘卷一
香品
明 周嘉胄 撰
香最多品類出交廣崖州及海南諸國然秦漢已前
未聞惟稱蘭蕙椒桂而已至漢武奢靡尚書郎奏事
者始有含雞舌香及諸夷獻香種種徵異晉武時外
國亦貢異香迨煬帝除夜火山燒沉香甲煎不計數

清·《四库全书·香乘》

屠隆

屠隆，字长卿，又字纬真，号赤水、冥廖子、蓬莱仙客等。生于明嘉靖二十二年（1543），卒于万历三十三年（1605）。浙江鄞县人。

万历五年（1577）进士，历任颍上、青浦知县，礼部主事。万历十二年（1584）为人攻讦去官，放浪山水，诗书自娱。

他著有诗文集《白榆记》《由拳记》等，杂著《婆罗馆清言》《考槃余事》。《考槃余事》共四卷，收录书画碑帖、文房器具、茶、香、起居服饰、游具、盆玩等十七类，囊括了明代文人日常生活的各个方面。该书卷三有“香笺”一篇，专论香料、香具、用香之法，颇有独到之处。

文震亨

文震亨，字启美，生于万历十三年（1585），卒于清顺治二年（1645），长洲（今苏州）人。为著名画家文徵明曾孙。

崇祯初年任中书舍人，给事武英殿。明亡后一度入仕南明，顺治二年绝粒而死。

文震亨继承家学，能书善画，兼善古琴。著作有《金门集》《文生小草》《香草诗选》等，杂著有《长物志》。《长物志》为著名生活美学专著，十二卷，每卷一志，涉及优雅生活的方方面面。卷十二“香茗”一篇与卷七“器具”一篇专门论及了香料、香具及用香之法。

吴从先

吴从先，字宁野，号小窗，生卒年不详，大约生活在嘉靖到崇祯年间（1566—1644）。常州人。

他喜游历，好读书，与陈继儒、焦竑等交游。著有《小窗自纪》四卷、《小窗艳纪》十四卷、《小窗清纪》五卷、《小窗别纪》四卷，合称“吴氏四纪”。又撰《香本纪》一卷。此书收录香品、香事五十则，也记载了不见于其他香学专著资料。

毛晋

毛晋，本名毛凤苞，字子九，后改名毛晋，字子晋，号潜在，又号隐湖、汲古阁主人等。生于明万历二十七年（1599），卒于清顺治十六年（1659）。常熟人。

他屡考未中，转以读书、校书、藏书、刻书为毕生事业。是明朝最著名的藏书家兼刻书家。著作有《毛诗名物考》《隐湖题跋》《汲古阁书跋》《虞乡杂记》等二十余种。其《香国》二卷，收录香料香事一百零五则，大都注明出处。

董说

董说，生于明泰昌元年（1620），卒于清康熙二十五年（1686），字若雨，号西庵，浙江湖州人。

他为复社成员。明亡后削发为僧，法号南潜。精通经学，善草书，能作诗。著有奇幻小说《西游补》。

其所著《非烟香法》共分六篇：非烟香记、博山炉变、众香评、香医、众香变、非烟铢两。董说认为，焚香燥气太大，烟熏火燎，过于粗俗。而蒸香之法则无燥气，香气清新凉爽，暗合阴阳，有助人蕴藏元气，可助人证圣人之学，宜大力提倡。

檀萃

檀萃，生于清雍正三年（1725）。字岂田，号默斋，晚号废翁，白石山人。卒于清嘉庆六年（1801）。安徽望江人。

他是乾隆二十六年（1761）进士，历任贵州清溪知县、云南禄劝知县。

曾掌教云南育才书院、万春书院。著有《楚庭稗珠录》《滇南草堂诗话》《滇海虞衡志》等。《滇海虞衡志》仿范成大《桂海虞衡志》体例，设《志香》一卷。与范著多得自亲见亲闻不同，檀著多录历代典籍；间有考证文字，纠范著之讹。

香典

铸造中国香学文化的辉煌篇章。

量之意鼻孔繞二十五有求覓增上必以此香為可
何况酒欵玄參茗熬紫檀鼻端以濡然乎且是得無
主意者觀此香其處處穿透亦必為可耳

深靜

海南沈水香二兩羊脛炭四兩沈水剉如小博骰入白
蜜五兩水解其膠重湯慢火煮半日浴以温水同炭杵
擣為末馬尾羅篩下之以煑蜜為劑窨四十九日出之
婆律膏三錢麝一錢以安息香一分和作餅子以磁盒

112

貯之
荆州歐陽元老為予製此香而以一斤許贈別元老
者其從師也能受匠石之斤其為吏也不剉庖丁之
刃天下可人也此香恬澹寂寞非其所尚時下帷一
炷如見其人

小宗香

海南沈水一兩剉棧香半兩剉紫檀二兩半生半用銀
石器炒令紫色三物俱令如鋸屑蘇合油二錢製甲香

113

清·《四库全书·香乘》

余好睡嗜香，性习成癖，有生之乐在兹。遁世之情弥笃，每谓霜里佩黄金者，不贵于枕上黑甜；马首拥红尘者，不乐于炉中碧篆。香之为用，大矣哉。通天集灵，祀先供圣，礼佛籍以导诚，祈仙因之升举，至返魂祛疫，辟邪飞气，功可回天，殊珍异物，累累征奇，岂惟幽窗破寂，绣阁助欢已耶！

周嘉胄《香乘》自序（节选）

《和香方序》

（南朝·宋）范晔

麝本多忌，过分必害；沈实易和，盈斤无伤；零藿虚燥，詹唐黏湿。甘松、苏合、安息、郁金、㮈多、和罗之属，并被珍于外国，无取于中土。又枣膏昏钝，甲煎浅俗，非唯无助于馨烈，乃当弥增于尤疾也。

《沈立香谱》节选

（宋）沈立

乳香

乳香寻常用指甲灯草糯米之类同研，及水浸钵研之皆费力。惟纸裹置壁隙中，良久，取研即粉碎矣。又法，于乳钵下着水轻研，自然成末或于火上纸裹略烘。

麝香

研麝香，须著少许水，自然细不必罗也。入香不宜用多，及供佛神者去之。

檀香

须拣真者，锉如米粒许，慢火爁令烟出紫色断腥气即止。每紫檀一斤薄作片子，好酒二升以慢火煮干略爁。檀香劈作小片，腊茶清浸一宿，控出焙干以蜜酒同拌令匀，再浸一宿慢火炙干。

檀香细锉，水一升、白蜜半斤同入锅内煮五七十沸，焙干。

檀香砍作薄片子，入蜜拌之净器炒。如干，旋旋入蜜，不住手搅动，勿令炒焦，以黑褐色为度。

天香传

（宋）丁谓

香之为用从上古矣。所以奉神明，可以达蠲洁。三代禋享，首惟馨之荐，而沉水、熏陆无闻焉。百家传记萃众芳之美，而萧芗郁鬯不尊焉。

《礼》云："至敬不享味贵气臭也。"是知其用至重，采制粗略，其名实繁而品类丛脞矣。观乎上古帝王之书，释道经典之说，则记录绵远，赞颂严重，色目至众，法度殊绝。

西方圣人曰："大小世界，上下内外，种种诸香。"又曰："千万种和香，若香、若丸、若末，若涂以香花、香果、香树天合和之香。"又曰："天上诸天之香，又佛土国名众香，其香比于十方人天之香，最为第一。"

《道书》曰："上圣焚百宝香，天真皇人焚千和香，黄帝以沉榆、蓂荚为香。"又曰："真仙所焚之香，皆闻百里，有积烟成云、积云成雨，然则与人间共所贵者，沉香、熏陆也。”故经云：“沉香坚株。”又曰：沉水香，坚降真之夕，傍尊位而捧炉香者，烟高丈余，其色正红。得非天上诸天之香耶？

《三皇宝斋》香珠法，其法杂而末之，色色至细，然后丛聚杵之三万，缄以银器，载蒸载和，豆分而丸之，珠贯而曝之，旦曰：“此香焚之，上彻诸天。”盖以沉香为宗，熏陆副之也。是知古圣钦崇之至厚，所以备物实妙之无极，谓变世寅奉香火之荐，鲜有废者，然萧茅之类，随其所备，不足观也。

祥符初，奉诏充天书状持使，道场科醮无虚日，永昼达夕，宝香不绝，乘舆肃谒则五上为礼（真宗每至玉皇真圣、圣祖位前，皆五上香）。馥烈之异，非世所闻，大约以沉香、乳香为本，龙脑和剂之，此法实禀之圣祖，中禁少知者，况外司耶？八年掌国计而镇旄钺，四领枢轴，俸给颁赉随日而隆。故苾芬之著，特与昔异。袭庆奉祀日，赐供内乳香一百二十斤，（入内副都知张继能为使）。在宫观密赐新香，动以百数（沉、乳、降真黄香），由是私门之内沉乳足用。

有唐杂记言，明皇时异人云：“醮席中，每爇乳香，灵祇皆去。”人至于今传之。真宗时新禀圣训：“沉、乳二香，所以奉高天上圣，百灵不敢当也，无他言。”上圣即政之六月，授诏罢相，分务西雒，寻迁海南。忧患之中，一无尘

清·青玉莲蓬式香插

虑，越惟永昼晴天，长霄垂象，炉香之趣，益增其勤。

素闻海南出香至多，始命市之于闾里间，十无一有假，板官裴鹗者，唐宰相晋公中令之裔孙也，土地所宜悉究本末，且曰："琼管之地，黎母山酋之，四部境域，皆枕山麓，香多出此山，甲于天下。然取之有时，售之有主，盖黎人皆力耕治业，不以采香专利。闽越海贾，惟以余杭船即香市，每岁冬季，黎峒待此船至，方入山寻采，州人役而贾贩，尽归船商，故非时不有也。"

香之类有四：曰沉、曰栈、曰生结、曰黄熟。其为状也，十有二，沉香得其八焉。曰乌文格，土人以木之格，其沉香如乌文木之色而泽，更取其坚格，是美之至也；曰黄蜡，其表如蜡，少刮削之，黳紫相半，乌文格之次也；曰牛目与角及蹄，曰雉头、洎髀、若骨此，沉香之状。土人则曰：牛目、牛角、牛蹄、鸡头、鸡腿、鸡骨。曰昆仑梅格，栈香也，此梅树也，黄黑相半而稍坚，土人以此比栈香也。曰虫镂，凡曰虫镂其香尤佳，盖香兼黄熟，虫蛀及蛇攻，腐朽尽去，菁英独存香也。曰伞竹格，黄熟香也。如竹色、黄白而带黑，有似栈也。曰茅叶，有似茅叶至轻，有入水而沉者，得沉香之余气也，然之至佳，土人以其非坚实，抑之为黄熟也。曰鹧鸪斑，色驳杂如鹧鸪羽也，生结香者，栈香未成沉者有之，黄熟未成栈者有之。

凡四名十二状，皆出一本，树体如白杨、叶如冬青而小肤表也，标末也，质轻而散，理疏以粗，曰黄熟。黄熟之中，黑色坚劲者，曰栈香，栈香之名相传甚远，即未知其旨，惟沉水为状也，骨肉颖脱，芒角锐利，无大小、无厚薄，掌握之有金玉之重，切磋之有犀角之劲，纵分断琐碎而气脉滋益。用之与臬块者等。鹗云：香不欲大，围尺以上虑有水病，若斤以上者，中含两孔以下，浮水即不沉矣。又曰，或有附于柏枘，隐于曲枝，蛰藏深根，或抱真木本，或挺然结实，混然成形。嵌如穴谷，屹若归云，如矫首龙，如峨冠凤，如麟植趾，如鸿餟翮，如曲肱，如骈指。但文彩致密，光彩射人，斤斧之迹，一无所及，置器以验，如石投水，此宝香也，千百一而已矣。夫如是，自非一气粹和之凝结，百神祥异之含育，则何以群木之中，独禀灵气，首出庶物，得奉高天也？

占城所产栈沉至多，彼方贸迁，或入番禺，或入大食。贵重沉栈香与黄金同价。乡耆云：比岁有大食番舶，为飓所逆，寓此属邑，首领以富有，自大肆筵设席，极其夸诧。州人私相顾曰：以赀较胜，诚不敌矣，然视其炉烟蓊郁不举、干而轻、瘠而焦，非妙也。遂以海北岸者，即席而焚之，其烟杳杳，若引东溟，浓腴湒湒，如练凝漆，芳馨之气，持久益佳。大舶之徒，由是披靡。

生结香者，取不候其成，非自然者也。生结沉香，与栈香等。生结栈香，品与黄熟等。生结黄熟，品之下也。

色泽浮虚，而肌质散缓，然之辛烈少和气，久则溃败，速用之即佳，若沉栈成香则永无朽腐矣。

雷、化、高、窦亦中国出香之地，比海南者，优劣不侔甚矣。既所禀不同，而售者多，故取者速也。是黄熟不待其成栈，栈不待其成沉，盖取利者，戕贼之也。非如琼管皆深峒，黎人非时不妄翦伐，故树无夭折之患，得必皆异香。曰熟香、曰脱落香，皆是自然成者。余杭市香之家，有万斤黄熟者，得真栈百斤则为稀矣；百斤真栈，得上等沉香数十斤，亦为难矣。

熏陆、乳香长大而明莹者，出大食国。彼国香树连山野路，如桃胶松脂委于石地，聚而敛之，若京坻香山，多石而少雨，载询番舶则云：昨过乳香山，彼人云，此山不雨已三十年矣。香中带石末者，非滥伪也，地无土也。然则此树若生于涂泥，则无香不得为香矣。天地植物其有旨乎？

赞曰：百昌之首，备物之先，于以相禋，于以告虔，熟歆至荐，熟享芳焰，上圣之圣，高天之天。

沉香山子赋

（宋）苏轼

古者以芸为香，以兰为芬，以郁鬯为裸，以脂萧为焚，以椒为涂，以蕙为薰。杜衡带屈，菖蒲荐文。麝多忌而本膻，苏合若芗而实荤。嗟吾知之几何，为六入之所分。方根尘之起灭，常颠倒其天君。每求似于仿佛，或鼻劳而妄闻。独沉水为近正，可以配薝卜而并云。

矧儋崖之异产，实超然而不群。既金坚而玉润，亦鹤骨而龙筋。惟膏液之内足，故把握而兼斤。顾占城之枯朽，宜爨釜而燎蚊。宛彼小山，巉然可欣。如太华之倚天，象小孤之插云。往寿子之生朝，以写我之老勤。子方面壁以终日，岂亦归田而自耘。幸置此于几席，养幽芳于帨帉。无一往之发烈，有无穷之氤氲。盖非独以饮东坡之寿，亦所以食黎人之芹也。

清·铜胎掐丝珐琅香熏

和子瞻沉香山子赋并序

（宋）苏辙

仲春中休，子由于是始生。东坡老人居于海南，以沉水香山遗之，示之以赋，曰："以为子寿。"乃和而复之，其词曰：

我生斯晨，阅岁六十。天凿六窦，俾以出入。有神居之，漠然静一。六为之媒，聘以六物。纷然驰走，不守其宅。光宠所眩，忧患所迮。少壮一往，齿摇发脱。失足陨坠，南海之北。苦极而悟，弹指太息。万法尽空，何有得失。色声横骛，香味并集。我初不受，将尔谁贼。收视内观，燕坐终日。维海彼岸，香木爰植。山高谷深，百围千

辽·莲花宝子柄炉

尺。风雨摧毙，涂潦啮蚀。肤革烂坏，存者骨骼。巉然孤峰，秀出岩冗。如石斯重，如蜡斯泽。焚之一铢，香盖通国。王公所售，不顾金帛。我方躬耕，日耦沮溺。鼻不求养，兰茝弃掷。越人髡裸，章甫奚适。东坡调我，宁不我悉。久而自笑，吾得道迹。声闻在定，雷鼓皆隔。岂不自保，而佛是斥。妄真虽二，本实同出。得真而喜，操妄而栗。叩门尔耳，未入其室。妄中有真，非二非一。无明所尘，则真如窟。古之至人，衣草饭麦。人天来供，金玉山积。我初无心，不求不索。虚心而已，何废实腹。弱志而已，何废强骨。毋令东坡，闻我而咄。奉持香山，稽首仙释。永与东坡，俱证道术。

黄太史四香跋文

（宋）黄庭坚

意合香跋文

贾天锡宣事作意合香，清丽闲远，自然有富贵气，觉诸人家合香殊寒乞。天锡屡惠赐此香，惟要作诗。因以“兵卫森画戟燕寝凝清香”韵作十小诗赠之，犹恨诗语未工，未称此香耳。然余甚宝此香，未尝妄以与人。城西张仲谋为我作寒计，惠骐骥院马通薪二百，因以香二十饼报之。或笑曰：不为公诗为地耶？应之曰：诗或能为人作祟，岂若马通薪使冰雪之辰，铃下马走皆有挟纩之温耶！学诗三十年，今乃大觉，然见事亦太晚也。

意可香跋文

山谷道人得之于东溪老，东溪老得之于历阳公，历阳公多方，不知其所自也。始名“宜爱”。或云，此江南宫中香，有美人曰“宜娘”，甚爱此香，故名“宜爱”。不知其在中主、后主时耶？山谷曰，香殊不凡，而名乃有脂粉气，故易名“意可”。东溪诘所以名。山谷曰，使众生业力无度量之意，鼻孔才二十五，有求觅增上，必以此香为可。何况酒炊玄参，茗熬紫檀，鼻端已濡然乎！直是，得无生意者。观此香，莫处处穿透，亦必以为可耳。

深静香跋文

荆州欧阳元老为余制此香，而以一斤许赠别。元老者，其从师也，能受匠石之斤；其为吏也，不锉庖丁之刃，天下可人也。此香恬澹寂寞，非世所尚，时时下帷一炷，如见其人。

小宗香跋文

南阳宗少文嘉遁江湖之间，援琴作金石弄，远山皆与之同声，其文献足以配古人。孙茂深亦有祖风，当时贵人欲与之游，不得，乃使陆探微画像挂壁观之。闻茂深闭阁焚香，作此香馈之。时谓少文大宗，茂深小宗，故传小宗香云。

韩魏公浓梅香跋文

（宋）黄庭坚

余与洪上座同宿潭之碧湘门外舟中，衡岳花光仲仁寄墨梅二幅，扣舟而至，聚观于灯下。余曰：只欠香耳。洪笑，发古董囊取一炷焚之，如嫩寒清晓，行孤山篱落间。怪而问其所得，云：东坡得于韩忠献家，知余有香癖而不相授，岂小谴？其后驹父集古今香方，自谓无以过此，余以其名未显，易之为还魂梅云。

洪氏香谱

（宋）洪刍

《书》称至治馨香，明德惟馨。反是则曰：腥闻在上，《传》以芝兰之室、鲍鱼之肆，为善恶之辨。《离骚》以兰蕙杜蘅为君子，粪壤肃艾为小人。君子，澡雪其身心，熏祓以道义，有无穷之闻。余之谱香亦是意云。

熏香

凡欲熏衣，置热汤于笼下，衣覆其上使之沾润，取去则以炉香。熏毕，叠衣入笥箧，隔宿衣之余香，数日不歇。

颜氏香史序

（宋）颜博文

焚香之法不见于三代，汉唐衣冠之儒稍用之。然返魂飞气出于道家，旃檀伽罗盛于缁庐。名之奇者，则有燕尾、鸡舌、龙涎、凤脑；品之异者，则有红蓝、赤檀、白茅、青桂。其贵重则有水沉、雄麝；其幽远则有石叶、木蜜。百濯之珍、罽宾月支之贵，泛泛如喷珠雾，不可胜计。然多出于尚怪之士，未可皆信其有无。彼欲刬凡剔俗，其合和窨造自有佳处，惟深得三昧者乃尽其妙。因采古今熏修之法厘为六篇，以其叙香之行事，故曰《香史》。不徒为熏洁也，五脏惟脾喜香以养，鼻通神明而去尤疾焉。然黄冠缁衣之师，久习灵坛之供；锦鞲纨绔之子，少耽洞房之乐。观是书也，不为无补。云龛居士序

窨香

香非一体，湿者易和，燥者难调，轻软者然速，重实者化迟，以火炼结之则走泄其气。故必用净器拭极干，贮窨令蜜，掘地藏之。则香性相入，不复离群。新和香必须入窨，贵其燥湿得宜也。每约香多少贮以不津瓷器，蜡纸封于静室中，掘地窞深三五寸，瘗月余逐旋取出，其尤香奇酕也。

焚香

焚香必于深房曲室，矮卓置炉与人膝平，火上设银叶或云母，制如盘形，以之衬香。香火，自然舒慢，无烟燥气。

捣香

香不用罗量，其精粗捣之使匀。太细则烟不永，太粗

则气不和。若水麝、婆律须别器研之。

收香

水麝忌暑，婆律忌湿，尤宜获持。香虽多须置之一器，贵时得开阖，可以诊视。

桂海虞衡志·志香

（宋）范成大

南方火行，其气炎上，药物所赋，皆味辛而嗅香，如沉笺之属，世专谓之香者，又美之所钟也。世皆云二广出香，然广东香乃自舶上来，广右香产海北者，亦凡品。惟海南最胜，人士未尝落南者，未必尽知，故著其说。

沉水香，上品出海南黎峒，一名土沉香。少大块。其次如茧栗角，如附子，如芝菌，如茅竹叶者佳。至轻薄如纸者，入水亦沉，香之节因久蛰土中，滋液下流，结而为香。采时，香面悉在下，其背带木性者乃出土上。环岛四郡界皆有之，悉冠诸蕃所出，又以出万安者为最胜。说者谓：万安山在岛正东，钟朝阳之气，香尤蕴藉丰美。大抵海南香，气皆清淑，如莲花、梅英、鹅梨、蜜脾之类。焚一博投许，氛翳弥室，翻之，四面悉香。至煤烬气不焦，此海南香之辨也。北人多不甚识，盖海上亦自难得。省民以牛博之于众黎，一牛博香一担，归自差择，得沉水十不一二。中州人士但用广州舶上占城真腊等香，近年又贵丁

唐·法门寺出土鎏金錾花香宝子

流眉来者，余试之，乃不及海南中下品。舶香往往腥烈，不甚腥者，意味又短，带木性尾烟必焦。其出海北者，生交趾及交人得之海外蕃舶，而聚于钦州，谓之钦香。质重实，多大块，气尤酷烈，不复风味，惟可入药，南人贱之。

蓬莱香，亦出海南，即沉水香结未成者。多成片，如小笠及大菌之状，有径一二尺者，极坚实，色状皆似沉香，惟入水则浮，刳去其背带朮处，亦多沉水。

鹧鸪斑香，亦得之于海南。沉水、蓬莱及绝好笺香中，槎牙轻松，色褐黑而有白斑点，点如鹧鸪臆上毛，气尤清婉似莲花。

笺香，出海南，香如胃皮、栗蓬及渔蓑状，盖修治时雕镂费工。去木留香，棘刺森然，香之精钟于刺端，芳气与他处笺香迥别。出海北者，聚于钦州，品极凡，与广东舶上生熟速结等香相埒。海南笺香之下，又有重漏生结等香，皆下色。

光香，与笺香同品第，出海北及交趾，亦聚于钦州。多大块，如山石枯槎，气粗烈如焚松桧，曾不能与海南笺香比。南人常以供日用及常程祭享。

沉香，出交趾。以诸香草合和蜜，调如熏衣香，其气温磨，自有一种意味，然微昏钝。

香珠，出交趾。以泥香捏成小巴豆状，琉璃珠间之彩丝贯之，作道人数珠，入省地卖，南中妇人好带之。

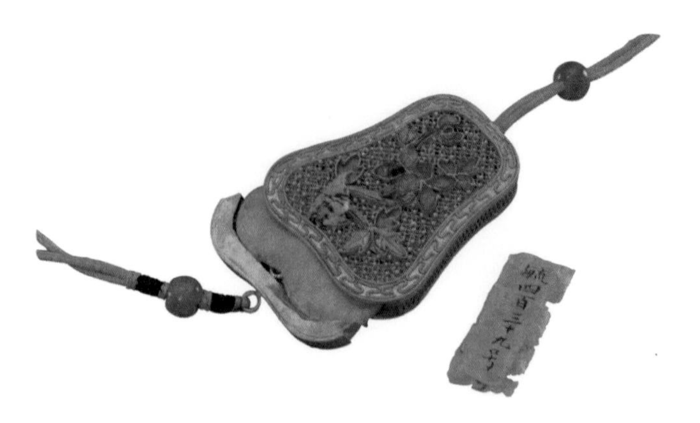

清·金镂花嵌松石翠片香囊

思劳香，出日南。如乳香历青黄褐色，气如枫香，交趾人用以合和诸香。

排草，出日南。状如白茅香，芬烈如麝香，亦用以合香，诸草香无及之者。

槟榔苔，出西南海岛。生槟榔木上，如松身之艾蒳，单爇极臭。交趾人用以合泥香，则能成温馨之气，功用如甲香。

橄榄香，橄榄木脂也，状如黑胶饴。江东人取黄连木及枫木脂以为榄香，盖其类出于橄榄。故独有清烈出尘之意，品格在黄连枫香之上。桂林东江有此果，居人采香卖之。不能多得，以纯脂不杂木皮者为佳。

零陵香，宜融等州多有之。土人编以为席荐坐褥，性暖宜人。零陵今永州，实无此香。

岭外代答·香门

（宋）周去非

沉水香

沉香来自诸蕃国者，真腊为上，占城次之。真腊种类固多，以登流眉（案范成大《桂海虞衡志》作丁流眉，《宋史》作登流眉）所产香，气味馨郁，胜于诸蕃。若三佛齐等国所产，则为下岸香矣，以婆罗蛮香为差胜。下岸香味皆腥烈，不甚贵重。沉水者，但可入药饵。交趾与占城邻境，凡交趾沉香至钦，皆占城也。海南黎母山峒中，亦名土沉香，少大块，有如茧栗角，如附子，如芝菌，如茅竹叶者，皆佳。至轻薄如纸者，入水亦沉。万安军在岛正东，钟朝阳之气，香尤酝藉清远，如莲花、梅英之类，焚一铢许，氛翳弥室。翻之四面悉香，至煤烬，气不焦，此海南香之辨也。海南自难得，省民以一牛于黎峒博香一担，归自差择，得沉水十不一二。顷时香价与白金等，故客不贩，而宦游者亦不能多买。中州但用广州舶上蕃香耳。唯登流眉者，可相颉颃。山谷《香方》率用海南沉香，盖识之耳。若夫千百年之枯株中，如石如杵，如拳如肘，如奇禽龟蛇，如云气人物，焚之一铢，香满半里，不在此类矣。

蓬莱香

蓬莱香，出海南，即沉水香结未成者。多成片如小笠及大菌之状，极坚实，状类沉香。惟入水则浮，气稍轻清，价亚沉香。剖去其背带木者，亦多沉水。

鹧鸪斑香

鹧鸪斑香，亦出海南。蓬莱、好笺香中，槎牙轻松，色褐黑而有白斑点点，如鹧鸪臆上毛，气尤清婉。

笺香

笺香，出海南者如猬皮、渔蓑之状，盖出诸修治。香之精，钟于刺端。大抵以斧斫以为坎，使膏液凝沍于痕中，膏液垂而下结，巉岩如攒针者，海南之笺香也；膏液涌而上结，平阔如盘盂者，蓬莱笺也。其侧结者必薄，名曰蟹壳香。广东舶上生、熟、速、结等香，当在海南笺香之下。

众香

光香，出海北及交趾，与笺香同，多聚于钦州。大块如山石枯槎，气粗烈如焚松桧。桂林供佛、宾筵多用之。

沉香，出交趾。以诸香草合和蜜调，如熏衣香。其气温馨，然微昏钝。

排草香，出日南。状如白茅香，芬烈如麝香，亦用以合香，诸草香无及之者。

橄榄香，出广州及北海。橄榄木节结成，状如黑胶饴，独有清烈出尘之意，品在黄连、枫香之上。桂林东江有此，居人采香卖之，不能多得，以纯脂不杂木皮者为佳。钦香，味犹浅薄。其木，叶如冬青而差圆，皮如楮皮而差厚，花黄而小，子青而黑。人以斧斩木为坎，膏凝于痕，遂采以为香。香之为香，良苦哉！

零陵香

零陵香，出瑶洞及静江、融州、象州。凡深山木阴沮洳之地，皆可种也。逐节断之，而栽（案《说文》："𢦏，伤也。从戈，才声，祖才切。"）其节，随手生矣。春暮开花结子即可割，熏以烟火而阴干之。商人贩之，好事者以为座褥卧荐。相传言在岭南不香，出岭则香。谓之零陵香

清·剔红香几炉瓶三事

者，静江旧属零陵郡也。

蕃栀子

蕃栀子，出大食国。佛书所谓薝葡花是也。海蕃干之，如染家之红花也。今广州龙涎所以能香者，以用蕃栀故也。又深广有白花，全似栀子花而五出，人云亦自西竺来，亦名薝葡。此说恐非是。

龙涎

大食西海多龙，枕石一睡，涎沫浮水，积而能坚。鲛人采之，以为至宝。新者色白，稍久则紫，甚久则黑。因至番禺尝见之，不熏不莸，似浮石而轻也。人云龙涎有异香，或云龙涎气腥，能发众香，皆非也。龙涎于香，本无损益，但能聚烟耳。和香而用真龙涎，焚之一铢，翠烟浮空，结而不散。座客可用一翦分烟缕。此其所以然者，蜃气楼台之余烈也。（按，见《岭外代答》卷七《宝货门》）

八角茴香

八角茴香，出左、右江蛮峒中。质类翘尖，角八出，不类茴香，而气味酷似，但辛烈，只可合汤，不宜入药。中州士夫以为荐酒，咀嚼少许，甚是芳香。（按，见《岭外代答》卷八《花木门》）

泡花

泡花，南人或名柚花。春来开，蕊圆白，如大珠，既拆，则似茶花。气极清芳，与茉莉、素馨相逼。番禺人采以蒸香，风味超胜，桂林好事者或为之。其法：以佳沉香薄片劈著净器中，铺半开，花与香层层相间，密封之。明日复易，不待花萎香蔫也。花过乃已，香亦成。番禺人吴宅作心字香及琼香，用素馨、茉莉，法亦尔。大抵浥取其气，令自熏陶，以入香骨，实未尝以甑釜蒸煮之。（同上）

香鼠

香鼠，至小，仅如指擘大。穴于柱中，行地上疾如激箭。官舍中极多。（按，见《岭外代答》卷九《禽兽门》）

麝香

自邕州溪峒来者，名土麝，气臊烈，不及西香。然比年西香多伪杂，一脐化为十数枚，岂复有香？南麝气味虽劣，以不多得，得为珍货，不暇作伪。入药宜有力。（同上）

叶氏香录序

（宋）叶廷珪

古者无香，燔柴焫萧，尚气臭而已。故“香”之字虽载于《经》，而非今之所谓香也。至汉以来，外域入贡，香之名始见于百家传记，而南蕃之香独后出，世亦罕有能尽知之焉。余于泉州职事实兼舶司，因蕃商之至，询究本末，录之以广异闻，亦君子耻一物不知之意。

绍兴二十一年左朝请大夫知泉州军州事叶廷珪序。

诸蕃志

（宋）赵汝适

脑子（龙脑）

脑子，出渤泥国，一作佛尼。又出宾窣国。世谓三佛齐亦有之，非也。但其国据诸蕃来往之要津，遂截断诸国之物，聚于其国，以俟蕃舶贸易耳。脑之树如杉，生于深山穷谷中，经千百年，支干不曾损动，则剩有之，否则脑随气泄。土人入山采脑，须数十为群，以木皮为衣，赍沙糊为粮，分路而去。遇脑树，则以斧斫记，至十余株，然后截段均分。各以所得，解作板段，随其板傍横裂而成缝，脑出于缝中，劈而取之。其成片者，谓之梅花脑，以状似梅花也；次谓之金脚脑；其碎者，谓之米脑；碎与木屑相杂者，谓之苍脑。取脑已净，其杉片谓之脑札。今人碎之，与锯屑相和，置瓷器中，以器覆之，封固其缝，煨以热灰，气蒸结而成块，谓之聚脑，可作妇人花环等用。又有一种如油者，谓之脑油。其气劲而烈，只可浸香合油。

明·竹雕二乔读书图香熏

乳香

乳香，一名熏陆香，出大食之麻啰拔、施曷、奴发三国深山穷谷中。其树大概类榕，以斧斫株，脂溢于外，结而成香，聚而成块。以象辇之，至于大食。大食以舟载易他货于三佛齐，故香常聚于三佛齐。番商贸易至，舶司视香之多少为殿最。而香之为品十有三：其最上者为拣香，圆大如指头，俗所谓滴乳是也；次曰瓶乳，其色亚于拣香；又次曰瓶香，言收时贵重之，置于瓶中。瓶香之中，又有上中下三等之别。又次曰袋香，言收时止置袋中，其品亦有三，如瓶香焉。又次曰乳榻，盖香之杂于砂石者也。又次曰黑榻，盖香色之黑者也。又次曰水湿黑榻，盖香在舟中，为水所浸渍，而气变色败者也。品杂而碎者，曰斫削。簸扬为尘者，曰缠末。皆乳香之别也。

没药

没药，出大食麻啰抹国。其树高大，如中国之松，皮厚一二寸。采时先掘树下为坎，用斧伐其皮，脂溢于坎中，旬余方取之。

血碣

血碣，亦出大食国。其树略与没药同，但叶差大耳。采取亦如之。有莹如镜面者，乃树老脂自流溢，不犯斧凿，此为上品。其夹插柴屑者，乃降真香之脂，俗号假血碣。

金颜香

金颜香，正出真腊，大食次之。所谓三佛齐有此香者，特自大食贩运至三佛齐，而商人又自三佛齐转贩入中国耳。其香乃木之脂，有淡黄色者，有黑色者。拗开雪白为佳，有砂石为下。其气劲，工于聚众香，今之为龙涎软

唐·法门寺出土银錾花香宝子

香佩带者，多用之。番人亦以和香而涂其身。

笃耨香

笃耨香，出真腊国。其香，树脂也。其树状如杉、桧之类，而香藏于皮，树老而自然流溢者，色白而莹。故其香虽盛暑不融，名曰笃耨。至夏月，以火环其株而炙之，令其脂液再溢，冬月因其凝而取之，故其香夏融而冬凝，名黑笃耨。土人盛之以瓢，舟人易之以瓷器。香之味清而长，黑者易融，渗漉于瓢，碎瓢而爇之，亦得其仿佛。今所谓笃耨瓢是也。

苏合香油

苏合香油，出大食国。气味大抵类笃耨，以浓而无滓为上。番人多用以涂身，闽人患大风者亦仿之。可合软香及入医用。

安息香

安息香，出三佛齐国。其香乃树之脂也。其形色类核桃瓤，而不宜于烧，然能发众香，故人取之以和香焉。《通典》叙西戎有安息国，后周天和、隋大业中曾朝贡。恐以此得名，而转货于三佛齐。

栀子花

栀子花，出大食啞巴闲、啰施美二国。状如中国之红花，其色浅紫，其香清越而有酝藉。土人采花晒干，藏之琉璃瓶中。花赤希有，即佛书所薝匐是也。

蔷薇水

蔷薇水，大食国花露也。五代时，番使蒲歌散以十五瓶效贡，厥后罕有至者。今多采花浸水，蒸取其液以代焉。其水多伪杂，以琉璃瓶试之，翻摇数四，其泡周上下者为真。其花与中国蔷薇不同。

沉香

沉香所出非一，真腊为上，占城次之，三佛齐、阇婆等为下。俗分诸国为上下岸，以真腊、占城为上岸，大食、三佛齐、阇婆为下岸。香之大概，生结者为上，熟脱者次之；坚黑者为上，黄者次之。然诸沉之形多异，而名亦不一。有如犀角者，谓之犀角沉；如燕口者，谓之燕口沉；如附子者，谓之附子沉；如梭者，谓之梭沉；文坚而理致者，谓之横隔沉。大抵以所产气味为高下，不以形体为优劣。世谓渤泥亦产，非也。一说其香生结成，以刀修出者为生沉，自然脱落者为熟沉。产于下岸者谓之番沉，气哽味辣而烈，能治冷气，故亦谓之药沉。海南亦产沉香，其气清而长，谓之蓬莱沉。

笺香

笺香，乃沉香之次者。气味与沉香相类，然带木而不甚坚实。故其品次于沉香，而优于熟速。

速暂香

生速，出于真腊、占城。而熟速所出非一，真腊为上，占城次之，阇婆为下。伐树去木而取者，谓之生速。树仆于地，木腐而香存者，谓之熟速。生速气味长，熟速气味易焦。故生者为上，熟者次之。熟速之次者，谓之暂香。其所产之高下，与熟速同，但脱者谓之熟速，而木之半存者谓暂香。半生熟，商人以刀刳其木而出其香，择其上者杂于熟速而货之，市者亦莫之辨。

黄熟香

黄熟香，诸番皆出，而真腊为上。其香黄而熟，故名。若皮坚而中腐者，其形如桶，谓之黄熟桶。其夹笺而通黑者，其气尤胜，谓之夹笺黄熟。夹笺者，乃其香之上品。

生香

生香，出占城、真腊，海南诸处皆有之。其直下于乌口，乃是斫倒香株之未老者。若香已生在木内，则谓之生香，结皮三分为暂香，五分为速香，七八分为笺香，十分即为沉香也。

檀香

檀香，出阇婆之打纲、底勿二国，三佛齐亦有之。其树如中国之荔支，其叶亦然。土人斫而阴干，气清劲而易泄，爇之能夺众香。色黄者，谓之黄檀；紫者，谓之紫檀；轻而脆者，谓之沙檀。气味大率相类。树之老者，其皮薄，其香满，此上品也；次则有七八分香者；其下者，谓之点

清·故宫藏莲头香

星香；为雨滴漏者，谓之破漏香；其根谓之香头。

丁香

丁香，出大食、阇婆诸国。其状似“丁”字，因以名之。能辟口气，郎官咀以奏事。其大者谓之丁香母，丁香母即鸡舌香也。或曰鸡舌香，千年枣实也。

肉豆蔻

肉豆蔻，出黄麻驻、牛仑等深番。树如中国之柏，高至十丈，枝干条枚蕃衍，敷广蔽四五十人。春季花开，采而晒干，今豆蔻花是也。其实如榧子，去其壳，取其肉，以灰藏之，可以耐久。按《本草》：其性温。

降真香

降真香，出三佛齐、阇婆、蓬丰，广东、西诸郡亦有之。气劲而远，能辟邪气。泉人岁除，家无贫富皆爇之，如燔柴然，其直甚廉。以三佛齐者为上，以其气味清远也。一名曰紫藤香。

麝香木

麝香木，出占城、真腊。树老仆湮没于土而腐，以熟脱者为上。其气依稀似麝，故谓之麝香。若伐生木取之，则气劲而恶，是为下品。泉人多以为器用，如花梨木之类。

木香

木香，出大食麻啰抹国，施曷、奴发亦有之。树如中国丝瓜，冬月取其根，锉长二寸，晒干。以状如鸡骨者为上。

白豆蔻

白豆蔻，出真腊、阇婆等番，惟真腊最多。树如丝瓜，实如葡萄，蔓衍山谷，春花夏实。听民从便采取。

腽肭脐

腽肭脐，出大食伽力吉国。其形如猾，脚高如犬，其色或红或黑，其走如飞。猎者张网于海滨捕之，取其肾而渍以油，名腽肭脐。番惟渤泥最多。

龙涎

龙涎，大食西海多龙，枕石一睡，涎沫浮水，积而能坚。鲛人采之，以为至宝。新者色白，稍久则紫，甚久则黑。不熏不莸，似浮石而轻也。人云龙涎有异香，或云龙涎气腥，能发众香，皆非也。龙涎于香，本无损益，但能聚烟耳。和香而真用龙涎焚之，一缕翠烟浮空，结而不散。座客可用一剪分烟缕。此其所以然者，蜃气楼台之余烈也。

陈氏香谱序

（元）熊朋来

香者，五臭之一，而人服媚之。至于为香作谱，非世宦博物，尝枕舶浮海者，不能悉也。河南陈氏《香谱》，自子中至浩卿，再世乃脱稿。凡洪、颜、沈、叶诸《谱》，具在此编，集其大成矣。《诗》《书》言香，不过黍稷萧脂，故香之为字，从黍作甘。古者从黍稷之外，可焫者萧，可佩者兰，可鬯者郁，名为香草者无几，此时谱可无作。《楚辞》所录名物渐多，犹未取于遐裔也。汉唐以来言香者，必取南海之产，故不可无谱。

浩卿过彭蠡，以其谱视钓者熊朋来，俾为序。钓者惊曰："岂其乏使而及我！子再世成谱亦不易，宜遴序者。岂无蓬莱玉署怀香握兰之仙儒，又岂无乔木故家芝兰芳馥之世卿；岂无岛服夷言夸香诧宝之舶官，又岂无神州赤县进香受爵之少府；岂无宝梵琳房闻思道之高人，又岂无瑶英玉蕊罗襦芗泽之女士。凡知香者，皆使序之。若仆也，灰钉之望既穷，熏习之梦久断。空有庐山一峰以为炉，峰顶片云以为香，子并收入《谱》矣。每忆刘季和香僻，过炉熏身，其主簿张坦以为俗。坦可谓直谅之友，季和能笑领其言，亦庶几善补过者。有士如此，如荀令君至人家，坐席三日香；梅学士每晨以袖覆炉，撮袖以出，坐定放香。是富贵自好者所为，未闻圣贤为此。惜其不遇张坦也。按，《礼经》：容臭者童孺所佩，茝兰者妇辈所采。大丈夫则自有流芳百世者在，故魏武犹能禁家内不得熏香，谢玄佩香囊则安石患之。然琴窗书室，不得此《谱》则无以治炉熏，至于自熏知见，抑存乎其人。遂长揖谢客，鼓棹去。客追录为香谱序。

至治壬戌兰秋　彭蠡钓徒熊朋来序

影梅庵忆语（节选）

（明）冒辟疆

姬每与余静坐香阁，细品名香，宫香诸品淫，沉水香俗。俗人以沉香著火上，烟扑油腻，顷刻而灭。无论香之性情未出，即著怀袖，皆带焦腥。沉香坚致而纹横者，谓之“横隔沉”，即四种沉香内革沉横纹者是也，其香特妙。又有沉水结而未成，如小笠大菌，名“蓬莱香”，多蓄之。每慢火隔砂，使不见烟，则阁中皆如风过伽楠，露沃蔷薇、热磨琥珀、酒倾犀斝之味，久蒸衾枕间，和以肌香，甜艳非常，梦魂俱适。外此则有真西洋香方，得之内府，迥非肆料。丙戌客海陵，曾与姬手制百丸，诚闺中异品，然热爇时亦以不见烟为佳，非姬细心秀致，不能领略到此。

黄熟出诸番，而真腊为上，皮坚者为黄熟桶，气佳而通，黑者为隔黄熟。近南粤东莞茶园村土人种黄熟，如江南之艺茶，树矮枝繁，其香在根。自吴门解人剔根切白，而香之松朽尽削，油尖铁面尽出。余与姬客半塘时，知金平叔最精于此，重价数购之，块者净润，长曲者如枝如虬，皆就其根之有结处随纹缕出，黄云紫绣，半杂鹧鸪斑，可拭可玩。寒夜小室，玉帏四垂，毾㲪重叠，烧二尺许绛蜡二三枝，陈设参差，堂几错列，大小数宣炉，宿火常热，色如液金粟玉。细拨活灰一寸，灰上隔砂选香蒸之。历半夜，一香凝然，不焦不竭，郁勃氤氲，纯是糖结。热香间有梅英半舒，荷鹅梨蜜脾之气，静参鼻观，忆年来共恋此味此境，恒打晓钟尚未著枕，与姬细想闺怨，有斜倚熏篮、拨尽寒炉之苦，我两人如在蕊珠众香深处。今人与香气俱散矣。安得返魂一粒，起于幽房扃室中也。

一种生黄香，亦从枯肿朽痈中取其脂凝脉结、嫩而未成者。余尝过三吴白下，遍收筐箱中盖面大块，与粤客自携者，甚有大根株尘封如土，皆留意觅得，携归，与姬为晨夕清课，督婢子手自剥落，或斤许仅得数钱。盈掌者仅削一片，嵌空镂剔，纤悉不遗。无论焚蒸，即嗅之，味如芳兰，盛之小盘层撞中，色珠香别，可弄可餐。曩曾以一二示粤友黎美周，讶为何物，何从得如此精妙。即《蔚宗传》中恐未见耳。又东莞以女儿香为绝品，盖土人拣香，皆用少女。女子先藏最佳大块，暗易油粉，好事者复从油粉担中易出。余曾得数块于汪友处，姬最珍之。

焚香七要

（明）朱权

香炉

官哥定窑，岂可用之？平日，炉以宣铜、潘铜、彝炉、乳炉，如茶杯式大者，终日可用。

香盒

用剔红蔗段锡胎者以盛黄、黑香饼。法制香磁盒用定窑或饶窑者，以盛芙蓉、万春、甜香。倭香盒三子五子者，用以盛沉速、兰香、棋楠等香。外此香撞亦可。若游行，惟倭撞带之甚佳。

炉灰

以纸钱灰一斗，加石灰二升，水和成团，入大灶中烧红，取出，又研绝细，入炉用之，则火不灭。忌以杂火恶炭入灰，炭杂则灰死，不灵，入火一盖即灭。有好奇者，用茄蒂烧灰等说，太过。

炭团墼

以鸡骨炭碾为末，入葵叶或葵花，少加糯米粥汤和之，以大小铁塑捶击成饼，以坚为贵，烧之可久。或以红花楂代葵花叶，或烂枣入石灰和炭造者，亦妙。

隔火砂片

烧香取味，不在取烟。香烟若烈，则香味漫然，顷刻而灭。取味则味幽，香馥可久不散，须用隔火。有以银钱明瓦片为之者，俱俗，不佳，且热甚，不能隔火。惟用玉片为美，亦不及京师烧破沙锅底，用以磨片，厚半分，隔火焚香，妙绝。烧透炭墼，入炉，以炉灰拨开，仅埋其半，不可便以灰拥炭火。先以生香焚之，谓之发香，欲其炭墼因香爇不灭故耳。香焚成火，方以箸埋炭墼，四面攒拥，上盖以灰，厚五分，以火之大小消息，灰上加片，片上加香，则香味隐隐而发，然须以箸四围直搠数十眼，以通火

明·铜莲瓣六角箸瓶

气周转，炭方不灭。香味烈，则火大矣，又须取起砂片，加灰再焚。其香尽，余块用瓦盒收起，可投入火盆中，熏焙衣被。

灵灰

炉灰终日焚之则灵，若十日不用则灰润。如遇梅月，则灰湿而灭火。先须以别炭入炉暖灰一二次，方入炭团墼，则火在灰中不灭，可久。

匙箸

匙箸惟南都白铜制者适用，制佳。瓶用吴中近制短颈细孔者，插箸下重不仆，似得用耳。余斋中有古铜双耳小壶，用之为瓶，甚有受用。磁者如官哥定窑虽多，而日用不宜。

考槃余事·香

（明）屠隆

香之为用，其利最溥。物外高隐，坐语道德，焚之可以清心悦神。四更残月，兴味萧骚，焚之可以畅怀舒啸。晴窗榻帖，挥麈闲吟，篝灯夜读，焚以远辟睡魔，谓古伴月可也。红袖在侧，密语谈私，执手拥炉，焚以熏一爇意，谓古助情可也。坐雨闭窗，午睡初足，就案学书，啜茗味淡，一炉初爇，香霭馥馥撩人，更宜醉筵醒客。皓月清宵，冰弦戛指，长啸空楼，苍山极目，未残炉爇，香雾隐隐绕

清·古铜釉瓷炉瓶三事

帘，又可袪邪辟秽。随其所适，无施不可。

品其最优者，伽南止矣。第购之甚艰，非山家所能卒办。其次莫若沉香。沉有三等，上者气太厚，而反嫌于辣；下者质太枯，而又涉于烟；惟中者约六七分一两，最滋润而幽甜，可称妙品。煮茗之余，即乘茶炉之便，取入香鼎，徐而爇之。当斯会心景界，俨居太清宫，与上真游，不复知有人世矣。噫！快哉！

近世焚香者，不博真味，徒事好名，兼以诸香合成，斗奇争巧，不知沉香出于天然，其幽雅冲澹，自有一种不可形容之妙。若修合之香，既出人为，就觉浓艳，即如通天熏冠、庆真龙涎、雀头等项，纵制造极工，本价极费，决不得与沉香较优劣，亦岂贞夫高士所宜耶？

长物志（卷十二）

（明）文震亨

伽南

一名奇蓝，又名琪，有糖结、金丝二种。糖结面黑若漆，坚若玉，锯开，上有油若糖者，最贵。金丝，色黄，上有线若金者，次之。此香不可焚，焚之微有膻气。大者有重十五六斤，以雕盘承之，满室皆香，真为奇物。小者以制扇坠数珠，夏月佩之，可以辟秽。居常以锡合盛蜜养之，合分二格，下格置蜜，上格穿数孔，如龙眼大，置香，

五代 · 引路菩萨

使蜜气上通，则经久不枯。沉水等香亦然。

龙涎香

苏门答剌国有龙涎屿，群龙交卧其上，遗沫入水，取以为香。浮水为上，渗沙者次之，鱼食腹中，刺出如斗者又次之。彼国亦甚珍贵。

沉香

质重，劈开如墨色者佳。沉取沉水，然好速亦能沉。以隔火炙过，取焦者别置一器，焚以熏衣被。曾见世庙有水磨雕刻龙凤者，大二寸许。盖醮坛中物，此仅可供玩。

片速香

俗名鲫鱼片。雉鸡斑者佳，以重实为美，价不甚高。有为伪者，当辨。

唵叭香

香腻甚，着衣袂，可经日不散。然不宜独用，当同沉水共焚之。一名黑香。以软净色明、手指可捻为丸者为妙。都中有腌叭饼，别以他香和之，不甚佳。

角香

俗名牙香，以面有黑烂色黄纹直透者为黄熟，纯白不烘焙者为生香。此皆常用之物，当觅佳者。但既不用隔火，亦须轻置炉中，庶香气微出，不作烟火气。

甜香

宣德年制，清远味幽可爱。黑坛如漆，白底上有烧造年月，有锡罩盖罐子者，绝佳。“芙蓉”“梅花”，皆其遗制。近京师制者亦佳。

黄黑香饼

恭顺侯家所造。大如钱者，妙甚。香肆所制小者，及印各色花巧者，皆可用。然非幽斋所宜，宜以置闺阁。

安息香

都中有数种，总名安息，月麟、聚仙、沉速为上。沉速有双料者，极佳。内府别有龙挂香，倒挂焚之，其架甚可玩。若兰香、万春、百花等，皆不堪用。

暖阁芸香

暖阁，有黄黑二种。芸香，短束出周府者佳，然仅以备种类，不堪用也。

苍术

岁时及梅雨郁蒸，当间焚之，出句容茅山，细梗者佳，真者亦难得。

瑞香

相传庐山有比丘昼寝，梦中闻花香，寤而求得之，故名“睡香”。四方奇之，谓花中祥瑞，故又名“瑞香”，别名麝囊。又有一种金边者，人特重之，枝既粗俗，香复酷烈，能损群花，称为“花贼”，信不虚也。

詹卜

一名越桃，一名林兰，俗名栀子，古称禅友。出自西域，宜种佛室中。其花不宜近嗅，有微细虫入人鼻孔。斋阁可无种也。

香炉

三代、秦、汉鼎彝，及官、哥、定窑、龙泉、宣窑，皆以备赏鉴，非日用所宜。惟宣铜彝炉稍大者，最为适用，宋姜铸亦可。惟不可用神炉、太乙及鎏金、白铜、双鱼、象鬲之类。尤忌者，云间、潘铜、胡铜所铸八吉祥、倭景、百钉诸俗式，及新制建窑、五色花窑等炉。又古青绿博山，亦可间用。木鼎可置山中，石鼎惟以供佛，余俱不入品。古人鼎彝，俱有底盖，今人以木为之，乌木者最上，紫檀、花梨俱可。忌菱花、葵花诸俗式。炉顶以宋玉帽顶及角端、海兽诸样，随炉大小配之。玛瑙、水晶之属，旧者亦可用。

香盒

香盒以宋剔合色如珊瑚者为上。古有一剑环、二花草、三人物之说，又有五色漆胎，刻法深浅，随妆露色，如红花绿叶、黄心黑石者。次之有倭盒三子、五子者，有倭撞金银片者，有果园厂大小二种，底盖各置一厂，花色不等，故以一盒为贵。有内府填漆合，俱可用。小者有定窑、饶窑蔗段、串铃二式，余不入品。尤忌描金及书金字。

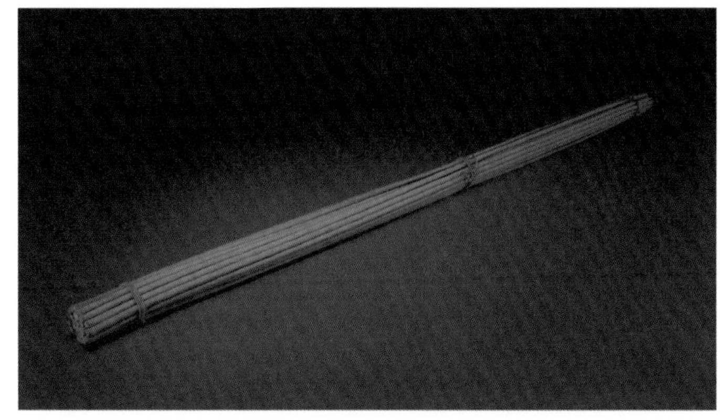

清·藏香

徽人剔漆并磁盒，即宣成、嘉隆等窑，俱不可用。

隔火

炉中不可断火，即不焚香，使其长温，方有意趣。且灰燥易燃，谓之“活火”。隔火，砂片第一，定片次之，玉片又次之。金银不可用。以火浣布如钱大者，银镶四围，供用尤妙。

匙箸

紫铜者佳。云间胡文明及南都白铜者，亦可用。忌用金银及长、大、填花诸式。

箸瓶

官、哥、定窑者虽佳，不宜日用。吴中近制短颈细孔者，插箸下重不仆。铜者不入品。

袖炉

熏衣炙手，袖炉最不可少。以倭制漏空罩盖漆鼓为上，新制轻重方圆二式，俱俗制也。

手炉

以古铜青绿大盆及簠簋之属为之，宣铜兽头三脚鼓炉亦可用，惟不可用黄白铜，及紫檀、花梨等架脚炉。旧铸有俯仰莲坐细钱纹者，有形如匣者，最雅。被炉有香球等式，俱俗，竟废不用。

香筒

旧者有李文甫所制，中雕花鸟竹石，略以古简为贵。

若太涉脂粉，或雕镂故事人物，便称俗品。亦不必置怀袖间。

数珠

以金刚子小而花细者为贵，宋做玉降魔杵、玉五供养为记总。他如人顶、龙充、珠玉、玛瑙、琥珀、金珀、水晶、砗磲者，俱俗。沉香、伽南香者则可。尤忌杭州小菩提子，及灌香于内者。

扇坠

夏月用伽南、沉香为之，汉玉小玦及琥珀眼掠皆可。香串、缅茄之属，断不可用。

置炉

于日坐几上，置倭台几方大者一，上置炉一；香盒大者一，置生熟香；小者二，置沉香、香饼之类；箸瓶一。斋中不可用二炉，不可置于挨画桌上，及瓶盒对列。夏月宜用磁炉，冬月用铜炉。

香乘自序

（明）周嘉胄

余好睡嗜香，性习成癖。有生之乐在兹，遁世之情弥笃。每谓霜里佩黄金者，不贵于枕上黑甜；马首拥红尘者，不乐于炉中碧篆。香之为用，大矣哉。通天集灵，祀先供圣，礼佛籍以导诚，祈仙因之升举，至返魂祛疫，辟邪飞

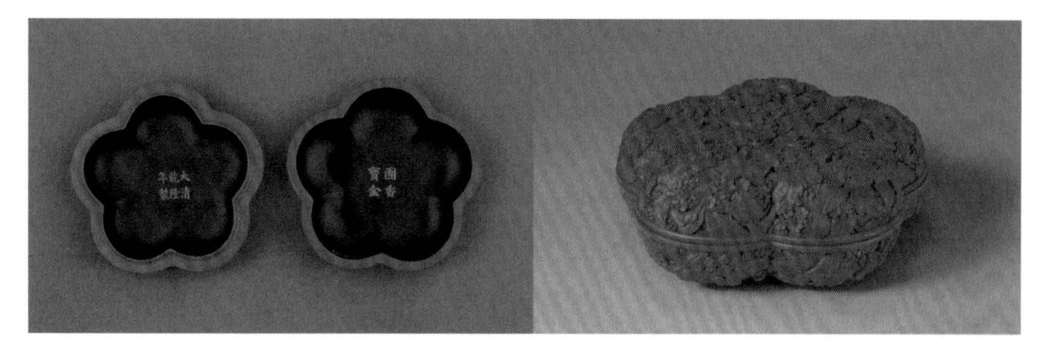

清·剔红梅花式香盒

气，功可回天。殊珍异物，累累征奇，岂惟幽窗破寂，绣阁助欢已耶？少时尝为此书，鸠集一十三卷，时欲命梓，殊歉挂漏，乃复穷搜遍辑，积有年月，通得二十八卷。嗣后，次第获睹洪颜沈叶四氏“香谱”，每谱卷帙寥寥，似未赅博，然又皆修合香方过半。且四氏所纂互相重复，至如幽兰、木兰等赋，于谱无关。经余所采，通不多则，而辩论精审，叶氏居优，其修合诸方，实有资焉。复得《晦斋香谱》一卷、《墨娥小录香谱》一卷，并全录之。计余所纂，颇亦浩繁，尚冀海底珊瑚，不辞探讨，而异迹无穷，年力有尽，乃授剞劂，布诸艺林，卅载精勤，庶几不负。更欲纂《睡旨》一书，以副初志。李先生所为序，正在一十三卷之时，今先生下世二十年，惜不得余全书而为之快读，不胜高山仰止之思焉。

崇祯十四年岁次辛巳春三月六日书于鼎足斋周嘉胄

非烟香法

（清）董说

自序

屹然立非烟之法于天下，可以翼圣学。东西至日月所出入，其间动物有灵，无非圣人者也。人人皆为神圣，而后尽人之性；百草木皆为异香，而后尽草木之性。证圣之学，六经是也，六经非能使人圣也；证香之方，非烟是也，非烟非能使草木香也。故曰可以翼圣学。

黄钟蔽，六律荒，余作《律吕发》，考喉舌浊清之候，定六十自然之音，而人或未悟。《易》学自秦汉无统矣，余数年前幸稍窥见出震门户，卦律周轮，乃作《易发》，古圣幽微，澄若九秋之天，而人或未悟。律之不易悟者，丝竹因人也；《易》之不易悟者，河洛不言也。今《非烟香法》，证百草木之无非香者，风茎露叶，指摘可征，繁非若丝竹，奥非若河洛也，学者拨灰立悟矣。故曰可以翼圣学。

鹧鸪生题

非烟香记

六经无焚香之文，三代无焚香之器，古者焚萧，以达神明。《尔雅》："萧，荻。""似白蒿，茎粗，科生，有香气，祭祀以脂爇之。"《诗》曰："取萧祭脂。"《郊特牲》云"既奠，然后焫萧合膻、芗"。是也。凡祭，灌鬯求诸阴，焫萧求诸阳，见以萧光以报气也，加以郁鬯以报魄也。故古制字者，"香"取诸黍稷馨香。《说文》："香，芳也。从黍从甘，会意。"魏氏以为从黍从鼻。以香从黍，故古之香非旃檀、水沉。人间宝鼎，皆商周宗庙祭器，而世以之焚香。然余以为焚萧不焚香，古太质，不可复；焚香不蒸香，俗太燥，不可不革。

蒸香之鬲，高一寸二分。六分其鬲之高，以其一为之足。倍其足之高，以为耳。三足双耳，银薄如纸。使鬲坐烈火，滴水平盈，其声如洪波急涛，或如笙簧。以香屑投之，游气清冷缊，太玄沉默简远，历落自然，藏神纳用，销煤灭烟，故名其香曰“非烟之香”，其鼎曰“非烟之鼎”。然所以遣恒香也，若遇奇香异等，必有蒸香之格。格以铜丝交错为窗爻状，裁足幂鬲，水泛鬲中，引气转静。若香材旷绝上上，又彻格而用簟蒸香。簟式密织铜丝如簟，方二寸许，约束热性，汤不沸扬，香尤杳冥清微矣。

余非独焚香之器异于人也。余囊中有振灵香屑，是能熏蒸草木，发扬芬芳。振灵香者，其药不越馥草、甘松、白檀、龙脑，然调适轻重，不可有一铢之失。振灵之香成，则四海内外，百草木之有香气者，皆可以入蒸香之鬲矣。振草木之灵，化而为香，故曰“振灵”，亦曰“空青之香”，亦曰“千和香”，亦曰“客香”。名客香者，不为物主，退而为客，抱静守一，以尽万物之变。亦曰“无位香”，历众香而不留。亦曰“寒翠”，翠言其色，寒言其格也。亦曰“未曾有香”，百草木之有香气者，皆可以入蒸香之鬲，此上古以来未曾有也。亦曰“易香”，以一香变千万香，以千万香摄一香，如卦爻可变而为六十四卦、三百八十四爻，此天下之至变易也。自名其居曰“众香宇”，名其圃曰“香林”。天下无非香者，而我为之略例者也。

顷偃蹇南村，熏炉自随，摘玉兰之蕊，收寒梅之坠瓣，花蒸水格，香透藤墙。悲夫世之君子，放遁山林，与草木为伍，而不知其为香也。故记《非烟香法》以为献。

博山炉变

焚香之器，始于汉博山炉。考刘向《熏炉铭》："嘉此正器，崭岩若山。上贯太华，承以铜盘。中有兰绮，朱火青烟。"而古《博山香炉》诗曰："四座且莫喧，愿听歌一言。请说铜香炉，崔嵬象南山。上枝似松柏，下根据铜盘。雕文各异类，离娄自相连。谁能为此器，公输与鲁班。朱火然其中，青烟扬其间。顺风入君怀，四座莫不欢。香风难久居，空令蕙草残。"至吕大临《考古图》谓：炉象海中博山，下有盘贮汤，使润气蒸香，象海之回环。盖博山承之以盘，环之以汤，按铭寻图，制度可见。然余谓博山炉长于用火，短于用水，犹未尽香之灵奇极变也。火性腾跃，奔走空虚，千岩万壑，绎络烟雾，此长于用火。铜盘仰承，火上水下，汤不缘香，离而未合，此短于用水。

余以意造博山炉变。选奇石，高五寸许，广七八寸，玲珑郁结，峰峦秀集。凿山顶为神泉，细剔石脉为百折涧道，水帘悬瀑，下注隐穴，洞穿穴底，而置银釜焉，谓之"汤池"。汤池下垂如石乳，近当炉火。每蒸香时，水灌神泉中，屈曲转输，奔落银釜，是为蒸香之渊，一曰"香海"。可以加格，可以置簟。其下有承山之炉，盛灰而装炭。其外有磁盘承炉，环之以汤，如古博山。既补水用之短，亦避镕金之俗。怪石清峻，澄泉寂历，曰“博山炉变”。

夫香以静默为德，以简远为品，以飘扬为用，以沉着为体。回环而不欲其滞，缓适而不欲其漫，清癯而不欲其枯，飞动而不欲其躁。故焚香之器，不可以不讲也。

众香评

蒸松鬣，则清风时来拂人，如坐瀑布声中，可以销夏。如高人执玉柄麈尾，永日忘倦。

蒸柏子，如昆仑元圃飞天，仙人境界也。

蒸梅花，如读郦道元《水经注》，笔墨去人都远。

蒸兰花，如展荆蛮民画轴，落落穆穆，自然高绝。

蒸菊，如踏落叶，入古寺，萧索霜严。

蒸腊梅，如商彝周鼎，古质奥文。

蒸芍药，香味娴静。昔见周昉倦绣图，宛转近似。

蒸荔子壳，如辟寒犀，使人神暖。

蒸橄榄，如遇雷氏古琴，不能评其价。

蒸玉兰，如珊瑚木，难非常物也，善震耀人。

蒸蔷薇，如读秦少游小词，艳而柔。

蒸橘叶，如登秋山望远。

蒸木樨，如褚河南书、儿宽赞，挟篆隶古法，自露文采。

蒸菖蒲，如煮石子为粮，清瘠而有至味。

蒸甘蔗，如高车宝马行通都大邑，不复记行路难矣！

蒸薄荷，如孤舟秋渡，萧萧闻雁南飞，清绝而凄怆。

蒸茗叶，如咏唐人，“曲终人不见，江上数峰青”。

蒸藕花，如纸窗听雨，闲适有余。又如鼓琴得缓调。

蒸藿香，如坐鹤背上，视齐州九点烟耳，殊廓人意。

蒸梨，如春风得意，不知天壤间，有中酒气味，别人情怀。

蒸艾叶，如七十二峰深处，寒翠有余，然风尘中人不好也。

蒸紫苏，如老人曝背南檐时。

蒸杉，如太羹、元酒，惟好古者尚之。

蒸栀子，如海中蜃气成楼台，世间无物仿佛。

蒸水仙，如宋四灵诗，冷艳矣！

蒸玫瑰，如古楼阁樗蒲诸锦，极文章巨丽。

蒸茉莉，如话鹿山，时立书堂，桥望雨后云烟出没，无一日可忘于怀也。

香医

肺气通于天，鼻为司香之官，而肺之门户也。故神仙服气，呼吸为先，清浊疾徐，咸有制度。而黄帝、岐伯之绪言遗论，亦谓心肺有病，鼻为不利，分营析卫，示理明

沉香雕灵芝

察。夫人具形骸，俨然虚器，在气交之中，象邮传之舍，寒暑燥湿，五六互换，腥膻焦腐，触物不同。气有宛曲，则血为之留连；气有骤激，则血为之腾跃；气有不足，则血为之槁绝；气有过量，则血为之滥溢。故极北风沙之人，不晏于岭海；山棲涧饮之客，不展于都会。内外异同，脉络倒置，皆繇呼吸出纳，感气乖和，未可谓馨香鼻受，杳冥恍惚也。

故养生不可无香。香之为用，调其外气，适其缓急，补阙而拾遗，截长而佐短。《汉武故事》称，武帝烧兜末香，香闻百里。关中方疫，死者相枕，闻香而疫止。《拾遗记》有石叶香，香叠叠状如云母，其气辟厉，魏时题腹国献。《洞冥记》载熏肌香，用熏人肌骨，至老不病。《三洞珠囊》称，峨眉山孙真人然千和之香。而《本草》亦有治瘵香，其方合玄参、甘松，起疾神验。闭门管窥，遇古书丹记诡绝神奇之迹，壹谓之不经。私计文人弄笔墨事，等之烟云变幻，此犹曹子桓不信火浣之布也。

香近于甘者，皆扶肝而走脾；香近于辛者，皆扶心而走肺；香近于咸者，皆扶脾而走肾；香近于酸者，皆扶肺而走肝；香近于苦者，皆扶肾而走心。扶者，香之同气以相助也；走者，香之遇敌以相伐也。不助无赏，不伐无刑，无赏则善屈，无刑则恶蔓。

故销暑，宜蒸松叶。

凉鬲，宜蒸薄荷。

辟寒，宜蒸桂屑，又宜荔壳。

解吞酸，宜蒸零陵。酸者，肺之本味也。金来乘木，肝德不达，故肺味过盛而形酸。以甘补肝，以辛治肝，故又宜蒸木香。

益中气，宜蒸枣膏。

眼翳，宜蒸藕花、竹叶，又宜茶。

解表，宜蒸菊花，宜薄荷。

治腹痛，宜蒸松子、菖蒲。

开滞，宜蒸柽柳花。

疏解郁结，宜蒸橘叶。

除烦，宜蒸梅花、橄榄。

治气闭，宜蒸玉兰、苏叶。

治咽痛，宜蒸蔷薇、藕叶。

治头痛，宜蒸茶。

治滞下，宜茶，宜松叶。治滞下，气不可以酷烈，酷烈伤胃。

治呕，宜蒸丁香，又宜梅花，神清气寂而呕止矣。

治不欲食，宜蒸松瓣。

治不睡，宜蒸零陵。

治湿，宜蒸柏子。

治神躁，宜蒸杉。

清·莲头香

治神懒，宜蒸檀。

治神浊，宜蒸兰。

治神昏，宜蒸腊梅。

董子既大有功于香苑，其友谋所以颂董子者，一以为香祖，一以为香神，一以为香医。董子曰："余愿为香医。"

众香变

洞明香性，可以极香之变。

柏叶者，麝所以酿香者也。故余以甘松、玄参、细辛、檀香主之，以柏叶导之。以麝其香如麝，而名之曰"亚麝"，亦曰"压麝"。

梅花，冷射而清涩。故余以辛夷司清，茴香司涩，白檀司寒冷，零陵司激射，发之以甘松，和之以蜜，其香如梅，而名之曰"梅影"。

以桂枝、荔壳、玄参、零陵、白檀、丁香、枣膏、蜜汁互而为辟寒之香，名曰"暖玉"。

以松鬣、薄荷、茶叶、甘松、白檀、龙脑为销夏之香，名曰"清凉珠"，亦曰"翠瀑"，亦曰"飞寒"。

以玄参、甘松、降真、柏子、辛夷、檀香为斋室，名曰"黄鹤香"，亦曰"玉麈"，亦曰"绛雪"。

以苏合、水沉、龙脑、甘松、香附、白檀为花瓣形，名曰"逍遥游"，亦曰"无尘"。

然精微皆关铢两，未可以笔授。

非烟铢两

甘松 玄参十分甘松之五 白檀倍玄参 丁香五分玄参之三香附如甘松 零陵十分甘松之六 龙脑三十分丁香之一 藕叶如丁香

附　录

非烟颂

柽花细细松针柔，杉子青磊落之苹洲。香之来，轻风流，是耶非耶，砚山寂寞不敢收。渺然坐我秋江舟，白石青枫尽意游。

博山变

非烟香炼杉风凉，自有天地无此香。却疑银釜是丹鼎，园中露叶皆飞翔。只今芳草怨迟暮，冷落千秋空野塘。

沉香颂

集天地万物灵气，禀日月星辰精华，承宇宙洪荒能量，聚寒暑四时美好。沉香啊，你是上苍赐给人类风华绝伦的宝物。

我要赞美你，沉香！

你含英咀华，钟灵毓秀。你承德载道，大爱无疆。

你满载着天地宇宙的自然大美，饱含了中华民族的人文大雅，寄托了先贤往圣高尚的道德追求，浸润了中国传统文化的蕴藉神韵。

你美妙的香气，滋养了无数英贤的性灵真心；你神奇的馨烟，连接起俗世凡人与上天神灵；你灵动的韵致，丰盈着华夏儿女的骨肉血脉！

从遥远的上古，秦汉隋唐，到宋元明清近代，你的芳香，处处氤氲弥漫。在汉文化的方方面面，你都蕴含了高尚和美好；历朝历代的诗词文章，常有你曼妙的身影浮现；你在中国人的心中，绝对是“真善美”的化身。《尚书》“明德惟馨”表明先贤心中，德行高尚才是最好的芳香;《诗经》大雅中的无名诗人，用直上高天的燔柴馨烟，表达对神灵和先人的崇拜感恩；屈原一身香草鲜花，彰显他不与世俗同流合污的高风亮节；古诗十九首里“香风难久居，空令蕙草残”的哀诉，吹来阵阵人生苍凉；李白诗中的沉香，一派仙风道骨，袅袅馨烟闪耀着“谪仙人”的风采；李商隐“兽焰微红隔云母”的诗句，尽显先贤用香的精妙绝伦；纳兰性德诗里的篆字成灰，依稀他风雅绝伦的悲秋哀绪；曹雪芹的大观园里香风氤氲，如水仙姝如诗文字，写不尽他灵魂世界的芳馨高贵。

追寻香学文化曾经的风雅辉煌，不可不提两宋晚明，那远去的高风逸韵，那消逝的雅集清音，那无处没有沉香身影的时代风尚，似乎都成了繁华旧梦。但披阅彼时先贤的香学典籍，拜观那描绘生活场景的画卷，依然是馨烟飘拂，雅气昭然。

宋真宗时的宰相丁谓，一生大起大落，贬谪海南时，细考崖香。写出名冠千古的论香专著《天香传》，盛赞崖香无与伦比：“文采致密，光彩射人，斤斧之际，一无所及，置器以验，如石投水，此宝香也。”

一代文豪苏轼赞美海南沉香：“既金坚而玉润，亦鹤骨而龙筋。为膏液之内足，故把握而兼斤。……无一往之发烈，有无穷之氤氲。”

自称“有香癖”的黄庭坚，绝对沉香品鉴顶上大师。他选香精到，修合细腻，品香跋文境界高超，意味无穷。掩卷细味，那迷人的芳香好似在鼻端缕缕飘过，他笔下的香气意境表述，如杂花生树，充满无比幽深和神秘的美感。

李清照笔下的瑞脑沉烟，是她兰心慧质的精神花蕊。缕缕馨烟晕染了她的生命空间。

宋徽宗听琴图（局部）

范成大论海南沉香："钟朝阳之气，香尤蕴藉丰美，大抵海南香，气皆清淑，如莲花、梅英、鹅梨、蜜脾……"味道表述精确形象，使人如身临其境，沉醉向往。

朱元璋第十七子朱权，爱香成痴。他的《焚香七要》，篇幅短小，却面面俱到，言隔火熏香，娴熟精到。

明末文学家屠隆说沉香出于天然，其幽雅冲澹，自有一种不可形容之妙。妙处天然，只可会心。

我要赞美你，沉香！

你的生命历程充满着苦难，坚强，悲悯，奉献。你是生命成长的标杆，你是苦难铸就辉煌的榜样！

你质不坚，形不壮，既不伟岸，亦非秀美。遇天降之灾，或身残枝败，呈奄奄一息；或枯萎凋零，入泥土沼泽；或虫啮兽噬，千疮百孔。任风雨侵蚀，任朽浊污秽，任寒来暑往，任岁月沧桑。寂寂然，悠悠然，陶陶然，独自生香。不急不躁，不速不贪。洪荒刹那，天涯咫尺，百千万年，因缘机会，伤痛劫难化为馨香。

浩浩乎正气涵育，磅礴乎能量孕聚。

是历劫，亦是修行；是磨难，更是涅槃。

我要赞美你，沉香！

你是飘渺的仙子，你是智慧的菩提。

你那一缕馨烟，一丝香气，非烟非火，无影无踪，来无所从，去无所着，寂然而来，倏忽而去。你在等那个和你相契和的生命，你在等那颗高贵的心灵。他来了，你神灵般地闪现，瞬间展示你的种种美好：或花香幽幽，鹅英蜜脾，寒梅幽兰；或甘甜宜人，如蜜如瓜，如糖如饴；或雍容典雅，如贵室夫人，如庙堂君子；或蕴藉丰美，清婉如莲，温润似玉；或凉爽入心，嫩寒清晓，秋月如水。

敦煌壁画（三八〇窟）摹本

金风玉露，相逢相知。你一时兴致湍飞，飞花溅玉，众妙齐发，流转变幻，灵动飞扬。一时间，你的知音感受了你蓬勃的激情，接收了你奉献的能量，他时而百会气流涌动，时而丹田温暖如春，时而腋下清风习习，时而涌泉发热流汗，时而浑身毛孔开张跳动，时而处处酥麻冰凉瞬间遍经春夏秋冬。他双眼清新明亮，内心静寂安详，无名的愉悦在他内心冉冉升起。

“安得促席，说彼平生。”持续的深交，你不断展示你生命方方面面：馨烟初起，如夏花般灿烂，你在诉说你的青春年华；移时香气渐趋平淡，如秋叶般枯寂，你在讲述你如水的流年逝川；俄而，辛麻寒凉窜起，你在泣咽沉痛的劫难坎坷；终于，你爆发出迷人的甜美清新，那是你分享你终成正果的的喜悦。

我要赞美你，沉香！

一缕馨香升起之时，三生有幸亲近你，我不胜感慨：我身如香，我心如香。浩瀚宇宙，我如微尘一般渺小，生命如惊鸿一瞥短暂。那一刻，时间凝固了，空间消失了，只有你那曼妙灵动的倩影在冥冥中飘逸，在心胸间荡漾。尘世遥远如千年，往事消散似云烟，只有无限的感恩，莫名的愉悦，洪荒般的安详。

这一切都是上苍的赐予啊，肉身终将变成黄土，精神和灵魂却能遨游于天地之间，这是多大的福分和幸运？

这一切，全都因为遇上你-------沉香。

你在无涯的宇宙时空中，沉静的孕香，寂然的修行，经历了几生几世。终于，微尘般的我来了，不早不晚，分秒不差，恰好你在，正好我来，于是邂逅。

“既见君子，云胡不喜”。

我心怡然，我心怡怡然。

想你，亦然。

我要赞美你，沉香！

你是一位年长的哲人，与你促膝而谈，我感受到生命的乐趣、生命的智慧和生命的厚重；你是一位怡人的红颜，与你相遇相知，我感受着生命的美丽，生命的幸运和生命的诗意；你是一个天真的孩童，看着你的天真烂漫，我感受了生命的蓬勃朝气，生命的轮回更替和生命的滚滚不息。

我们无法延长生命的长度，却能增加生命的宽度和厚度。我们无法改变昨天，无法预知明天，却能更好地把握今天，活在当下。

生，便快乐。

生，便向善。

生，便美好。

我要赞美你，沉香！

你是精神的家园，你是心灵的绿地，你是缀满星光的夜空，你是晨曦中小鸟的啼鸣，你是平和圆满的春华，你是洁净安详的秋水，你是厚重无言的高山，你是生机绵绵的大地……

贰零贰零年三月十八日五稿于晋阳停云香舍

参考书目

1.《香学会典》刘良佑 著 东方香学研究会 2003 年

2.《宋代〈香谱〉之研究》刘静敏 著 文史哲出版社 2007 年

3.《故宫历代香具图录》陈擎光 著 台北故宫博物院 1994 年

4.《琼脂天香》张丹阳 著 商务印书馆 2012 年

5.《沉香实用栽培和人工结香技术》戴好富 梅文莉 主编 中国农业出版社 2015 年

6.《沉香的现代研究》戴好富 主编 科学出版社 2017 年

7.《中古中国外来香药研究》温翠芳 著 科学出版社 2016 年

8.《香料科学》［日］藤卷正生等 著 夏云 译 轻工业出版社 1987 年

9.《宋代香药贸易史》林天蔚 著 台湾文化大学出版部 1986 年

10.《东亚海域一千年——历史上的海洋中国与对外贸易》陈国栋 著 山东画报出版社 2006 年

11.《香学汇典》刘幼生 编校 三晋出版社 2014 年

12.《大明宣德炉总论》陈擎鸿 著 台湾巨光出版社 1996 年

13.《识香——沉香探索》赵明明 刘去业 著 2012 年

14.《大地瑰宝——沉香》张良维 著 中华气机导引文化研究会 2012 年

15.《沉香术语与品评》林瑞萱 著 台湾坐忘谷茶道中心 2011 年

16.《香道入门》林瑞萱 著 台湾坐忘谷茶道中心 2008 年

17.《香道美学》林瑞萱 著 台湾坐忘谷茶道中心 2008 年

18.《和香的艺术》林瑞萱 著 台湾坐忘谷茶道中心 2012 年

19.《日本香道》林瑞萱 著 坐忘谷茶道中心 2013 年

20.《澄怀观道——传统之文人香事文物》吴清 韩回之 主编 上海科学技术出版社 2014 年

21.《香识》扬之水 著 广西师范大学出版社 2011 年

22.《中国香文化》傅京亮 著 齐鲁出版社 2008 年

23.《燕居香语》陈云君 著 百花文艺出版社 2010 年

24.《闻香》叶岚 著 山东画报出版社 2011 年

25.《香谱·新纂香谱》［宋］陈敬 撰 沈畅点校（香港）承真楼 2015 年

26.《香谱》（外一种）［宋］洪刍等撰 赵树鹏 点校 浙江人民美术出版社 2016 年
27.《黄庭坚全集》［宋］黄庭坚 撰 郑永晓 整理 江西人民出版社 2011 年
28.《撒马尔罕的金桃——唐代舶来品研究》［美］薛爱华 著 吴玉贵 译 社会科学文献出版社 2016 年
29.《全宋笔记》上海师范大学古籍整理研究所 编 大象出版社 2018 年
30.《沉香谱：神秘的物质与能量》萧元丁 著 三晋出版社 2013 年
31.《香药——沉香》梅全喜 主编 中国中医药出版社 2016 年
32.《香乘》［明］周嘉胄 撰 中国书店 2014 年
33.《崖州志》［清］张嶲 纂修 广东人民出版社 1962 年
34.《钟鼎茗香》刘锡荣 著 文物出版社 2010 年
35.《香——文学・历史・生活》［美］奚密 著 北京大学出版社 2013 年
36.《香水史诗》［法］伊丽莎白・德・费多 著 彭禄娴 译 生活 读书 新知 三联书店 2020 年
37.《味的世界史》［日］宫奇正胜 著 安可 译 文化发展出版社 2019 年
38.《马可・波罗游记》［意］马可・波罗口述［意］谦诺 笔录 余前帆 译注 中国书籍出版社 2009 年
39.《香料之路——海上霸权》传奇翰墨编委会 编著 北京理工大学出版社 2011 年
40.《世界贸易之路探寻——香料之路》北京大陆桥文化传媒 编译 中国青年出版社 2008 年
41.《南宋——大航海时代》墨川 著 经济管理出版社 2008 年
42.《危险的味道——香料的历史》［英］Andrew Dalby 著 李蔚虹 赵凤军 姜竹青 译 百花文艺出版社 2004 年
43.《香远益清——唐宋香具览粹》浙江省博物馆 法门寺博物馆 编 中国书店 2015 年
44.《明代海禁与海外贸易》晁中辰 著 人民出版社 2005 年
45.《品味奢华——晚明的消费社会与士大夫》巫仁恕 著 中华书局 2008 年

46.《法门寺珍宝》姜捷 主编 三秦出版社 2014 年
47.《遵生八笺》［明］高濂 撰 倪青 陈惠 评注 中华书局 2013 年
48.《闲情偶寄》［清］李渔 撰 杜书瀛 译注 中华书局 2014 年
49.《长物志 考槃余事》文震亨 屠隆 撰 陈剑 点校 浙江人民美术出版社 2011 年
50.《唐五代笔记小说大观》上海古籍出版社 编 上海古籍出版社 2000 年
51.《宋元笔记小说大观》上海古籍出版社 编 上海古籍出版社 2007 年
52.《明代笔记小说大观》上海古籍出版社 编 上海古籍出版社 2005 年
53.《清代笔记小说大观》上海古籍出版社 编 上海古籍出版社 2007 年
54.《宋人轶事汇编》周勋初 葛渭君 周子来 王华宝 等编著 上海古籍出版社 2014 年
55.《调香术》林翔云 著 化学工业出版社 2012 年
56.《本草纲目》［明］李时珍 撰 赵尚华 赵怀舟 点校 人民卫生出版社 2015 年
57.《海药本草集解》谭启龙 著 湖北科学技术出版社 2016 年
58.《气味》［法］阿尼克·勒盖莱 著 湖南文艺出版社 2001 年
59.《香气记忆——透过气味分子唤醒内在感知能力》陈美菁 著 养沛文化馆 2015 年
60.《调香师日记》［法］尚 – 克罗德·艾连纳 著 张乔玟 译 漫游者文化事业股份有限公司 2016 年
61.《香水——气味的炼金术》［法］让 – 克罗德·艾连纳 著 孙钦昊译 广西师范大学出版社 2021 年
62.《宋——风雅美学的十个侧面》邓小南等著 生活·读书·新知三联出版社 2021 年
63.《万古江河——中国历史文化的转折与开展》许倬云 著 上海文艺出版社 2006 年
64.《汉代物质文化资料图说》孙机 著 上海古籍出版社 2008 年
65.《中国古代物质文化》孙机 著 中华书局 2014 年

66.《华烛帐前明——从文物看古人的生活与战争》 杨泓 著　黄山书社 2017 年
67.《宋人轶事汇编》 丁传靖 辑 中华书局 2012 年
68.《中书备对》［宋］毕仲衍 撰 马玉臣辑校 河南大学出版社 2007 年
69.《宋：现代的拂晓时辰》 吴钩 著 广西师范大学出版社 2015 年
70.《宋会要辑稿·蕃夷道释》［清］徐松 辑 郭声波 点校 四川大学出版社 2014 年
71.《宋史——文治昌盛与武功弱势》 游彪 台湾 三民书局 2009 年
72.《唐宋时期西北地区的香药贸易》 杨作山 著 宁夏人民出版社 2020 年
73.《楞严经》 赖永海 主编 刘鹿鸣 译注 中华书局 2016 年
74.《法华经》 赖永海 主编 王彬 注 中华书局 2012 年
75.《佛学的革命：六祖坛经》 杨惠南 著 九州出版社 2021 年
76.《中国伊朗编》［美］劳费尔 著 林筠因 译 商务印书馆 2001 年
77.《明清室内陈设》 朱家溍 著 故宫出版社 2012 年
78.《红楼梦》［清］曹雪芹著 人民文学出版社 2017 年